3

新世纪心理与心理健康教育文库

Xinshiji Xinli Yu Xinlijiankangjiaoyu Wenku

生理心理学

Shengli Xinlixue

沈政 林庶芝◆编著

Shen Zheng Lin Shuzhi

开明出版社

新世纪心理与心理健康教育文库

编　委　会

总 序

Sequence

早在上个世纪 70 年代就有专家预言：21 世纪是心理学的世纪。21 世纪人类所面临的最大挑战，不是其他，而是心理困惑和心理问题。

进入新世纪，我国社会主义物质文明、政治文明、精神文明建设不断加强，综合国力大幅度提高，人民生活显著改善。同时，我们也要看到，我国已进入改革发展的关键时期，经济体制深刻变革，社会结构深刻变动，利益格局深刻调整，思想观念深刻变化。这种空前的社会变革，给我国发展进步带来巨大活力，也必然带来这样那样的矛盾和问题。例如，城乡、区域经济社会发展很不平衡；就业、收入分配、社会保障、教育、医疗、住房等方面关系群众切身利益的问题比较突出；一些社会成员诚信缺失、道德失范；一些领域的腐败现象比较严重等。这些矛盾和问题让人们感到心理困惑，时刻冲击着人们的心理承受能力。

2006 年，中共中央《关于构建社会主义和谐社会若干重大问题的决定》明确指出：我们必须坚持以人为本。要注重促进人的心理和谐，加强人文关怀和心理疏导，引导人们正确对待自己、他人和社会，正确对待困难、挫折和荣誉。要加强心理健康教育和保健，塑造自尊自信、理性平和、积极向上的社会心态。心理和谐是构建和谐社会的心理基础和重要标志。胡锦涛同志指出：“科学发展观，第一要义是发展，核心是以人为本。”以人为本就必须重视人、尊重人、关心人、爱护人，就必须重视人的心理发展。加强心理健康教育和心理保健，不断提高人们的心理素质，帮助人们形成积极心理品质，为和谐社会建设奠定和谐的心理基础已经成为举国上下的共识。

促进人的心理和谐需要有科学心理学指引，加强心理健康教育需要有合适的教材。近年来，国内虽然也陆续出版了一些心理学或心理健康教育方面的图书，但不够系统，缺乏总体规划。正因为如此，我们组织了一批心理学专家、学者，编写了这套反映我国心理学发展及心理健康教育理论成果的“新世纪心理与心理健康教育文库”。

“新世纪心理与心理健康教育文库”具有系统性。文库参照心理学学科体系和我国现实需要，分为基础理论、应用理论和技术与实践三个系列。

“新世纪心理与心理健康教育文库”具有权威性。文库是国家出版基金资助项目；文库撰稿人的选择面向全国，每一本图书都由该领域的专家学者撰稿；文库的统稿工作由国内权威心理学家和心理健康教育专家负责完成。

“新世纪心理与心理健康教育文库”具有前沿性。文库在全国范围选聘心理学和心理健康教育领域的专家学者撰稿，既可以吸收心理学与心理健康教育的权威理论和最新研究成果，也可以保证所选内容资料贴近时代、贴近生活、贴近实际。

“新世纪心理与心理健康教育文库”具有实用性。文库在强调系统性、理论性、科学性的同时，更加强调实用性。力求做到理论联系实际，给出的理论实用，给出的技术可行，给出的方法可操作。

“新世纪心理与心理健康教育文库”理论性、实用性、资料性、工具性兼备，是心理学与心理健康教育的“百科全书”。它可以作为从事心理与心理健康教育工作的管理者和研究者的参考书、工具书；可以作为心理健康教育教师继续学习、自我提高的自修图书；可以作为心理健康教育教师的培训用书；可以作为师范院校心理与心理健康教育专业的教材或参考书。

我们相信，“新世纪心理与心理健康教育文库”对于从事心理与心理健康教育工作的人士会有所帮助；对于我国的心理与心理健康教育工作会起到推动促进作用；对于促进人的心理和谐、促进社会心理和谐会发挥一定作用。

我们希望，这套文库能够得到广大心理与心理健康教育工作者的认可、接纳。

郑日昌

于京师园

前言

Preface

接到出版社的约稿，写一本面向“新世纪心理与心理健康教育文库”的《生理心理学》，使我十分兴奋，尽管时间是这样紧迫，我还是欣然接受了。其原因有二，一是 12 年前我曾有幸主持了题为“脑高级功能与智力潜能开发”的第 111 次香山科学会议，从那时起，我一直保持着与北京市中小学教育界的往来；二是在接到约稿前不久，我在国际脑科学界影响很高的专业杂志《神经元》（*Neuron*）上，读到一篇美国著名学者的学术论文，文章一开始就披露美国联邦教育部长阿恩·邓肯（Arne Duncan）的言论：“美国的教育现状已构成国家的危机：美国的儿童并不是优秀的，考试成绩是这样，别的方面也是如此。（美国）既没有培养孩子们的发明和创造思维能力，也没有为他们提供实践的机会，孩子们在生活中也缺少相关的滋养；…… 相反一些令人激动的教育举措却在其他许多国家发展起来，足以说明这是个十分关键的问题。”我很吃惊，我们过去总觉得中国的教育存在许多问题，教育落后是国家与民族落后的原因之一。美国是世界上最发达的国家，怎么会出现教育危机?!

在写这本书稿的过程中，我从新闻和科学文摘中都看到有关国际教育界 PISA 测验的资料，每隔 4 年在世界各地都组织一批 15 周岁少年，进行数学、文学（阅读）和科学三科目的考试。在 2010 年 5 月—6 月间举行的考试中，美国学生成绩不理想，相反中国上海学生三科成绩都名列前茅。在世界 45 个城市地区中，前五名是上海、台北、香港、首尔和新加坡。现在我们还不了解考试方式、内容、题目等是否有特别之处；但无论如何，我们需要重新思考中国的教育问题。

《生理心理学》的书名，限定我们仅从生理学和心理学的角度讨论教育发展问题。从 20 世纪 60 年代至今，发达国家，特别是美国在这方面做的努力还少么？1997 年美国总统和第一夫人召开了关于幼儿早教的白宫会议，随后电视台和其他各类媒体对此大加渲染，使“关键期”的问题变得人人皆知，一时之间，投资、募捐和改善幼儿教育条件，成为美国社会一大潮流。然而，十余年之后的今天，美国反而宣布了教育危机！这不值得我们深思么？教育不是一朝一夕的事，不能只依靠某项单一措施或某一个脑科学概念的运用，就使教育事业焕然一新，中国谚语“十年树木，百年树人”可能就是这个意思。

我们不能指望在生理心理学中找到一个名词，用起来就可以在教育中发挥很大的效果。当然，也不能因此就停止研究教育相关的脑科学和心理学基础。教育的基础是一个民族的文化底蕴，用现代科学的精华丰富和发展我们民族的文化底蕴，就会使我们的教育工作受益。反之，用生理心理学的科学精华，点点滴滴地推进教育工作，也就丰富了民族文化的蕴藏。总而言之，我们每个人的力量是微薄的，像生理心理学这类专业学科的作用也是有限的。但我们必须付出这点力量，发挥有限的作用。大家都这样做了，才会出现腾飞的业绩。

20 世纪 50 年代，苏联采用政府行为推行巴甫洛夫（Pavlov）高级神经活动理论，改造教育学；60 年代，美国掀起程序教学热潮，推行以操作条件反射理论为基础进行程序教学和教学机的使用；70 年代以来，运用脑科学理论指导教育实践；近年来，神经教育和教育神经科学的发展和流行——这些事实都说明生理心理问题与教育之间存在着天然的联系。然而切记，科学的结论总要有实验根据，而实验必须限定许多条件。所以本书的许多概念和观点都有一定条件，不是放之四海而皆准的。写作时间所限，本书不足之处和学术观点上的不足，请读者指正！

作者
于北京大学

目 录

Contents

第一章　导论：面向教育工作的生理心理学

【本章提要】

本章从2010年9月9日发行的国际脑科学权威学术期刊《神经元》（*Neuron*）所刊载的一篇文章入手，该文为解决当前美国面临的教育危机提出了一项锦囊妙计：神经教育学。该文第一作者卡鲁（Carew）教授是2009年美国神经科学年会的主席，会议期间他组织了“教育工作中的神经科学研究”的专题高级会议。会后他又组建了“神经教育领导联盟”，带领众学者积极开展这一学术研究。本章参照该文，介绍和分析了国际教育界的发展动向，以及被引用或误用的某些脑科学概念。在第二节中，着重介绍了近两年在生理心理学研究中，可能对教育工作有所启发的新进展，并且从生理心理学的角度讨论了教育改革中的一些理论概念。

【学习重点】

1. 神经教育和教育神经科学是教育学的国际生长点。
2. 为使教育改革建立在准确的科学基础之上，应纠正某些不确切的脑传说。
3. 可能对教育工作有所启发的生理心理学研究新进展。
4. 从生理心理学的角度理解教育改革中的某些理论概念。

【重要术语】

认识科学　神经教育　教育神经科学　神经神话　模块　白质　脑的可塑性

生理心理学是心理学的一门基础学科，该科学的主要任务是吸收生理学的研究技术和方法探讨心理活动的生理基础。简言之，生理心理学是研究心、身关系的科学。教育学是教书育人的科学，是研究如何培养德、智、体、美，心身全面发展的创新型人才的科学。所以，生理心理学与教育学有着共同的研究对象：人的心、身；但它们的任务和目标不同。前者注重心理学基础理论，后者注重教育实践。

由于人类的大脑是思维的器官，脑是心理活动的物质本体，神经生理学、神经解剖学、神经生物化学等脑科学，自然成为生理心理学的相关学科。最近，神经教育学、教育神经科学和基于脑的教育等名词的频繁出现，在国内外文献中成为一种潮流。本章就以这一话题开始，首先讨论2009年—2010年间的科研新动向及存在的问题，然后在第二节，再从生理心理学的新进展中，讨论与教育改革有关的一些生理心理学理论概念。

第一节　与教育相结合的脑科学、心理学和认知科学

教书育人，是我国广大教育工作者的历史使命，也是关系到国家繁荣富强的重大问题。学习这本面向教育工作者的《生理心理学》，首先让我们放开视野，看看世界，看看与教育相关的大学科：脑科学、心理学和认知科学。

在21世纪脑科学、心理学和认知科学是令人瞩目的前沿科学，了解和借鉴它们的研究成果对于教育事业的发展具有重要意义。

脑科学（brain science）是关于脑基础研究和脑疾病研究的诸多学科的总称，包括对脑的形态结构、生理、生化、病理、药理、遗传、免疫的研究以及影像学和诊断学等几十个学科。20世纪80年代初，这些学科融合成一个庞大的国际学术领域，称神经科学（neurosciences），可见脑科学和神经科学是同义词。相关学术研究团体以美国神经科学学会规模最大，每年召开的神经科学年会参加人数约4万—5万人。

心理学（psychology）是研究心理现象和心理活动及其与外间世界和人体内环境之间相互作用规律的科学。自1879年科学心理学诞生以来，心理学的发展先后经历了三个阶段。第一阶段的50年，心理学作为研究意识的科学，采用主观内省法；第二阶段的50年，心理学作为研究行为的科学，采用刺激—反应（S－R）的客观方法；第三阶段从20世纪60年代至今，心理学作为研究人脑信息加工规律和作用机制的科学，采用主观和客观相结合的研究策略。自上世纪末认知神经科学及无创性脑成像技术问世后，最近的15年来，国际心理学的主流取向为认知神经科学研究。这是吸收脑科学和认知科学的理论和技术，用于当代心理学研究的发展取向。

认知科学（cognitive science）是研究自然智能和人工智能及其与环境相互作用规律的一大类学科的总称，以它的国际专业期刊创建的年份——1976年，作为该学科确立的时间。认知科学所涉及的学科包括认知心理学、生理心理学、神经心理学、动物比较心理学、心理语言学、人工智能学、人工神经网络学、计算神经科学、哲学等。

综上所述，脑科学、心理学和认知科学三者的发展是紧密联系、彼此交融的。尤其是认知神经科学，本身就是脑科学和认知科学间的交叉科学，又成为当代心理学的主流发展取向。为发展21世纪的教育事业，应密切关注脑科学、心理学、认知科学和教育的结合。因此，卡鲁教授提出，把发展“神经教育”作

为应对美国教育危机的全局性的重大良策。

一、新动向

翻阅国际文献时，会发现有三个内容相近的名词：基于脑的教育（brain-based education,）、神经教育（neuro-education）和教育神经科学（educational neuroscience）。它们各自提出的背景不同，却有着共同的目的，即在脑科学研究和教育实践之间架起桥梁。但它们又各有不同的目标，从名称上看，前两者显然是教育学的分支，而后者是神经科学的分支。前两者是从脑科学和心理学成果中寻求教育改革的启示，拓展新课程、新教学法和新教育政策；后者的研究要点在于以教育学或教育实践中的原型或问题为出发点，设计认知实验，研究相关的神经机制或脑功能基础，然后再服务于教育实践。

基于脑的教育作为一种教育模式，是建立在20世纪60年代—80年代神经生物学研究成果的基础上的。例如，动物感觉剥夺实验、狼孩语言学习和神经突触形成的环境条件等研究，提出适于脑的教育或学习模式，促进了脑科学与教育之间的结合。“但基于脑的教育在脑结构研究成果的基础上直接推论出学生的学习行为，或者在对脑科学研究成果不恰当解释的基础上提出课堂教学建议的一些做法，引发了教育界关于左右脑教育、关键期、大脑10%论断、丰富环境、莫扎特效应等‘神经科学谬误’的流传，受到了学术界的猛烈抨击”（周加仙，2007）。

20世纪80年代末至今，认知科学、神经科学和心理学的最新进展有并行分布式处理的神经计算，脑功能模块理论等。在此基础上提出集神经科学、心理学、认知科学和教育为一体的学科——神经教育，以此作为21世纪教育学发展的新方向。其目的在于帮助我们更好地理解如何学习，如何创造更有效的教学方法、课程和教育政策。这一发展方向的主力军是教育学研究人员和教育工作者，其盟军是神经科学家和心理学家。它的主阵地是教育工作第一线，而不是认知神经科学实验室。

教育神经科学是在无创性脑研究技术发展成熟的条件下，在以世界各地建立的认知神经科学研究中心作为研究基地的基础上产生的。随着研究课题的扩展和研究基金的持续投入，以及各国政府对教育和创新型人才培养的重视程度不断提高，这些脑与认知科学研究中心与大学教育学院间互相结合，形成了教育神经科学的分支。所以，它的主阵地是认知神经科学实验室，而不是教育工作第一线；但是实验研究的原型应该来自教育实践。

由于本书是面向教育工作者的，所以将着重介绍神经教育。

（一）神经教育

美国加州大学教授卡鲁和约翰·霍普金斯大学教授马格赛门（Magsamen）

在2010年9月9日发行的脑科学杂志《神经元》(*Neuron*)中，发表了题为《为解决21世纪面临的学习问题提供基于证据解决方案的理想伙伴学科：神经科学和教育学》一文。该文首先披露美国联邦教育部长邓肯的言论，宣称"美国教育现状已构成国家的危机：美国的儿童并不是优秀的，考试成绩是这样，别的方面也是如此。(美国)既没有培养孩子们的发明和创造思维能力，也没有为他们提供实践的机会，孩子们在生活中也缺少相关的滋养……相反一些令人激动的教育举措却在其他许多国家发展起来，足以说明这是个十分关键的问题"。该文作者提出，为了21世纪的未来，必须为保证孩子们更好地成长做些什么。神经教育可以为解决所面临的问题提供关键的一环。这不是一个简单的问题，而是全局性的国家重大问题。神经教育是一门集神经科学、心理学、认知科学和教育为一体的令人神往的学科，其目的在于帮助我们更好地理解如何学习，如何创造更有效的教学方法、课程和教育政策。作为一个新兴的研究领域，神经教育至今仍处于婴儿期，但它已经在教师、教育行政官员、学生家长和脑科学家之间，开辟了崭新的、关键性的对话平台，并且备受国际关注。

1. 国际发展现状

在神经教育研究领域，国际心理、脑和教育学会(The International Mind, Brain, and Education Society, MBE)倡导并组织了许多感兴趣的国家通力合作。自从1999年经济合作和发展机构(the Organization for Economic Co-operation and Development, OECD)也提出了神经科学和教育的项目，组织了一些卓有成效的国际合作。如今英国剑桥大学已经建立了教育神经科学项目。日本在田中(Tanaka)教授的领导下，也发起了较大规模的心理、脑和教育研究项目。2009年神经科学学会的主席卡鲁组织了关于"教育工作中的神经科学研究"的高级会议，会后出现了一个工作组，扩展为神经教育领导联盟(Neuro-Education Leadership Coalition)，该组织现正在共同工作，以取得进一步发展，使这个新兴的领域实现发展策略的整合。2010年在苏黎世的欧洲学习研究机构(European organization on learning research, EARLI)组织召开了第一次关于脑与学习的会议。从心理学和遗传学到神经科学和工程学等许多学科研究的发现，现在已经会聚到教学课程和教育政策中来。例如，神学科学家们已经掌握了许多关于注意、应激、记忆、体育锻炼、睡眠、音乐以及许多其他研究课题中的知识，这些都能转化为课堂教学所用。一些教育工作者正在关注并开始研究这些新发现，已取得了一些有前景的结果。例如，美国约翰·霍普金斯大学教育学院已经发出了神经—教育学的倡议，强调职业发展、研究、交流等事物的重要性。此外，这些学院正在创建新的创新性神经教育学发展的伙伴关系。美国哈佛大学研究生教育学院的库尔特·费希尔(Kurt Fischer)教授提出将"有用知识"作为缩短研究和实践之间距离的桥梁，他瞄准了一套新技能训练教育框架，其中汇集了生物学、认知科学和教育教学法的基础，该研究生院还设立了“脑、心理和教育学（BME）”的硕士和博士学位。美国纽约大学文化、教育与人类发展学院的玛丽·包必达（Mary Brabeck）主任，也著文强调理论研究和课堂教学应建立互惠互馈的关系，以及转化研究的重要性。总之，一场全球性的竞赛和国际合作的良好契机已经显露头角。

2. 神经科学家的研究成果为教育所用

研究工作毕竟应该解决有明确定义的科学问题，而不是一些大的社会问题。神经科学及其相关研究领域已经完成了不平常的工作，创造了大量新知识，每天都有越来越多的有用信息、数据和关于学习的理论观点、新的研究和探索不断产生出来。虽然科学界能够共享这些新知识，但科学界以外却未能享有和运用这些知识。对这些知识的深入探索和其价值的评估以及解释的力度还很不够。著名神经心理学家本顿（Benton，2010）在为现代教育心理学杂志2010年特刊《脑研究、学习和动机》所撰写的介绍性文章中指出，当代认知神经科学家利用无创性脑成像技术设计的实验研究及其结果，对学校的课堂教学都有较大的启示；但是中小学教师缺乏脑科学和认知神经科学的基础，难以理解和应用这些新的科学发现。另一方面，认知神经科学家也不熟悉中、小学教育中存在的问题。所以，本顿作为老一辈心理学家，建议现代教育心理学家应发挥作用，成为中小学教师和认知神经科学理论研究者之间的中介人，把认知神经科学的新科学发现转化为中小学教师可以理解的方式，应用到教育工作中去。

3. 当前神经教育的研究领域

神经科学成熟得足以能很好的表达和解释其取得的成果；而神经教育仍然是相对新的、发展中的领域。将神经科学、心理学、认知科学和教育学进行全新整合，有利于创造出更有效的教育方法、课程以及最大程度上改革教育政策。当然，这是一个复杂的领域，需要花费更多的时间，通过更多的学科，运用更多的方法在共同的科学术语下交流和研究。根据卡鲁和马格赛门（Carew & Magsamen，2010）的建议，至少可归纳下列6个方面的问题或建议：

（1）教师能够与家长共享关于多种感觉统合学习的知识，但是却说不清丰富优越环境对脑发育的效果问题。

（2）对中学教师解释什么是执行功能，以便他们创造出影响学生判断能力的教学法，正如教师们在论理课课堂上创造了意义教学法一样；利用关于学习规则的知识设计一堂课，使学生变得聪明起来。

（3）利用脑功能的知识，帮助学生们避免遭受打击、逆境或者防止由于受到虐待、体罚、食物短缺而造成的脑发育障碍。

（4）设想由于我们从生物学因素的角度对应激、睡眠问题的理解不足，使得学校活动过度，可能导致学生学习和记忆能力受到不良影响。根据加列斯托等人（Galestro，2009）的报道，睡眠可以巩固记忆，睡眠不足影响儿童注意能力和心理发展中的情绪问题，甚至影响课堂学习效果。

（5）卡尔匹克和罗迪格（Karpicke & Roediger，2010）的研究表明，他们设定的创造性作业测验不仅起到测试作用，也有增强创造力的训练效果，而且对改变课堂教学的基本结构可能具有重要的实践意义。

（6）克劳斯等（Kraus，2007）的研究报告指出音乐经验可以增强人们抵抗背景噪声影响学习的能力。

最后他们还指出，可以继续设想许多这类问题，都是神经科学基于科学证据的研究所提供的生动启示。通过这类研究，把纯科学发现转化为实践应用，并通过学校创新研究、非正规学习测试和其他测量手段，对其效果加以验证。这些对于教育和学习的游戏变换是我们力所能及的。

技术进步、执著探索、创新性实践以及与脑和心理活动相关的新科学事实，汇聚成关于脑在学习、记忆、执行功能、情感、自闭症、文学、语言和运动技能等方面的新知识和新发现。教育工作者、家长和儿童服务工作者，都在关注所能得到的这些新知识。因为大家都知道今天孩子们所面对的问题，是前几代人所不曾面对的。国家和民族最珍贵的资源就是下一代，他们需要精神的滋养和发育的支持，需要信息、观念、对话和有用的知识。

（二）教育神经科学

近年，一些心理学家、神经科学家和教育家相互合作，试图在这些传统学科之间进行沟通，形成一个新的领域，对教育学的理论和教育实践产生重大的影响。1999年—2007年美国教育和创新研究中心（Center for Educational Research and Innovation，CERI）执行项目，创造了一种对神经科学研究感兴趣的气氛，并相信“教育神经科学”能够把几个相关的传统学科研究专家们吸引到一起寻求共同语言和共同感兴趣的研究课题，为教育神经科学奠定理论基础。苏马克等人（Summak，2010）在《社会与行为科学通报》上发表了以《在心理、脑和教育实践之间构筑联系：路障和前景》为题的文章，评论了教育神经科学的发展方向。认为心理学和神经科学的发展为教育学开创了一种新的发展方向，打破了传统教育学仅与社会科学发生跨学科联系的局面。他们从一些有代表性的科学文摘或科学索引（*Wiley InterScience*，*PsychoInfo* 和 ERC online data bases 等）中，通过关键字查询到121篇文献，从中选择16篇研究报告和5本专著，经仔细阅读后写出关于教育神经科学的评论。在这篇评论文章中，作者首先描述了当前世界各国所出现的跨学科研究趋势，并归纳出这个新领域存在的问题。

1. 教育与神经科学联系及其发展的前景

教育者需要知道关于人脑和神经科学的知识，因为当今的神经科学已经发现了提供人们理解学习过程的许多新事实。近年神经科学的新突破，已经使脑研究联系到学习科学并为教育政策的制定者和教育实践家打开了新的窗口。但是，神经科学和生物学并没有直接回答教育实践问题；相反，一些研究发现的不一致性，可能会误导教育工作者，使他们不能正确对待教育的特殊问题。当然，矛盾的解释和应用是自然的，因为这是科学发展的过程。我们相信神经科学必然有能力对教育作出贡献，可能包括下列几点：

（1）在生物学和环境科学框架内理解学习的神经科学基础。

（2）加深理解神经功能基础的多样性，能正确识别和评估它们的意义，确认与学习和教学风格相适应的神经科学成果。

（3）为个性化教育程序及其补救措施提供跨学科的基础，以便跨越现代教育学的界线。

（4）产生新一代教育工作者（神经教育家），他们能把认知科学和神经科学的最新科学发现吸收到学校中来，把第一手跨学科研究成果提供给教育工作者。

2．教育与神经科学联系的障碍

教育工作者和神经科学研究者进行跨学科研究最主要的障碍，是缺乏沟通的共同语言，难以进行有效的知识交流。问题在于教育实践家和教育政策制订者本身并不进行基础学科的研究工作，对自己领域也研究得不够；而神经科学的研究工作者缺乏教育实践，他们必须从象牙之塔的学术研究中走到现实的教育工作中来。教育实践应该用于科学检验，这种结合就是最大的挑战。

新一代教育神经科学家应能从不同方面说明问题之所在，并能被传统教育工作者所接受，首先应从研究生教育层次上打开这个门户。当然，也应为教育学专业本科学生开设教育神经科学课程，加强同行评议的措施与两个领域交流并重，还应在市场上推广基于脑的教育的产品，以此作为教育界可接受的突破口。

周加仙（2009）认为，教育神经科学是将生物科学、认知科学、发展科学和教育科学等学科的知识与技能，进行深度整合的，具有独特话语体系的一门新兴学科。教育神经科学重视整体人的研究与培养，因此将为教育奠定坚实的基础。建立研究基地，开设专业课程，对教师进行培训，形成共同的话语体系等，是促进教育神经科学健康发展的重要保证。

二、脑科学概念不准确的应用

自从20世纪70年代，无论是教育工作者还是神经生物学和神经科学研究者，都十分关注将动物和人脑的研究发现用于教育。最初，从感觉剥夺和狼孩语言学习研究中，概括出心理发展的“关键期”（critical period）。稍后，从神经心理学关于大脑两半球功能一侧化的理论中，引申出“右脑开发”说，甚至提出“把荒废的右脑潜能开发出来”。国内外的脑科学家都极力反对这些提法。1999年1月，我国第111次香山科学会议的主题是“脑高级功能与智力潜能开发”，三位执行主席提出的《关于进行开发脑研究的建议》写道：“在大量教育论著和科普读物中，直到（20 世纪）80 年代末仍继续将右脑作为形象思维的代名词。教育学家并不直接从事脑科学的前沿研究，很难把握前沿发展的动态，但却急切地希望找到脑科学新的启示。脑科学家对将关键期和可塑性问题引入教育也持怀疑态度，因为他们深知，这些研究主要基于动物实验和病例分析，将其扩展到正常儿童教育问题上，必须小心谨慎。”甚至一些学者认为：“突触密度与智力之间不存在简单的直接的关系”，“特别是关于学校学习对脑突触的影响甚少”。“关键期中给予更多刺激，并不能保证一个发育良好的视觉系统”，神经科学家认为“视觉或其他感觉发育的关键期提法没有什么意义，更不用说整个脑发育的关键期了”，“关键期同正式教育的关系很小”。对这类问题现有的一些乐观说法“更多基于脑传说而不是脑科学”。由此可见，即使在美国政府热衷于早期儿童智力开发的背景下，许多美国脑科学家也持有相反的看法。我国在接受关键期与可塑性作为教育相关的脑科学主攻方向时，更应采取谨慎态度。周加仙（2008）在《“神经神话”的成因分析》一文中，列举了国内外教育界广为流传的三种错误及其成因，包括：1. 对生命早期突触发展研究的错误推论；2. 对“莫扎特效应”的夸大宣传；3. 大脑“10%潜能论断”的错误。她指出“神经神话（neuromythologies）”是指来源于神经科学，但是在演化过程中偏离了神经科学的原始研究，在神经科学以外的领域中传播与稳定下来的广泛流传的观念。神经神话运用科学的权威，增加合理的细节，引用科学研究或者科学家的话语等增加其可信度。目前，教育界存在的许多神经神话不仅阻碍了人们对科学规律的正确认识，更为重要的是，神经神话还可能使教育者形成错误的判断，作出错误的决策，进而影响到对学生的教育。因此，分析教育界存在的神经神话，澄清人们的错误认识，具有重要的意义。

2009 年，《Cortex》杂志上刊登了美国哈佛大学教育科学研究院克里斯托杜洛（Christodaulou）和加布（Gaab）两位教授的文章，题为《在教育相关研究中对神经科学的运用和误用》。该文指出，神经科学以无创性脑成像技术为有力方法，揭示了正常人脑进行复杂认知活动的动态过程，把认知活动解析为一些操作定义以及与之对应的脑功能系统和通路；另一方面，教育学工作者提供了儿童教育经验、教学方法、课程、教育管理以及创建了新的教学设施，特别是提供管理教学和学习的动态过程理论，包括情感和动机的作用及其在教学过程中的中介作用的理论。然而，两大学科的理论成果和两个领域的专家如何才能沟通起来，却是一个巨大的问题。教育工作者向神经科学专家提出的问题很多。实际上，神经科学是描述性科学，并不能为解决教育问题提供直接可用的答案。例如，神经科学能为教育实践家解释和描述失读症儿童的阅读能力为何与正常儿童不同，但却不能直接指导老师如何更好地教育失读症儿童。因为教育实践面对的每个孩子各有特点，包括的内容十分丰富，而神经科学只能给出一般性的描述。如果对此认识不足，就会出现一系列误用或误导的问题，例如“我们仅仅使用了脑的10%，90%的脑在闲置和浪费”，“左脑负责语言功能”，“右脑负责抽象思维”，很不幸，这种神经神话仍在传播。再如行为方面的误导，说失读症儿童倒看字母，导致行为研究的方向错误。再如镜像神经元的发现，不能直接作为课堂教育方法的应用，只能把它作为理解脑如何操作知觉动作执行的机理，或是作为解释“为何”和“如何”的问题。例如神经成像方法可以用来检验关于失读症发展的特征，包括某孩子何时，如何表现阅读困难，是何种脑的改变所造成的。意大利帕多瓦大学的梅森（Mason）教授也在同一期杂志上以《神经科学和教育的联结：可能是一条岔路》一文，指出教师经常使用一些文献中提到过的神经神话（neuromyths），把学生分为利左脑或利右脑，分别加工语言、逻辑、数字或形状、图像及空间成分。另一个错误概念是一定类型的学习只发生在某一关键期，否则就很难学到，或者永远失去。卡鲁和马格赛门也指出，在2009年神经科学会议上指出了一些神经神话，是经常遇到的障碍。例如存在着“课堂教学中儿童用左脑学习，或者用右脑学习”的说法，不断在基于脑的教学法名义下被误用和传播。从这里引述的近两年各国学者对神经神话的批评中，本书对于在国内流传较广、影响较深的右脑教育说和关键期说加以详细分析，对其他几种偏离科学的说法，请参考周加仙的两篇文章。

（一）*右脑教育说*

20世纪70年代，基于脑的教育策略出现以后，一些教育工作者把大脑两半球功能一侧化的理论绝对化为“左、右半球分工说”，进一步提出“右脑教育说”，在世界范围内广泛流传。这里详细说明裂脑人实验研究的历史背景和发展情况。

1. 裂脑人实验研究的历史背景

1861年布罗卡（Broca）医生在运动性失语症病人脑尸检中发现，其左半球额下回受损，后人将此区定名为布罗卡（Broca）区，又称语言运动区。由此可见，语言运动中枢位于左半球是150年前的发现。1936年莫尼卡（Monica）医生将兴奋躁动的精神分裂症病人联系大脑两半球的额叶白质切断，作为治疗精神分裂症的精神外科手术疗法，当时轰动世界，新闻界和许多国际名人都为之喝彩，称之为精神病的新克星。1937年—1955年间世界各国累计数十万人进行了额叶白质切开手术治疗。1949年，国际精神外科学会成立，推荐额叶白质切开手术创始人莫尼卡为精神外科学之父。1950年，莫尼卡医生因此获得诺贝尔生理学和医学奖。1956年美国议会组建专家组，对数以十万计的术后病人进行随访调查，却发现几乎没有能完全恢复到病前正常的社会生活的病例，病人只不过从兴奋躁动状态变成温顺、被动状态。一方面，额叶白质切开手术的疗效并不理想，另一方面1950年抗精神病药物诞生，可以有效治疗精神分裂症。所以，世界各国很快终止了精神外科疗法的应用。但是，一大批术后病人仍为斯培里（Sperry）教授和其学生提供了丰富的被试对象。

1961年—1963年间，美国教授斯培里利用脑手术后大脑两半球间神经纤维割断的病人进行认知实验。采用速示器单视野呈现的视觉刺激，或双耳分听的听觉刺激，让病人作出准确的知觉反应，或让病人口头描绘所见的图片和字词。结果发现，右侧视野投射到左半球的字词反应正确率高于左侧视野投射到右半球的反应。相反，图片刺激呈现在左侧视野投射到右半球时，病人正确反应率较高。由此证明，左半球的语言功能占优势，视觉形象知觉右半球为优势。类似实验进一步采用稍复杂的视觉刺激，比如有几个物体和一个人同时出现在一个画面上，请病人按他所理解的解释画面。例如画面上的人在做什么或该人的身份等。结果也证明右半球以形象思维（判断、推理）为优势；左半球借助语言和概念进行抽象思维占优势。这一理论与经典的脑功能定位理论，即100多年前布罗卡医生发现语言运动中枢位于左半球十分吻合。右利手的人左半球语言功能占优势，这一发现进一步验证和丰富了经典脑功能定位理论，又是首创性的在现实生活着的人中进行脑功能定位的实验研究，因此这项研究获得诺贝尔生理学和医学奖。

2. 裂脑人实验结果推广的局限性

把裂脑人实验结果推广到正常人的教育工作中存在许多局限性。首先，以脑手术后的病人为研究对象得到的结果，未必能表示正常人脑实际存在的规律，研究对象和材料的差异，是自然科学结果和结论适用范围的重要因素。其次，后人的大量研究报告并不能全部重复出这一结果，正常人脑进行思维活动时两半球协同工作，优势和非优势之间是相对的，一般相差不过10%。再次，有人善用右手，有人善用左手，这种利手现象的个体差异是客观存在的，应该听其自然，使手脑得到较好的发展。可是右脑增智或右脑开发的某些训练，强行让孩子用左手左脚，称之为开发右脑提高形象思维的基本训练。这样打乱了正常发育的进程，可能会造成某些孩子的口吃，严重者会导致儿童性精神分裂症的发生。据1997年文献中的统计报道，精神分裂症发病年龄与语言优势半球形成的性别差异十分吻合。因此，语言优势半球发育受阻可能是引发精神分裂症的原因之一。1998年，美国密执安州立大学两位心理学家撰写了题为《人脑功能一侧化的认知神经科学：裂脑研究的教训》一文，开头就说：35年之后斯培里的科学继承人仍继续研究着裂脑病人，以便解决认知神经科学面对的许多难题。随后，该文又列举了大量相互矛盾的科学事实。科学家们在过去30多年的研究中尝试过许多归纳途径，如语言半球与非语言半球，抽象思维与形象思维，细节加工与全息加工，解释器与写真器等。然而，这些两分法的研究结果都会在几年以后出现反例的报告，甚至反例竟是同一位学者深入研究的结果。

3. 左—右侧化是神经系统进化的古老维度

左—右对称性两半球分工协作是脑进化发展中的古老维度。还没有出现脑的低等动物如扁虫和昆虫，头节已经出现左右两半的对称结构。这种古老的维度可以使动物在环境中捕获食物或逃避天敌时进行准确的空间定位。左—右侧视听信号，左—右方向捕捉或逃跑，对动物生存都十分重要。由高级神经中枢活动水平在左—右维度间的精细差值，确定捕捉或逃跑的方向，这就是通常所说的两眼视差，双耳声波相位差等。在两侧化的古老维度基础上，动物神经系统的发展出现了头侧化的维度，产生了脑，特别是大脑。对大脑而言，除左—右维度，还有深部（髓质）与浅层（皮质）的维度，也就是皮层化的维度，与生命活动和本能行为相关的脑中枢都位于脑深部；高级功能中枢则位于大脑皮层。灵长类动物的大脑皮层向额侧化、内—外侧化和背—腹侧化进一步发展，才造就了人类的脑。简言之，两半球间左—右维度是古老维度，不可能成为形象与抽象思维这样高级功能的唯一脑结构基础。语言和抽象思维密切相关，既然语言运动中枢位于左脑，岂不说明抽象思维也在左脑！对此问题，并不难回答。脑和身体之间的神经投射是交叉性为主，同侧关系为辅。两眼的视神经纤维的鼻（内）侧 2/3 部分，交叉投射到对侧脑枕区，视神经颞（外）侧 1/3 纤维不交叉，投射到同侧脑枕区。四肢的感觉和运动功能与脑的关系更是以交叉投射关系为主。左手、左腿运动与右脑相关；右手、右脚运动与左脑相关。那么，说话时舌是整体运动，分不出左、右舌，与脑是什么关系呢？这就给脑出了难题！然而脑很聪明，根据说话人边说边用手帮助表达的特点，喜欢用右手比划的人称利右手者，左脑兴奋性高，是语言优势半球；喜欢用左手比划的人称利左手者，右脑是语言的优势半球。所以，并不是所有人都是左脑为语言的优势半球。而且这种优势不是绝对一成不变的，非优势半球也具有语言功能，正如利右手者的左手并非废物，仍有同右手相似的一切功能。如果右手受伤，其优势可以转移至左手（如写字、用筷子等）。

4. 人脑是六维超立体的功能结构体

从高等动物到人类的大脑进化中，除了左—右侧化古老维度外，还有头侧化、皮层化、额侧化、内—外侧化和背—腹侧化，共六个维度。人脑实际是六维超立体的功能结构体。

简单视、听觉在后头部（枕、顶叶），高级复杂智能更多与前头部（额叶）有关，即高级功能的额侧化进化。与猴、猿相比，人类的额叶皮层异常发达。近年脑科学揭示，大脑内侧面和外侧面也有较明确的功能差异，即内—外维度，外侧面以处理外部信息为优势，内侧面以处理身体内部相关的信息为主。此外，还有背—腹侧功能维度，例如在后头部视知觉功能回路中分为背侧视觉通路和腹侧通路，前者是负责回答“在哪里?”的知觉，后者是负责回答“是什么?”的知觉。最近，已知额叶功能存在背—腹维度，简称为背侧额叶通路和腹侧额叶通路，背侧通路直接参与面向目标的动作规划和执行功能；腹侧通路负责规划和执行中前后环节关联的信息加工。

5. 语言高级功能的脑结构只有协同低级本能中枢，才能实现语言交流的功能

近年人脑功能成像的大量证据表明，参与高级功能的脑结构不可避免地需要本能行为和基本功能相关的脑结构参与。本书关于语言、思维、情感和意志行为等相关章节所描述的科学事实均可说明这一原理。言语过程，特别是言语的产出，必须有喉头肌肉收缩和声带振动，支配这一发音过程的神经中枢是通过无意识的自动的本能行为机制发挥作用。人与动物最大的不同在于语言和意识，这是人类共有的本能行为类型。任何一个正常人都有自我的概念和用语言表达意念的本能行为。它既然是人类种属的本能行为，也有脑定位的语言运动中枢和听觉中枢，这些中枢和其他感觉运动中枢和食物中枢属同一个结构层次，是低级的自动化的机制。当我们说一句话表达一个意思时，自然有从事目的性调节的脑高级意识功能参与，但对口、舌、唇、声带、面部肌肉乃至手、眼的协调活动，都有相应的脑中枢，包括语言运动中枢进行自动化调节，其中既包括本能行为中枢也包括自动化个体习惯中枢的活动。意识的清晰程度（从睡眠到觉醒）由特定的脑中枢调节，但复杂的意识活动则是全脑的功能。所以，人类特有的语言和意识是脑先天遗传和后天习得的"合金"，既有头侧化的定位中枢结构，又是全脑活动的结果。语言和非语言功能的半球一侧化，实际是语言功能中低层次的自动加工过程，不包括语言中的高级智能或情感的内涵。也就是说语言表达的高级内容没有半球一侧化的优势效应。

6. 模块的新概念，取代左—右半球分工说

20 世纪 90 年代以来，利用多种无创性脑成像技术实验性分离多重脑功能系统（模块）已成为当代脑科学研究的热门课题。这些研究表明，大量脑功能系统不仅仅按左—右分工原则组装，更多是按皮层—皮层下，后头部—前头部，乃至背侧—腹侧系统等多种形式组装模块。所以葛詹尼加（Gazzaniga）说："对裂脑人研究 35 年了，每过十年都会有新的认识。"但是，这并不意味着两半球功能一侧化理论是错误的或诺贝尔奖发错了，正如不能因为有了量子力学就说牛顿经典力学是错误的一样。诺贝尔奖既不是科学终极真理的标志，又不能因发展了新理论否定该奖的历史意义。

大脑两半球功能一侧化理论的创始人之一葛詹尼加于 1976 年首创性地提出模块（module）的新概念，试图取代左—右半球分工说。他指出："新的观点认为脑是由在神经系统的各个水平上进行活动的子系统，以模块的形式组织在一起的。"

1983 年认知科学家福多（Foder）在理论计算机科学和人工智能研究中，也

提出了智能的模块性（modularity）。他认为确定功能模块的三条标准是：认知的封装性、域特异性和浅输出性。认知的封装性类似于商品的包装，每个包装就是最小的功能单元；域特异性是指每一包装的单元具有非常专一的功能特性，发挥一种作用；浅输出是指模块信息加工的结果，可以在无意识中表现出来，无须深层意识活动的干预。这三条标准后来为许多认知心理学家所引用。

20 世纪 80 年代，关于记忆脑机制的认知神经科学研究发现，记忆由许多性质不同的功能系统或模块所组成。怎样判定功能模块呢？双分离原则（double dissociation）是个重要标准。某病人甲脑结构受损，甲类记忆发生障碍，而乙类记忆完好无损。另一病人乙脑结构受损，乙类记忆发生障碍，而甲类记忆无损。这时称甲、乙两类记忆符合双分离原则，是脑内两个不同结构组成的两个功能模块。利用双分离原则得到的许多不同记忆系统又称记忆的多功能系统理论。1995 年，加拿大多伦多大学著名教授托尔文（Tulving）把这一理论进一步完善化，提出人脑内的五大记忆系统：程序记忆、知觉启动效应、语义记忆、次级或工作记忆和情景性记忆。

近几年，利用无创性脑功能成像技术对人类各种高级功能的研究发现大量科学事实，证明了脑高级功能的模块性。概括地说，脑功能模块是一种动态变化的组装。同一种高级功能如言语，包括听、说、写、想等不同环节，完成每一句话又包括名词、动词、副词等不同语法成分的运用，以及句子的流畅性、韵律、声调等因素。因此关于言语的脑功能模块由数以十计的脑结构按一定时序参与，除优势半球外，还包含着大脑皮层与皮层下脑结构，以及多种感觉和运动成分的关系。现代模块论发现，猴脑枕叶、颞叶、顶叶和额叶至少 32 个脑区参与视觉功能，这些脑区形成背、腹两大功能系统，分别负责空间知觉和物体知觉。人类神经心理学研究发现，物体识别、面孔识别依靠颞下回的两个临近而彼此重叠的不同功能模块，左、右脑的优势性依认知任务而异。面孔熟悉性判断中右颞叶优于左颞叶，名字识别中左颞叶优于右颞叶。已有的科学事实表明，五大记忆功能模块非常复杂，某些脑结构可参与不同记忆模块，同一记忆模块又由许多脑结构组成。总之，当代脑高级功能模块理论已经极大地改变了简单脑机能定位和两半球分工的理论，正以大量新科学事实不断丰富、完善着脑功能模块组装和动态变化规律。

（二）关键期

20 世纪 60 年代初的动物视觉剥夺实验发现，将刚出生的猫或猴的眼睛用眼罩遮起来，长时间以后再打开眼罩，则其视知觉能力很难正常发展起来。狼孩语言能力的个案报道，自幼失去语言发展的环境，多年以后即使复得语言环境，则其语言能力仍不能达到正常人水平。这些研究揭示了脑在个体发育过程中存在着不同功能的发育关键期，此期是该脑功能结构组建的重要阶段，此时必须有相应的适宜环境条件，环境条件越优越，相应经验越丰富，则功能结构就会组建得越好，相应功能则更强。错过这一时期，即使复得良好条件，其功能结构也难以顺利组建，相应功能很难发展到完美的程度。1997 年美国，时任总统克林顿及其夫人召开白宫会议，专门研究了儿童早期智力发展的问题，同年麻省理工学院接受 2700 万美元捐助建立儿童研究中心。在美国《时代周刊》和许多教育刊物上，一大批文章讨论脑发育与儿童心理发展中的关键期。但该学院很快引起美国科学界的抨击，并于 1999 年由美国教育部组织专家会议给出了六点意见（请参阅本书第三章），使这一过热的夸大性宣传得到降温。时过十多年的今天，实践证明关键期的概念难以实施，且具有多方消极作用。

1. 关键期测定难以实现

脑发育关键期研究已有 40 多年的历史，但由于不可能在儿童发育期像对动物那样剥夺感知觉条件进行类似的实验研究，因此儿童许多能力发展的关键期至今不十分明了。即使对语言发育的关键期，也无法实现像狼孩那样的剥夺不同年龄儿童学习语言的环境。只能大体上推论说 0 岁—2 岁是儿童感觉—运动功能和简单语言能力发展的关键期，3 月—4 月龄至 13 月龄为简单感觉运动发育的关键期，知觉表征发育关键期为 0 岁—7 岁，抽象概念表达和复杂精细语言表达能力直到青春期才能发育完全。不同脑功能结构形成的关键期起始、终止和持续时间不同，而且个体差异很大，很难研究和观察正常儿童脑发育的关键期。

2. 关键期误导了儿童教育工作

关键期的概念蕴含着过了关键期这一功能就再也无法获得或极难获得的含义。因此，一些家长十分紧张，担心误了关键期，就耽误了孩子一生。或者是使家长放弃了对孩子的培养，因为过了关键期，培养也是白搭功夫。事实上绝大多数技能或智能的学习都没有严格的年龄界限，甚至有些老年人退休后还读了大学，拿了学位，或者是圆了儿时的梦，补学了美术或音乐等技能。所以，人的绝大多数能力是终生可获得的。

第二节　生理心理学与教育改革

在近代社会发展中，生理心理学的研究成果促进教育改革的事例多有发生。20 世纪初，俄罗斯生理学家巴甫洛夫及其同事通过对狗分泌唾液的食物条件反射研究，形成了高级神经活动学说。20 世纪 50 年代初，苏联采取政府行为推行其理论，改造教育学。1938 年出版的美国心理学家斯金纳的专著，总结了大白鼠按杠杆学习行为的食物强化规律（操作条件反射的强化时间表），到 20 世纪 50 年代末和 60 年代初，在美国用于教育，形成了程序教学与教学机的应用热潮。前苏联政府和美国采用政府行为推行的这两项教育改革措施，产生过有益的效果。但由于这两项科学成果都是基于行为水平的研究，未能直接揭露脑功能的物质基础，所以，尽管经典条件反射的规律和操作条件反射研究所提供的强化规律都对教育产生了积极影响，终因其科学发展水平所限，不可能引出教育的突破性进展。1997 年美国总统及其夫人召开白宫会议，专门研究了儿童早期智力发展的问题，随后在美国《时代周刊》和许多教育刊物上，一大批文章讨论脑发育与儿童心理发展中的关键期问题，试图将其作为儿童教育改革的突破点，十多年之后发现，这是一种神经神话，不可能变为现实。这种神经神话不但不能推进美国的教育，13 年之后还令美国教育部门领导人不得不面对世界各国儿童的学业成绩，呼吁美国教育的危机。这说明，只有准确地理解生理心理学新成果的科学内涵，经过教育家的教育实践，生理心理学的成果才能促进教育改革。尽管经典条件反射和操作条件反射的理论概念是行为水平上的科学，但毕竟是科学，所以总会对教育改革具有一定的促进作用。不能指望通过某一脑科学概念的引用，就会带来教育的重大变革！

本节首先介绍近几年生理心理学研究领域中所取得的新进展，然后试着解释教育界所普遍关注的一些理论概念。

一、新进展与新观念

本书后面的各章节均收录了近几年相关领域的研究进展，它们可能会为教育问题提供新的启示。为了引起重视，这里仅对其中最新的进展和新观点作提纲性介绍，详细内容见相关章节。

（一）脑可塑性是神经系统终生的特性

脑的可塑性，是指其先天预成的结构或功能具有一定的可变性。脑结构和功能是生物进化长期累积的结果，后天环境条件不同，引起脑结构与功能相应的变化，其实质是短期事件（从毫秒级的脉冲刺激到数日、数年的病理状态）引起的改变，转化为脑结构或功能模式的长时事件，包括突触稳定的形成、脑功能区重组等。20 世纪 60 年代初，科学家们开拓了脑可塑性的研究领域。半个世纪以来，他们从整体、细胞和分子等不同层次上揭露了大量科学事实，证明脑结构与功能毕生都存在着可塑性，包括在病理条件下脑功能代偿性变化，实验动物中感觉器官状态引起的脑功能区重组和脑内突触可塑性变化，如长时程增强或抑制效应（LTP 和 LTD），以及细胞内外生化物质代谢的变化。近年又发现如前所述的脑白质随功能变化而发生的精细结构改变。所以，神经可塑性变化是脑的终生生物学特性，是从生到死的毕生心理发展的生物学基础。它不仅表现为神经突触、棘突等灰质的变化与白质的精细结构改变，还包含递质—受体、细胞内信号转导系统，以及基因调节蛋白和基因表达等一系列细胞和分子生物学变化。

1. 脑个体发生和发育中的可塑性

现代生态理论认为脑的进化发展总是制约于生态环境，脑的胚胎发生和个体发育也毫不例外，总是在遗传基因和环境相互作用中，逐渐完成脑功能模块的构建过程。虽然成年脑仅占全身重量的2%，耗能量却达全身的20%，脑基因组数占全身的1/3。在脑个体发生和发育过程中，遗传基因决定所生成的脑细胞及其间联系的突触总数超过实际所需的量，依环境因素选择最佳的细胞及其间联系的突触构建功能模块后，再清除超量组织成分。胎儿脑在出生前3周—4周，已形成的脑细胞数超过正常成人的一倍。这种超量为形成脑的诸多基本功能模块提供了充分的选择余地。胎儿期，通过神经内分泌系统和植物神经调节内脏活动的功能模块很快组建起来，但机体对外环境刺激的感觉—运动模块，因母体内环境限制而得不到充分发展，造成大量多余细胞的清除。出生时脑细胞总数与成人相同，但细胞体积小，树突分枝少，轴突裸露（成年人细胞轴突覆盖脂蛋白的髓鞘，类似电线外包的绝缘层，以保证传导功能）。所以，出生后在丰富外界刺激作用下，第一个十年脑消耗全身总能量之半，主要用于神经细胞轴突髓鞘化、树突分枝、胞体增大以及细胞间联系的突触大量形成，4岁—6岁儿童脑细胞间突触总数达成人的150%，为各种脑高级功能模块构建提供了充分的前提条件。随着各种高级功能模块一个个构建成功，多余的突触逐渐被清除。至16岁或青春期，各种高级功能模块均已构建完毕，脑突触总数完全降至成年人水平。此后脑细胞总数逐日减少，一些细胞的凋亡伴随存活细胞功能效率的提高。

2. 脑可塑性变化与教育的关系

脑可塑性变化的科学事实已相当充分，问题在于它对教育发展的启示是什么，如何将脑可塑性研究成果转化为教育策略或教育措施。从教育的角度关注这类研究的重要内容是可塑性变化的约束条件。大量实验证明，引起脑可塑性变化的两个必要条件是：环境中的适宜刺激和脑内必需的营养与能量。后者促进细胞得到充分必要的营养因子，以便在生态环境下，受到适宜刺激时，脑内出现最佳的神经信息传递和加工。

因科学发展水平不同，对充分利用可塑性的适宜环境条件可有不同的理解。20世纪50年代—60年代，巴甫洛夫经典条件反射的理论观点认为，适宜的条件是刺激与强化在时间上的接近。1938年美国人斯金纳的操作条件反射理论则强调学习的内驱力和动机水平，以及强化时间表的作用。有四种刺激与强化时间表（reinforcement schedules），分别有利于不同行为模式的巩固。然而，近几十年分子神经生物学研究发现，长时记忆的形成不但依靠在细胞之间传递信息的大量分子，还依靠细胞内一些分子将信息传向细胞核内，激活一种细胞核内的基因调节蛋白（如CREB），这是长时记忆形成的必要条件。这种核内基因调节蛋白激活所需要的细胞间和细胞内信息传递过程，在果蝇中至少10分钟—15分钟，高等脊椎动物中需要40分钟—60分钟。果蝇形成长时记忆的效果，在1分钟—10分钟之内，随学习和复习之间的时间间隔延长而提高，15分钟之后就不再变化。换言之，学习和复习的最佳间隔为10分钟—15分钟，与脑内细胞核CREB蛋白激活的时间吻合。这说明过于频繁地重复或连续重复默写生字几十遍的做法，未必有利于学生长时记忆的形成。

脑可塑性最大的时期称脑发育敏感期，此时脑消耗的能量最多，也最需要良好的环境条件。动物实验表明，为了促进脑细胞树突分枝且在其上形成大量突触，两类必须的物质分别是神经营养因子和兴奋性神经递质。充分利用脑可塑性的脑营养条件，更是值得深入研究的问题。吃什么食物对儿童脑高级功能十分重要。美国教育家发现：食物中的化学物质可以产生各种不同反应，吃东西本该是令人愉快的事，但食物不当可导致注意涣散、抑郁、惊恐，甚至困倦。营养的早餐应含有充足的蛋白质，仅食水果汁、饮料和甜食，摄入的蛋白质一小时后就会从体内耗尽，随后的几节课，有些孩子就会变得烦躁甚至恶作剧。蛋白质缺乏至少可引起淡漠、反应低下或易激惹等问题。所以，儿童许多行为问题与营养有关。总之，为了充分发挥脑可塑性的作用，不但要在教学方法上下工夫，还必须在儿童营养学上下功夫。

（二）伴随着认知功能的发展，大脑白质发生精细结构的变化

菲尔兹（Fields）在2010年11月5日的《科学》周刊上评论道：虽然白质是由百亿神经元轴突形成的纤维束构成，实现着神经元之间的联系，几乎占脑组织的一半，但过去除一些脑疾病之外，从未关注过白质在正常人心理活动和认知功能中的作用。从胚胎期到30岁—50岁成年之间，脑功能变化一直伴随着大脑白质的精细结构变化，包括髓鞘密度、神经纤维的比例和神经信息传导速度的微妙变化。

进入21世纪的最近十多年间，利用磁共振成像的几种技术，使人脑白质的研究发生了根本变化。这种方法可以研究正常人不同状态下脑白质微结构的变化及其与高级认知功能的关系。例如前额叶区的白质密度与一般智力、工作记忆、注意和抑制功能发展水平相平行，胼胝体的纤维髓鞘化程度增高，伴随着儿童认知功能和感觉运动控制功能以及双手协调功能的发展。锥体束和弓状束的发育程度与手的精细运动技能和语言发展相关。总智商与白质的总容积，特别是额—顶联络纤维束的发育程度密切相关。前额叶皮质的容积与认知功能以及毫秒数量级自动化运动技能发展相关。一批研究报告均指出，不同脑区白质的各向异性分形参数（fractional anisotropy，FA）与许多高级功能相关，颞—顶间FA和阅读能力相关，放射冠前部白质与工作记忆容量相关，视觉—空间注意通路与反应时相关，胼胝体白质的FA与双手协调功能相关，内侧纵束的FA与记忆提取功能相关，额—顶通路的FA与视觉平均诱发电位潜伏期之间呈负相关。下面两项实验更加具体地证明，白质微细结构随认知学习和训练发生显著的改变，详情请阅读本书第三章有关部分。

1. 儿童和成年职业钢琴家的脑白质

人们在进行复杂学习作业后，不仅是儿童的脑白质会发生变化，而且成年人的白质结构也会发生变化。在一些研究报告中，值得一提的是利用磁共振技术对练习弹钢琴的儿童和成年职业钢琴家的脑白质进行的研究。结果发现，职业钢琴家脑内胼胝体较大，可能是由于他们大多数在七岁之前就开始学琴，此后不停地运用双手进行弹琴的作业。除了脑胼胝体，也有些研究发现学习钢琴几个月的儿童，脑维体束也比一般同龄儿童发达。由此可以推论，从小就不断操作计算机键盘的儿童，也会有类似的脑白质发育特点。

2. 成年人杂耍训练引起枕—顶间神经纤的微妙变化

肖尔茨等人（Scholz，2009）发现，抛—接球的杂要运动技能训练引起顶下沟附近的白质各向异性分形（FA）增高，表明这种训练在成年人中也能引起枕—项叶皮层间联系的白质发生微结构的改变。

（三）睡眠和梦与儿童注意力、学习和记忆的发展有关

睡眠与梦的研究不再把快波睡眠（REM 睡眠）看成是做梦的同义词，慢波睡眠也有梦，且与记忆的巩固有关，特别是慢波睡眠中伴有学习中的线索刺激呈现，更能提高学习和记忆的效果。少年儿童睡眠不足，可能与多种学习和行为问题相关。这些研究报告给教育工作的启示，提请教育政策制定者重视学生的休息和家庭作业，思考如何安排才能更科学。对睡眠和学习问题有兴趣者，请阅读本书第四章和第六章相关部分。

1. 少年儿童的睡眠问题

睡眠对儿童和青少年的学习、记忆过程和在校学习成绩，都是十分重要的因素。研究表明，较差睡眠、间断增多的睡眠、晚睡、早醒都严重影响学习能力、在校学习成绩和心理功能。以前的研究很多，但研究方法不同，之间的结果难以比较。德瓦等人（Dewald，2010）在《睡眠医学评论》杂志上发表了他们对相关国际文献的分析报告，分别对睡眠质量（16 篇文献，13 631 名学生）、睡眠时间（17 篇文献，15 199 名学生）和贪睡（17 篇文献，19 530 名学生）与在校学习成绩间的关系进行三项分立的元分析，分别对性别、年龄和参数估计与在校成绩的关系的分析表明，贪睡与在校学习成绩间有较强的相关性（$r = -0.133$），睡眠质量与学习成绩间相关系数 $r = 0.096$，睡眠时间与在校成绩间相关系数为 $r = 0.069$。进一步因素分析表明，最大的因素负荷因子是少年儿童早期脑前额叶功能变化。年龄因素和性别因素的交互作用明显，说明青春期发育的性别、年龄差异具有重要作用。入睡困难和睡眠持续时间短，是睡眠质量差的常见问题（11%—47% 的案例）。少年儿童睡眠时间应在每夜 9 小时的范围，报告案例的 45% 少于每夜 8 小时。睡眠时间不足可能有内在原因，如青春期体内不平衡的变化；也可能是外在因素，如过早入学读书，社会压力和学校作业负担过重等，导致晚间上床时间晚，早晨又必须按时起床。据统计约 20%—50% 的少年儿童称白

天困倦和嗜睡。

2．慢波睡眠与梦

自从发现快波睡眠以来，广为流传的公式就是快波睡眠等同于做梦期；但是最近有学者（Palagini & Rostnticht，2010）认为，这是一个不准确的概念，甚至可以说是错误的概念。事实上整夜睡眠的各个阶段都有心理活动和梦，只不过是慢波睡眠（NREM）期的梦与快波睡眠期的梦有不同特性而已。慢波睡眠期的梦没有较好的系统性、组织性，情节不细腻，但与白天的生活事件关系较紧密；快波睡眠期的梦更生动，充满惊险的情节和较多的情感成分和视觉表象。

3．睡眠与记忆巩固

从短时记忆向长时记忆的过渡必须有足够的复述或一定的时间，这是传统的理论知识；但最近一些实验事实为传统的记忆图式理论增添了新的活力，特别是谢（Tse，2007）在《科学》杂志上发表的研究报告，证明大鼠在味觉空间定位的联想学习之后，进一步训练使之形成了味觉—空间联想图式，这种组织化的知识结构能够支持单次快速学习形成的新联想，并迅速形成它的巩固记忆。当人们处于慢波睡眠期，给予入睡之前经历的味觉学习中使用过的味觉刺激物，就可以在无意识状态下，隐性再激活入眠前习得的经验，从而使依赖于海马的陈述性记忆得到较好的巩固；但是对于独立于海马的程序性记忆，则没有易化或促进巩固的作用。鲁多（Rudoy，2009）等人通过实验证明，在记忆刚形成后就进入睡眠期，并给予记忆形成相联系的听觉刺激，当醒来之后记忆的巩固程度明显优于未经睡眠者。万斯莱等人（Wamsley，2010）系统研究了睡眠相关的记忆巩固作用，发现睡眠中出现与学习任务相关的梦与记忆巩固作用有关系，并且与非快速眼动期睡眠（快波睡眠）中脑海马活动有关。

（四）男、女生性别差异带来的某些生理心理问题

男、女性别的差异始于胚胎第一周就出现的性别相关的 SRY 基因，随后性激素的组织作用一直决定着脑形态和功能的性别特征。少年儿童以及成年人的脑，男、女性别的差异体现在脑组织结构、生理功能、激素受体等许多方面。

1．脑功能的性别差异

男女发挥相同认知能力时，脑的激活水平不同。女性脑的激活水平低于男性，成年女性双侧半球激活水平相近，而男性大脑的激活是倾向于区域性的。男孩和女孩对生气的面孔给出相似的反应，而成年女性则比男性对生气面孔给出更强的反应。这可能是与神经内分泌垂体肾上腺轴功能的两性差异有关。另一方面，女性对社会性人际交往不利环境的反应强于男性。

2．人格的男、女性别差异

男、女脑的结构功能差异表现在人格 E－S 维度（即共情—系统性维度）上的差异，女性在 E 端（共情性一端），男性在 S 端（系统性一端）。自闭症儿童

的脑在 E－S 人格维度上处于极端的 S 端，而 E 端发育不良。成年以后的人格心理测验，得到较高的系统化商（SQ），情感再认测验所得的情商（EQ）值很低。通过磁共振成像技术，可以测量到其脑内短距离纤维和长距离纤维的比值较高。自闭症儿童的脑短距离纤维较多，由于长距离纤维发育不足，难以从多个大脑区之间聚合神经信息，导致“移情”品格发育不好。

3. 精神疾病发病的差异

重抑郁症在青春期以前的男孩、女孩中的发病率均是 5%，而在青春期以后的少女中发病率增至 10%，男青年的发病率仍保持在 5% 水平上。女性的这一变化可能是她们的垂体肾上腺轴（HPA）在青春期得到发育所致，而男性则因睾丸激素的分泌增多使 HPA 反应降低。精神分裂症在男性少年期发病率较高。

二、从生理心理学角度对教育学中若干理论概念的理解

依本书作者的观点，教育改革中应对一些理论和实践问题，用当代脑科学新理论给予新的解释，包括：心理素质、智力、能力和智力潜能等的科学内涵；创造能力的实质；个体差异；儿童早期教育。

（一）心理素质的科学内涵

“心理素质”、“身体素质”、“政治素质”等名词，并不是科学专用名词，而是源于日常生活和大众媒体，用以粗略地表达某一方面的基本品格的名词。身体素质在医学中常用以描述对某疾病的易感性，如身体瘦长是抑郁症或结核病的易感素质。

1. 经典心理学中的素质、气质和人格特质

在心理学中，与“素质”一词有关的一些专用科学名词是素质、气质、特质，至今这些名词概念仍存在许多不同的定义。苏联心理学将素质作为能力基础的身体的生理和解剖特点，如反应快的长腿是短跑运动能力的素质。把气质作为智力基础的脑高级神经活动的特点，西方心理学把气质作为性格或人格的一种先天生理基础，如古老的四种体液类型说。美国心理学家利用因素分析法在大量描述人格特征的因素中，总结出某些相对稳定的行为倾向性，将之称为人格特质，例如少言寡语属于内向性人格特质等。在这三个名词的各家定义与科学内涵中，以气质的脑科学定义较为清楚，尤以俄国生理学家巴甫洛夫高级神经活动理论的解释在科学上较严格。

巴甫洛夫在建立高级神经活动类型学说的过程中，十分注重可操作性的测定方法和判定标准。他用兴奋过程和抑制过程的强度、均衡性、灵活性测定动物的高级神经活动类型。例如，兴奋过程强弱的判定以 0.3 克咖啡因耐受性为标准，服用后增强了兴奋性的动物称为强型，反之削弱了兴奋过程者称为弱型。对人类高级神经活动类型，除了与动物相似的标准外，还测定语言（第二信号系统）

与非语言（第一信号系统）的相对强度作为分型的客观标准。20 世纪 60 年代，英国心理学家艾森克发展了人格维度理论，认为大脑皮层兴奋性水平是人格特质的重要脑科学基础。他认为皮层兴奋性水平高者为内向性人格特质，反之则为外向性人格特质。皮层兴奋性水平可以利用脑电图加以客观测定。他还应用闪光融合频率等实验心理学方法，作为皮层兴奋性和人格特质的客观测定方法。这说明心理品质与脑功能特点的关系早为生理学家和心理学家所关注，并取得了一定的研究成果。

近些年脑科学已取得了长足的发展，认知神经科学的理论与方法学已臻成熟。这一领域极大地超出了巴甫洛夫高级神经活动的理论概念。因此，“气质是高级神经活动类型与后天习得特性的合金”这一定义已显不足。另一方面，心理素质这一名词已在我国社会生活和教育中应用多年。素质教育主张对全体学生进行全面发展的教育，以便帮助学生形成毕生主动发展的基本品格。吸收当代认知神经科学的最新成果，将当代科学新概念与社会生活中最富生命力的名词结合起来，赋予心理素质以认知神经科学的新内涵，不仅对推动我国教育工作有益，也将促进认知神经科学的发展。

2. 心理素质的认知神经科学基础

认知心理学在过去 40 多年的发展中，基于人类认知活动的实验研究概括出许多基本心理过程的普遍特性，这些特性不仅可以通过认知实验进行严格的科学描述，有些还可进行定量化比较。与此同时，神经科学发展的新理论和新技术有助于揭示基本心理品质的脑科学基础。这里将可作为心理素质的科学基础的普遍心理特性及其脑功能参数概括如下。

（1）内隐心理过程与外显心理过程的相互转换特性及其脑细胞活动基础

参观、访问或浏览的画面、景观、诗句等在随后的各类创作活动中自发映射在主观意识中，促进创作任务或作业的完成，是内隐心理过程转换为外显心理过程的例证。早年有意背诵的诗句，在触景生情中自动地出现于脑海中，有助于新诗句或文章构思的过程，则可作为外显心理活动转化为内隐心理活动，再回到外显心理活动的例子。从上面两个例证中可以看到内隐心理活动都是通过外显心理活动的变化加以间接测量。目前尚未找到直接测量内隐心理活动的好方法。内隐记忆与外显记忆相比，神经细胞活动水平有显著差异，内隐记忆参与的细胞数少、耗能低，信息加工效率高。

（2）自动加工与控制加工过程的转换效率及其脑代谢基础

可以用学骑自行车、学织毛衣的过程为例。开始总是要全身心地紧张投入一段时间，多次练习逐渐达到熟练的程度，之后便可以漫不经心地骑车或边聊天边织毛衣。从全身心贯注地学习到自动熟练技能的形成，是心理加工过程转化的特性。相反，巧妙应用熟练技能有意识地达到最佳成绩的过程，可以作为自动加工过程转化为控制加工过程的例证，如射击运动员、跳高运动员比赛夺魁，就是这类心理加工的转换过程。两类加工过程的特性在脑功能影像中有明显可见的差异。例如学习计算机游戏程序之始，脑区域性葡萄糖代谢率普遍增高；三周后操作自如地玩同一游戏程序，则脑区域性代谢率与安静休息时无明显差异。

（3）心理资源分配的速度与特点及其脑诱发电位特性

可以通俗地解释为从一心一意做某件事到一心二用或多用时，作业成绩变化的特性。在认知心理学实验研究中，常用增加刺激类型或刺激数目，乃至改变作业目标要求而进行精细地定量研究。可通过平均诱发电位不同成分的多种算法，精细分析某些认知作业中神经信息在脑内传导方向与速度的特性，包括脑左、右两半球间，前、后脑间，表层与深层结构间的传导关系，均可作为心理素质脑功能基础的一种客观参数。脑事件相关电位研究表明，心理资源分配和随意注意转移伴随多种成分的改变。脑自发电活动研究也发现，0 岁—14 岁儿童自发脑电活动复杂性随年龄增长而显著增高。

（4）心理过程的时序性、复杂条件下的决策水平及其脑影像表现是较为复杂的心理特征

这种复杂心理素质可以简单地解释为完成某项心理作业的速度和流畅程度，以及作业成绩的完美性。认知心理学认为，任何一种心理作业或问题的解决，都由一系列顺序进行的信息加工过程组成，称之为时序性。完成同一心理作业，不同人的心理时序既有相似性又有个体差异，特别在复杂条件下，如情绪波动等，其个体差异是心理素质的一个重要侧面。近年认知神经科学研究表明，高智商者完成同一认知任务速度快，脑能量消耗低，信息加工效率高。运用多种脑成像技术可以测出这些生理参数的个体差异。

明确了心理素质的上述认知神经科学内涵，有助于我们建立心理素质的客观测评体系和方法。

（二）创造能力的脑功能回路

什么是创造能力，怎样才能培养学生的创造能力？教育家们从教育实践中总结出许多宝贵经验，如培养形象思维、发散思维的途径，以及形象思维与抽象思维的综合运用等。然而，创造能力的脑科学基础和深层心理机制仍无确切答案。人类面对眼前要解决的问题，首先要对问题加以理解，分析它的已知条件和问题之所在，搞清拟解决的属于哪类性质问题，这些都可以用问题表征加以概括。随后要选择解决问题的策略或算法，如采用一些前提和结果的推论，称做产生式问题解决的策略；采用逻辑网络的推理关系，称做逻辑推理的策略。决定解决问题的策略之后还要进行验证，可通过算法的应用或科学实验，还可能通过试制样品等方式。最后，就是对结果进行评价。这是创造活动的一般过程。那么，脑是怎样实现这一过程的呢？

1. 前额叶皮层参与高级认知过程

帕尔曼和曼吉内利（Pallmann & Manginelli，2009）总结了有关前额叶皮层参与高级认知过程的研究报告，指出它不仅参与执行过程的监控，还支持内部思维过程，以及外部驱动因素和内部心理过程之间的整合，特别是直接参与视觉空间特征三段论法的形象推理任务，使奇异的目标瞬时突现出来。在这一认识的基础上，设计了对视觉目标和干扰刺激的实验控制，并采用功能性磁共振成像技术证明前额叶皮层前端不仅具有执行功能和监控功能，还对刺激呈现过程中某些精细特征变化进行内隐的检测。所以，内侧前额叶在内隐认知中的功能，也是其参与基本演绎推理过程的重要基础。蔡等人（Choi，2009）对225名健康年轻人进行脑结构和功能性磁共振成像研究，分析了一般智力g和脑结构与功能的相关。结果发现，晶态智力与皮层厚度相关，液态智力与BOLD信号强度更密切相关。据此作者归纳出IQ预测模型可以解积50%以上的变异数，所以作者认为智力IQ是多相分布的脑机制，而不存在脑的局部定位性。

2. 额为主导的复杂脑功能回路

昂特里纳和欧文（Unterrainer & Owen，2006）以河内塔问题解决为模型，利用脑成像技术分析问题解决和策划功能的脑机制。结果发现，在策划解决河内塔任务时，背外侧中额区激活，没有发现半球优势效应。此外，还发现背外侧中额区与辅助运动区、运动前区之前的前额区、后顶叶皮层以及与许多皮层下结构，包括尾状核和小脑等，有着复杂的功能联系。这说明在解决河内塔一类问题中，背外侧额叶发挥主导作用，计划这一问题的解决，并与一系列皮层与皮层下脑结构形成复杂的脑功能回路。

3. 皮层—皮层下的双向联系

刘易斯和托德（Lewis & Todd，2007）提出了情感与认知过程相互作用，进行自我调节的发展，并总结出这一过程的脑功能基础。他们认为应该打破认知和情感过程的分界，智力是情感和认知功能的统一体，是相互作用自我调节的发展过程。首先是皮层与皮层下之间实现着垂直的上下信息流之间的相互调节。大脑皮层自上而下地发出信息流，启动杏仁核对自下而来的知觉信息和所期望的结果作出适度反应；而杏仁核使大脑皮层的活动按着刺激的情感意义进行装配。传统神经生理学强调，高级脑中枢对下级脑结构进行抑制性调节，却忽略了下一级脑结构的激活和所提供的能动作用，例如脑干释放神经递质沿上行通路传输到皮层发挥作用。事实上，因为皮层—皮层下的联系总是双向的，因此神经信息的传递是双向性的。

（三）脑功能和智力潜能开发的科学内涵

心理学在过去30年的研究中也取得了突破性进展，科学家采用精细的实验设计，研究了无意识的内隐心理过程。结果表明，以往心理学的全部研究仅是意识过程的变化规律，只是人类心理活动的一小部分，犹如海上漂浮的冰山，露在海平面以上的只是小小的山尖，更大的是水平面以下的无意识心理活动。

1. 脑功能和智力潜能开发就是调动内隐知识的过程

1954 年加拿大蒙特利尔大学教授潘菲尔德医生出版了一本难得的科学专著，描述了切除癫痫病灶脑手术中发现的科学事实。例如，一位年已 60 多岁的病人在切除位于颞叶的癫痫病灶之前，对附近的正常颞叶皮层用适当的微弱电流刺激，则病人立即童声稚气地唱起一首社会上早已失传的童歌，或说出绝传的童谣，并不时喊起爷爷、奶奶或小猫、小狗的名字。停止电刺激，病人就会立即从 50 多年前的生活情景中回到手术台的现实中来。医生请他重复方才唱的歌、说的童谣，他却十分茫然，不明白医生要他做什么。这一科学事实说明，人类无意识记忆的容量是无限的，它可以把你一生中所看、听到的一切情景完好无损地存储到头脑中。我们之所以回忆不起来，既不是没把事情放入脑海，也不是记忆痕迹在脑海中随时间推移而消退，其真正原因是提取困难，很难投射到意识中来。然而，脑中大量无意识的内存总是找机会发挥作用。利用补笔测验可以证明这一点。你可请一位朋友到你家做客，先跟他在客厅中聊天，客厅墙上挂许多字画，但你们并不谈及墙上的字画。随后请朋友到另一间屋子，拿给他一张写满许多偏旁、部首的半个汉字的纸，请他用笔把这些半个字补笔成完整的字。统计他的补笔结果就会发现，这些字中许多是客厅字画上的字。然而你问他是否按客厅字画上的字完成的作业，他会说："客厅中有字画？我怎么没看见！"这说明无意中映入眼帘的字，竟在随后的补笔任务中无意识地冒了出来。可见无意识心理过程在一定条件下自动投射到意识中来，是心理活动的一个重要规律。

智力潜能正蕴藏在这些无意识过程之中。自发的创造活动，即灵感油然而生、豁然开朗的境界，正是源于大量无意识活动，源于头脑中存储的长期经验和经历。脑功能开发正是要创造条件充分利用无意识过程的宝藏，使其在必要时投射到意识中来。从大量教育实践总结出培养学生创造性的必由之路，在于使学生综合运用形象思维与抽象思维能力。形象和抽象思维能力，都是意识活动的能力。意识活动调用无意识内存中的经验和知识，使它们服务于现实的任务，就是自觉创作活动的基本过程。反之，意识活动转换到无意识活动的现象也随处可见，如学自行车、织毛衣等，都是逐渐从控制加工过程到自动加工的过程。几乎所有年过半百者都常体验到记忆的干涉现象，他们竟然一下子叫不出熟人的名字或一时想不出不应忘记的事，事后，这些却一下子又从头脑中跳了出来。这些现象都说明内隐的无意识活动与外显意识活动的相互转化，在脑功能开发中是不可忽视的环节。

2. 提高无意识过程的蕴藏量

从上述科学事实中，我们不难理解：首先，人脑中的无意识活动的容量是无限的，而意识活动的容量是有限的。因此，脑功能开发的科学内涵是开发无意识心理过程，多接触新事物，浏览知识，提高无意识过程的蕴藏量，再创造条件充分利用无意识过程的宝藏，使其在必要时迅速映射到意识中来。在生理水平上就是要不断提高无意识功能模块的神经效率，效率越高其蕴藏量就越大。这里所说的神经效率就是完成某一事件的信息存储需耗费多少能量，或消耗同一生物能量换取多少事件的信息存储。这种神经效率完全可以用现代科学仪器客观测定。

3. 创造条件促进内隐与外显心理活动的相互促进和相互转化

由于内隐心理活动可以促进意识活动，也可能妨碍意识活动，所以脑开发的含义也在于创造条件，促进内隐与外显心理活动的相互促进和相互转化。那些能提高两类心理活动间转化效率的教育或训练方法，就是最佳的教育手段，这种转换效率可以通过认知神经科学实验，利用仪器进行客观测定。

4. 脑智力潜能的开发常常是自觉地调节心境，乃至培养美好情操，以便在需要时激励认知过程

人类的情感和情绪过程也由意识与无意识两个侧面组成。日常生活中，我们常常体验到的持续性的无名烦恼和焦虑，就是一种无意识的情绪状态。无意识心境是一种较为持久的情绪状态，对人们的身心健康影响很大。许多生理因素和病理过程常是无意识心境形成的重要原因，生活环境和人们的意识修养以及社会价值观对心境的形成也具有重要作用。情操和人格特质持久地终生影响人们的情感和认知活动。因此，脑智力潜能的开发常常是自觉地调节心境，乃至培养美好情操，激励认知过程。反之，正确的认知活动有利于调节情感活动。近年研究发现，作为知识积累基础的长时记忆的分子生物学基础相当复杂，不仅包括不同神经细胞间信息传递的神经递质、受体、离子通道等的数以百计的分子，还包括细胞质内的大量信号转导通路中的许多分子转换事件，更包括细胞核内的基因调节蛋白调节基因表达的过程。例如，其中一种简写为 CREB 的核内蛋白质就成为长时记忆形成中的一种关键分子。它的激活通常经过递质—受体—胞内信使等数十种分子链的传递过程。然而发现有一种类似激素的小分子（38 肽）却可以迅速激活 CREB，分子生物学还发现激素分子可以径直穿过细胞膜乃至核膜，钻入核内快速激活基因调节蛋白。这个发现有可能解释快乐情绪背景下长时记忆不但容易形成而且维持长久。可能“一见钟情、刻骨铭心的记忆”正是激素分子径直钻入细胞乃至细胞核内引起 CREB 激活的结果。当然这是一种推论，还需科学实验加以证明。但我们可以肯定地说，快乐心境有助于学习、记忆的宏观规律，一定有其分子神经生物学基础。

5. 因材施教，发挥各自所长

因材施教是教育学的理想教育原则。教育家们凭借多年教学经验很快会对学

生的天赋和潜能作出判断。那么，找到一种客观的科学手段，对个体差异进行更为可靠的科学测评，则是当前教育界的重要课题。

【建议参考资料】

1. 沈政. 脑科学与素质教育［J］. 教育研究，1998（8）：20－27.

2. 沈政. 与认知、思维相关的脑功能复杂性［J］. 系统辩证学学报，2004，12（1）：19－23.

3. 沈政，方方，杨炯炯，等. 认知神经科学导论［M］. 北京：北京大学出版社，2010：109－145.

4. 沈政，林庶芝. 生理心理学［M］. 北京：北京大学出版社，2007.

5. 周加仙. “基于脑的教育”理论述评［J］. 外国教育研究，2007，34（2）：1－6.

6. 周加仙. “神经神话”的成因分析［J］. 华东师范大学学报：教育科学版，2008，26（2）：60－64.

7. 周加仙. 教育神经科学的领域构建［J］. 华东师范大学学报：教育科学版，2009，27（3）：69－75.

8. CAREW T J，MAGASAMEN S H. Neurosciences and education：an ideal partnership for producing evidence-based solutions to guide 21st central learning［J］. Neuron，2010，67：685－688.

9. CGRUSTIDAYKIU J A，GAAB N. Using and misusing neuroscience in education-related research［J］. Cortex，2009，45：555－557.

10. FIELDS R D. Neuroscience：changes in the brain white matters［J］. Science，2010，330：768－769.

11. MASON L. Bridging neuroscience and education：a two-way path is possible［J］. Cortex，2009，45：548－49.

12. RUDOY J D，VOSS J L，WESTERBERG C E，et al. Strengthening individual memories by reactivating them during sleep［J］. Science，2009，326：1079.

13. SCHOLZ J，KLEIN M C，BEHRENS T E J，et al. Training induces changes in white-matter architecture［J］. Nature Neuroscience，2009，12：1370－1371.

14. SUMMAK S S，SUMMAK A E G P，SUMMAK P S. Building the connection between mind，brain and educational practice；roadblocks and some prospects［J］. Procedia Social and Behavioral Sciences，2010，2：1644－1647.

【问题与思考】

1. 为什么说“教育神经科学和神经教育是当代国际教育界的生长点”？
2. 请举例说明何谓神经神话及其对教育发展的不良影响。
3. 如何正确理解教育学、心理学和脑科学在教育发展中的关系和作用？
4. 请用当代准确的脑科学和心理学知识理解智力潜能及其开发。
5. 请用当代心理学关于内隐与外显心理活动的知识说明对学生创造能力的培养途径。

第二章 脑的结构和功能

【本章提要】

本章从大体解剖、显微结构和超显微结构等三个层次，介绍脑的结构形态；从基本功能、高级功能、神经信息的电学传递和化学传递等方面，概括地讨论脑的功能。无论是脑的结构研究，还是脑生理心理功能的研究，在最近十多年都取得了飞快的发展，新技术方法的出现极大地拓展了脑科学的视野。例如，脑功能性磁共振成像技术、基于脑组织容积的磁共振成像技术和弥散张力磁共振成像技术，分别对脑高级功能、神经组织学、细胞学以及脑白质精细结构的认识，都揭示出前所未闻的新科学事实。人类对脑复杂性的认识正在大步向前进，绝非像几十年前所认识的那样简单：仅用左—右脑分工或皮层—皮层下分工就能说清脑功能的科学规律。相反，脑的结构和功能是超立体的多维动态时变体系，每当大脑进行思维时，不仅是其功能的体现，也在每瞬间伴随着脑细胞及脑白质精细结构和物质代谢的改变。

【学习重点】

1. 脑的大体解剖结构。
2. 神经组织。
3. 神经细胞的显微结构和超显微结构。
4. 脑的功能。
5. 神经信息的传递。

【重要术语】

中枢神经系统　神经元　突触　灰质　白质　脑的基本功能　脑的高级功能　神经信息的传递和加工

随着由低等向高等的进化，动物的神经系统越来越复杂，最终出现了大脑新皮层。脑及其大脑皮层在颅腔的有限空间内不断折叠，形成了六维超立体的高度复杂物质。在低等动物尚未出现脑结构之前，就在神经节或神经链中出现了左、右对称的维度，一直到人类进化出左、右两侧大脑半球，这是为逃避天敌或扑猎食物必须精确空间定位的生命需求而形成的神经系统最古老的原始维度，又称神经系统的左、右侧化发展。大脑半球的深部分布着脑干和间脑，负责身体各脏器的统一协调以及简单感觉运动反应的支配，大脑皮层则专司高级功能。这种脑的表层和深层的关系构成了另一个较早的脑结构功能维度，又称为皮层化发展。左、右维度和皮层化是脑发展的两个原始维度，涉及整个神经系统和全脑。在此基础上，大脑的后部与前部相比，较多负责感知觉功能；前部的前额叶更多负责复杂的思维和智慧活动，又称为额侧化发展。这是从灵长类动物到人类的进化中，大脑变化最大的维度。大脑还有内、外维度，两大脑半球彼此靠近的内侧部分，形成了负责身体内环境高级协调的边缘脑；两外侧皮层负责对外部环境变化的综合反应。同时由于大脑皮层功能复杂化，细胞增多，沟回增多，又出现了许多高级功能的背、腹侧分工的维度，例如背、腹侧视觉通路，背、腹侧前额叶通路等。总之，脑是一个功能结构十分复杂的六维超立体物质。

本章先从可以直观看到的脑大体结构谈起，逐步介绍脑的基本功能和高级功能以及脑功能的基础。基本功能是指维持基本生命过程的功能；高级功能是人脑对内外环境反应，产生主观意识和无意识反映的过程。无论是维持统一的生命活动还是产生心理活动的功能，都依赖于脑对神经信息的处理和加工过程的基础。神经信息的处理和加工又是建立在脑的生物物理学变化和生物化学变化的基础之上。所以说，生命活动和精神活动都以物质代谢为基础；反之，生命活动和精神活动又反作用于物质世界。

第一节　脑和神经系统的形态结构

脑和神经系统是结构复杂、机能高超的系统，是产生心理现象的物质本体，在整个宇宙中没有什么已知的其他东西能够与之相比。科学家了解脑和神经系统的形态结构，采用肉眼观察、显微镜下观察和电子显微下观察的方法，分别得到解剖学上的脑大体结构、神经组织显微结构和神经细胞的超显微结构。三个层面上的科学事实，组成了脑和神经系统的形态结构知识。

值得说明的是对脑形态结构的认识，除了解剖学、组织学、组织化学、免疫组织化学和超显微结构学方法之外，细胞电生理学技术、脑代谢研究技术和多种脑成像技术都对脑组织形态学的知识积累，发挥着越来越大的作用。最近几年，多种磁共振成像技术的发展极大地加深了科学家对大脑白质精细结构的认识。

一、脑和神经系统的解剖学

神经解剖学将神经系统分为两大部分，即中枢神经系统（central nervous system，CNS）和外周神经系统（peripheral nervous system，PNS）。

（一）中枢神经系统

中枢神经系统由颅腔里的脑和椎管内的脊髓组成（见图 2 - 1）。颅腔里的脑分为大脑、间脑、中脑、桥脑、延脑和小脑 6 个部分。椎管内的脊髓分 31 节，包括颈 8 节、胸 12 节、腰 5 节、骶 5 节和尾 1 节。

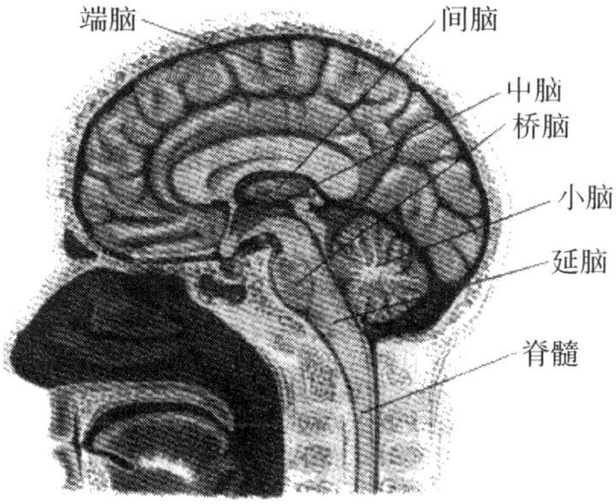

图 2－1　中枢神经系统各组成部分

1．大脑

大脑（cerebrum）覆盖在其他脑区之上，略呈半球状，大脑顶端的正中纵裂将其分为左、右两个半球。正中纵裂的底是连接两半球的胼胝体，由两半球间交换信息的神经纤维（白质）组成。大脑表面有许多皱褶，凸出来的叫做回，凹下去的叫做沟或裂。

（1）大脑半球背外侧面（见图 2－2），大脑半球皮层按脑沟、裂的走向，可将其分为若干个脑叶和回。大脑半球背外侧面的皮层从前向后分为四个叶：额叶、顶叶、枕叶和颞叶。

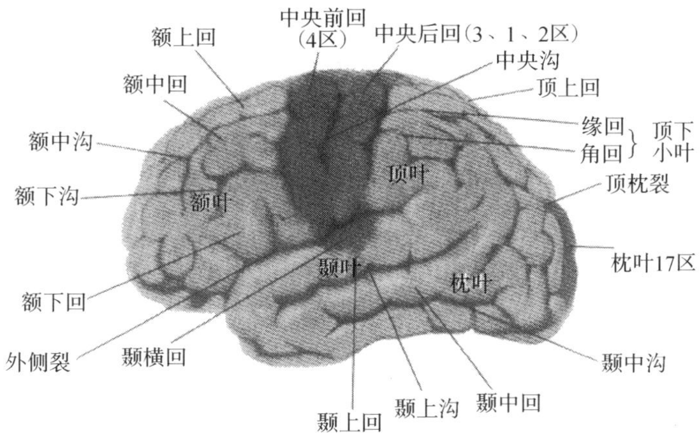

图 2－2　大脑外侧面分区

位于中央沟前方，外侧裂上方的皮层为额叶（frontal lobe）。其中直接靠着中央沟前面，并与中央沟平行的回，叫中央前回。中央前回的机能是直接管理肌肉运动，称为运动区。额叶具有高级认知活动的调节和控制运动的功能，如筹划、决策和目标设定等功能。因意外事故损伤额叶，能影响人的行为能力和改变人格。位于顶枕裂前方，中央沟后方的皮层为顶叶（parietal lobe），其中紧靠中央沟并与中央沟平行的回叫中央后回。中央后回是接受全身躯体感觉信息的感觉区，所以顶叶负责躯体的各种感觉。位于顶枕裂与枕前切迹连线的后方皮层为枕叶（occipital lobe），是视觉中枢。位于外侧裂下部的皮层为颞叶（temporal lobe），与听觉关系密切。此外在大脑外侧裂的深部皮层为岛叶，与味觉有关。

（2）大脑半球的内侧面（见图2－3），围绕半径的环状回称为边缘叶（limbic lobe），它包括胼胝体下回、扣带回、海马回和海马回深部的海马结构。胼胝体下回与其前方的旁嗅区组成隔区（area septi），内含伏隔核。

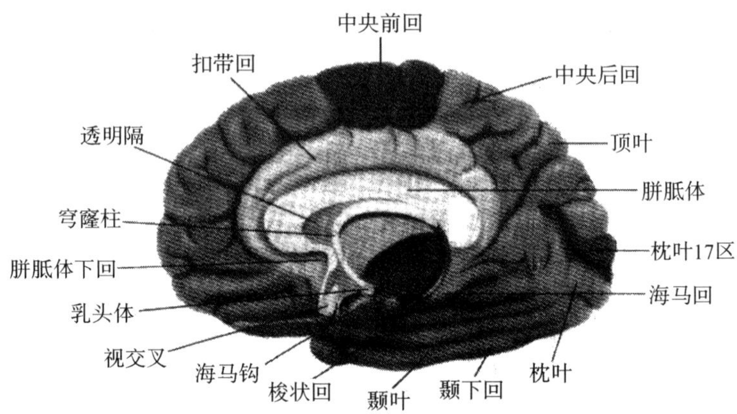

图2－3　大脑内侧面（矢状正中切面）主要分区

（3）大脑半球底面皮层，大脑纵裂两侧的嗅沟中，有嗅球和嗅束。嗅束向后移行于嗅三角。嗅三角发出两条灰质带：一条向内移行于大脑半球内侧面的隔区，称为内侧嗅回；另一条向外移行于梨状区，向后移行于环周回，称为外侧嗅回。嗅沟的内侧为直回，外侧为眶回。

（4）大脑半球髓质，又称大脑白质，是由有髓鞘的纤维组成。根据纤维的起止、行程可分为三类：投射纤维、联络纤维和连合纤维。投射纤维是大脑皮层与皮层下中枢间的上、下行纤维。除了嗅觉投射纤维外，绝大部分感觉投射纤维经过内囊向大脑皮层投射。内囊是一个较厚的白质层，位于豆状核、尾状核与丘脑之间。联络纤维，是指联络同一半球各叶和各回间的纤维。连合纤维包括连接两半球新皮层的胼胝体，连接两侧旧皮层和古皮层的前连合和海马连合。

（5）大脑半球髓质深部有一些神经核团（见图2－4，2－5，2－6），称为基底神经节，包括尾状核、豆状核、杏仁核和屏状核。尾状核与豆状核组成纹状体。尾状核和壳核又称新纹状体。豆状核分内、外两部分，外部为壳核，内部为苍白球。尾状核与豆状核，对机体的运动功能具有调节作用；杏仁核在嗅觉、情绪控制和情绪记忆形成中具有重要作用。

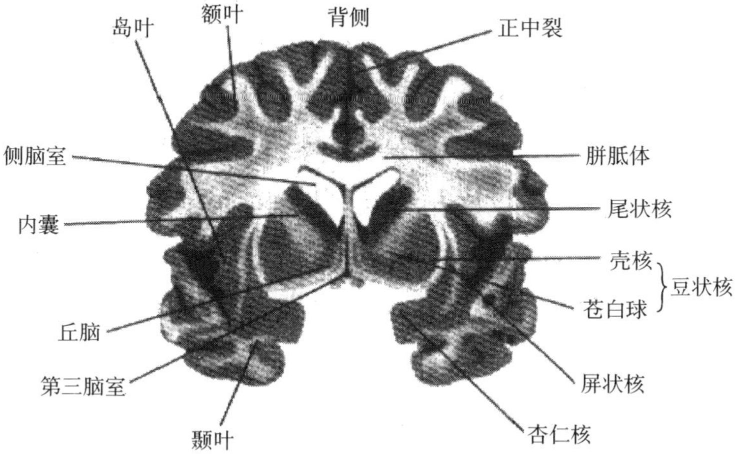

图 2－4　大脑冠状切面

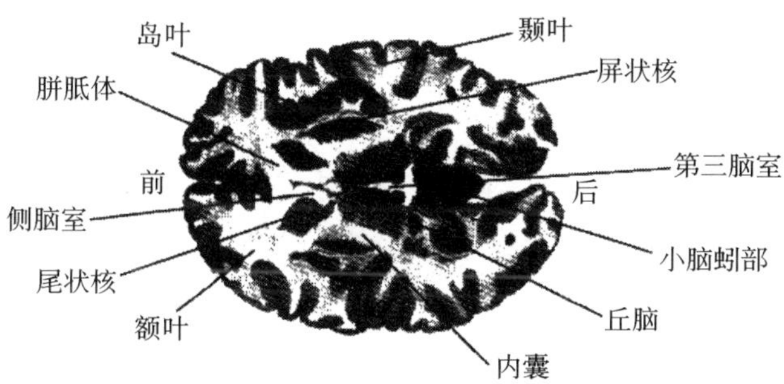

图 2－5　脑水平切面

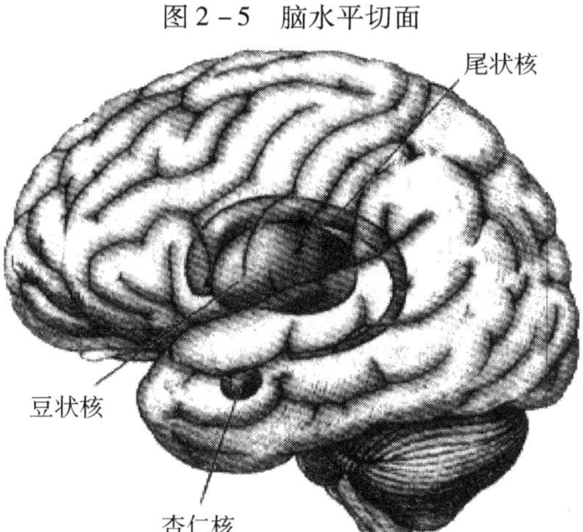

图 2－6　基底神经节

大脑皮层的每个功能区，如运动区、躯体感觉区、视觉区和听觉区等都有层次结构。大概由三级组成，即初级皮层区（一级皮层区）、次级皮层区（二级皮层区）和联络皮层区。初级区为投射中心，直接接受皮层下中枢传入的信息或向皮层下发出的信息，与感受器或效应器之间保持点对点的功能定位关系，对外部刺激实现简单而原始的感觉功能或发出简单的运动信息。次级区分布在初级区周边（见图2-7，2-8），只接受初级皮层传来的信息，与皮层下中枢没有直接的特异联系。次级感觉皮层将初级感觉皮层的信息联合加工为复杂的单感觉性的知觉，运动性次级皮层区的神经信息实现着复杂序列性运动功能。次级感觉区和次级运动区都失去了点对点简单空间定位的特性。联络皮层区是次级皮层之间的重叠区，实现着各种皮层功能区之间的联系。在大脑皮层中有两个联络皮层区：一个位于顶、枕、颞叶的结合点上，它是躯体感觉、视觉、听觉感觉的重叠区，对外来的各种信息进行加工，综合为更高级的多感觉性的知觉，并加以储存；另一个联络区位于额叶前部，它同皮层所有部分发生联系，综合所有信息作出行动规划，通过对运动皮层进行调节与控制完成复杂活动。

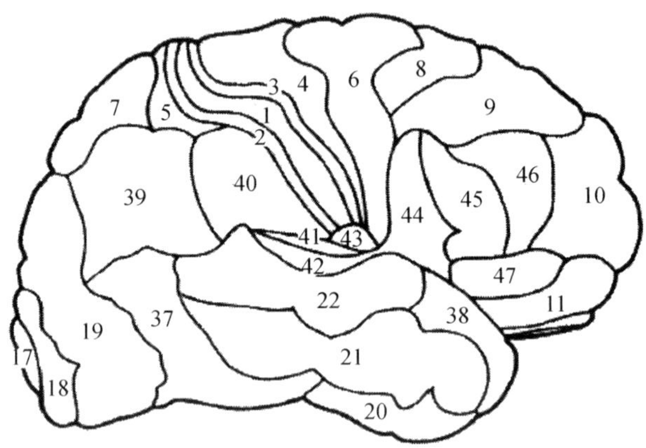

图2-7　大脑背外侧面布洛德曼功能分区图

在布洛德曼功能分区（Broadman Area，BA）中，BA3、BA1、BA2是初级躯体感觉区，BA5、BA7是次级躯体感觉区；BA17是初级视皮层区，BA18和BA19是次级视皮层区；BA41是初级听皮层区，BA42和BA22是次级听皮层区；BA4是初级运动皮层区，BA6和BA8是次级运动皮层区；近年研究发现，BA8、BA6、BA9、BA10和BA47以及顶叶的BA39在逻辑推理中激活，在思维功能中具有重要作用；BA6、BA44、BA46和BA40构成人脑中的镜像神经元系统，在观察、模仿和理解他人社会行为以及人际交往中，具有重要作用。

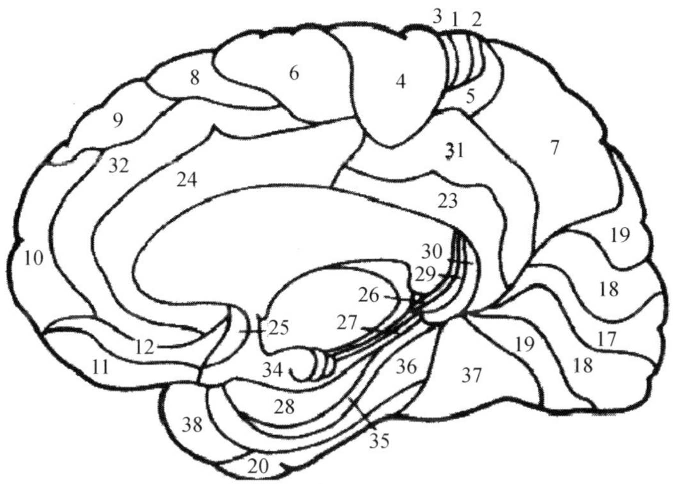

图 2－8　大脑内侧面（矢状切面）布洛德曼功能分区图

在布洛德曼功能分区中，大脑内侧面 BA24、BA32、BA9、BA10、BA11 和 BA25 构成内侧前额叶皮层，在情绪、情感活动和目标监控以及执行功能中具有重要作用。

2. 间脑

间脑（diencephalon）居于大脑与中脑之间，被大脑半球所遮盖。间脑外侧与内囊相邻，内侧面为第三脑室。间脑分丘脑、上丘脑、底丘脑和下丘脑四个部分（见图 2－9）。

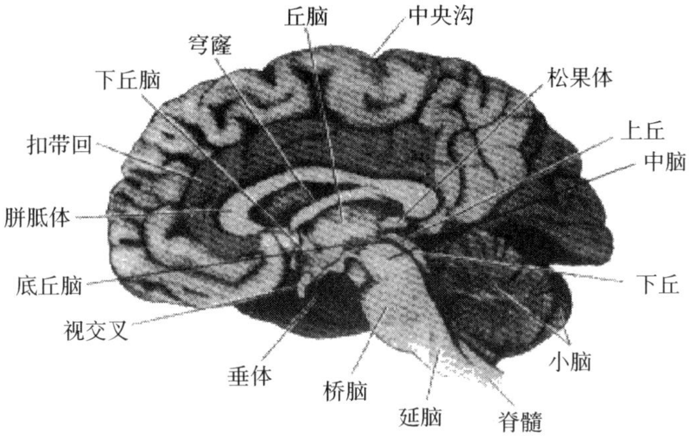

图 2－9　脑矢状正中切面

（1）丘脑（thalamus）是一对卵圆形的灰质团块，其前端较窄，后端膨大。丘脑内侧面第三脑室侧壁上有中央灰质（内含中线核）。丘脑外侧面有丘脑网状核与内囊相连。丘脑内有一白质板为内髓板，将丘脑分为若干核团。根据核团之间的纤维联系，可将丘脑诸核分为感觉中继核、皮层中继核、联络核等（见图

2－10）。感觉中继核包括外侧膝状体、内侧膝状体和腹后核，它们接受来自外周脑、脊神经传入的各种特异的感觉冲动，经过整合后点对点地投射到大脑皮层初级区。如外侧膝状体传送视觉信息至枕叶视皮层初级区（17 区）；内侧膝状体传送听觉信息到颞叶听皮层初级区（41 区）；腹后核传送躯体感觉信息至顶叶初级躯体感觉初级皮层区中央后回（3，1，2 区）。皮层中继核包括前核、腹外核和部分腹前核，它们接受特定的皮层下结构传入的信息，经过整合后再投射到特定的皮层区。如前核接受下丘脑与海马的信息至扣带回，与内脏活动有关；腹外核接受苍白球和黑质来的纤维至额叶和前岛叶皮层，另外还接受脑干网状结构的上行纤维以及内髓板和中线核来的纤维，这些纤维联系表现出非特异系统的特征。丘脑腹外侧核接受小脑和苍白球来的纤维至中央前回，对运动机能起重要作用。联络核只接受丘脑其他核团的信息，再一次整合形成复合信息，再投射至联络区皮层（颞、顶、枕联络区，额叶联络区），也有少量纤维投射至颞、枕叶。这类核位于丘脑背侧和后部，包括背内侧核、背外侧核、后外侧核和枕核。根据丘脑诸核的特点，不难看出丘脑不仅仅是信息传递的中继站，而且还是大脑皮层下除嗅觉外所有感觉的重要整合中枢。

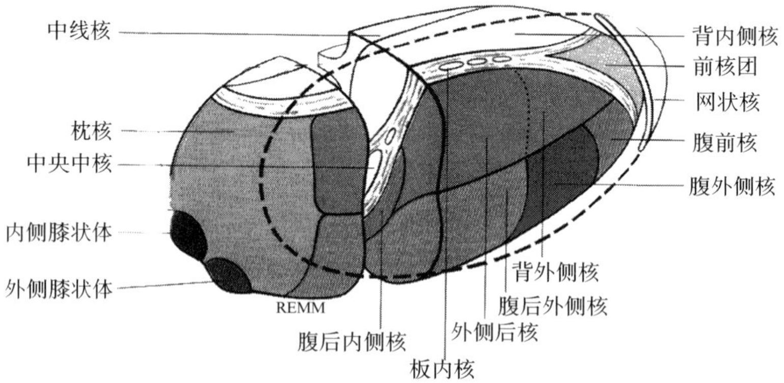

图 2－10　丘脑的功能分区

（2）上丘脑（epithalamus）位于丘脑背尾侧（见图 2－9）。在两侧上丘脑之间有松果体，是比较重要的内分泌腺，与发育、血糖浓度调节、生物钟现象有很密切的关系。此外，上丘脑还是嗅觉的皮层下中枢。

（3）下丘脑（hypothalamus）位于丘脑腹侧。它包括第三脑室下部的侧壁和底，以及底上的一些结构：视交叉、乳头体、灰结节、漏斗和垂体。下丘脑是神经内分泌、内脏功能和本能行为的调节中枢。

（4）底丘脑（subthalamus）位于丘脑的腹侧。它包括红核和黑质的顶部、丘脑底核、未定带和底丘脑网状核，是锥体外系的组成部分。刺激丘脑底部可提高肌张力，并促进反射性和皮层性运动。

3. 脑干

脑干（brain stem）自下而上，依次由延脑、桥脑和中脑三个部分组成。脑干腹侧多为白质，由脊髓与大脑之间的上、下行纤维组成。占据脑干背侧面的多为灰质，上下排列着12对脑神经核。中脑背侧有四个凸出体组合为四叠体，包括一对上丘和一对下丘，分别对视、听信息进行加工。脑干背、腹之间称被盖，由纵横交错的神经纤维和散在纤维中的许多大小不一、形态各异的神经细胞组成，即脑干网状结构，其上、下行纤维弥散性投射，调节脑结构的兴奋性水平。此外，延脑分布着调节呼吸、血压、心率的调节中枢，是维持生命最必要的脑结构。

4. 小脑

小脑（cerebellum）位于桥脑与延脑的背侧，其结构与大脑相似，外层是灰质，内层是白质，在白质的深部也有4对核，称之为中央核。小脑的主要功能是调节肌肉的紧张度以便维持姿势和平衡，顺利完成随意运动。近些年研究表明，小脑在程序性学习中具有重要作用。

5. 脊髓结构与功能

脊髓（spinal cord）各节段内部的特点虽不尽相同，但概貌大体一致。在脊髓的横切上（见图2－11），中央有一小孔为中央管，中央管周围为H形灰质，

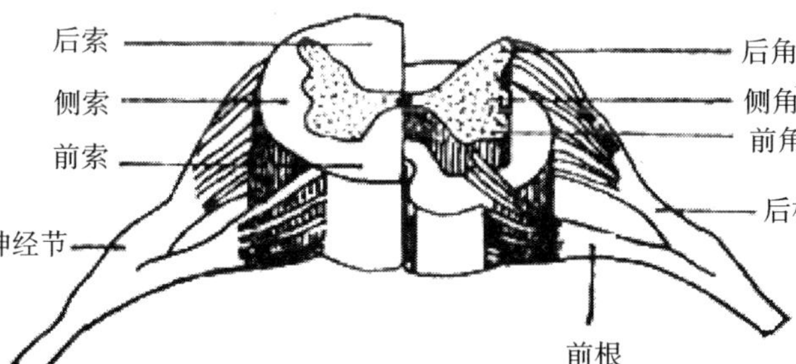

图2－11 脊髓节模式图

外侧为白质。灰质前端膨大为前角，其内以大型运动神经元为主，该神经元的轴突组成前根（运动神经）；灰质的后端狭窄为后角，其内主要聚集着感觉神经元，接受来自后根纤维的信息（感觉神经）。在胸髓和上三节腰段，在灰质的前、后角之间有侧角，其内以植物神经元为主，该细胞轴突进入前段，形成交感神经节前纤维。脊髓的白质是由密集的有髓纤维组成的，按传递方向可分为上行、下行纤维束。每束纤维都有特定的功能、起止和行程，一般纤维束均按它的起止和部位命名。脊髓是中枢神经系统的原始部分，来自躯干、四肢的各种感觉，通过脊髓上行纤维传至脑进行分析和综合，脑通过下行纤维束调节脊髓前角运动神经元的活动。因此，在一般情况下脊髓的活动是受脑控制的。不过脊髓本身也可完成一些反射活动，如膝跳反射等。

（二）外周神经系统

外周神经系统由 12 对脑神经和 31 对脊神经以及它们的传出神经分支，即植物（自主）神经所组成。

1. 脑（颅）神经

包括如图 2－12 所示的 12 对神经，它们分别支配头部、面部的感觉运动功能：I 嗅神经，II 视神经，III 动眼神经，IV 滑车神经，V 三叉神经，VI 外展神经，VII 面神经，VIII 位听神经，IX 舌咽神经，X 迷走神经，XI 副神经，XII 舌下神经。其中 III、IV、VI 三对神经与眼球运动有关，II 与视觉功能有关，V 三叉神经是头面部的感觉神经，VII 面神经是面部肌肉运动神经。

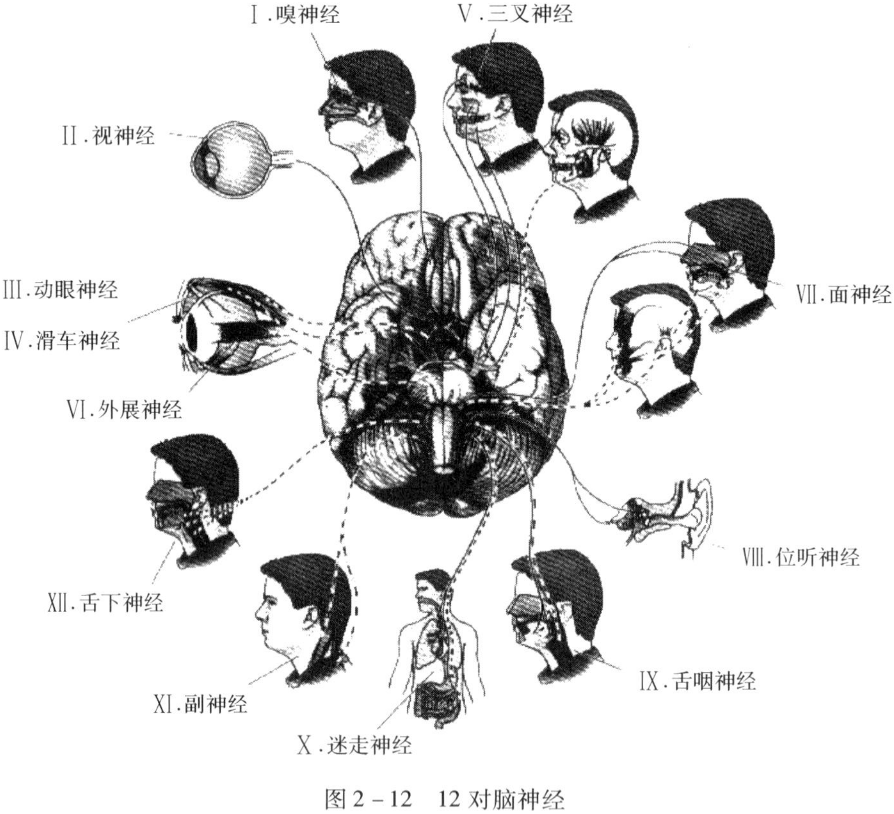

图 2－12　12 对脑神经

2. 脊神经

包含如图 2－13 所示的 31 对神经，分布于躯干和四肢，支配躯干和四肢的感觉与运动功能。发出这些神经的神经元细胞体位于脊髓的灰质之中，其中的感觉神经元收集脊髓感觉神经传来的躯干和四肢的各种感觉信息，并向脑内传入这些信息；运动神经元负责把脑的运动指令通过脊髓运动神经下达给相应的肌肉，完成运动指令。

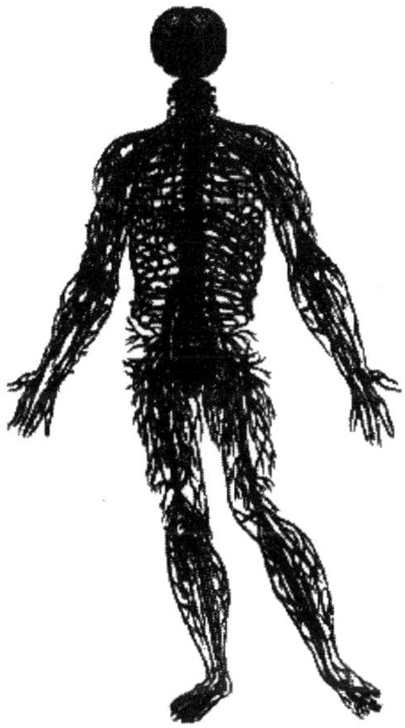

图 2－13　脊神经

3. 植物神经

如图 2－14，在脑、脊神经中都有支配内脏运动的纤维，分布于内脏、心血管和腺体中，称之为自主神经（autonomic nervous system，ANS）或植物神经，它们调节内脏、血管和腺体的功能，维持着机体的生命过程。

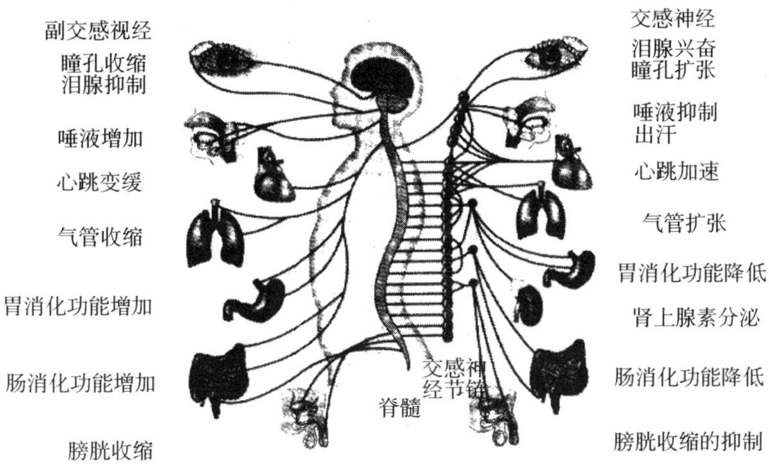

图 2－14　自主（植物）神经系统

根据自主神经中枢部位与形态的特点，将其分为交感神经与副交感神经，它们在功能上相辅相成地发挥作用（见图 2－14）。交感神经支配应付紧急情况下的反应，如唤起战斗或逃避危险的准备，心率加速、呼吸急促、肌肉充血、胃肠蠕动减缓等；当危险过去后，副交感神经兴奋，减缓了这些过程。副交感神经维持正常情况下的常规活动，如排出体内的废物，通过瞳孔的收缩与流泪保护视觉系统，持久性地保护体内能量。

二、神经组织学

将脑组织通过一些特殊方法制成切片放在显微镜下观察，就可以看到神经组织的显微结构。神经组织由神经细胞（nervous cell）与胶质细胞（glial cell）组成，前者是主要的脑功能单元，后者发挥支持营养作用。

大脑表层呈灰色，是由神经元密集排列而成，称灰质，又称大脑皮层或大脑皮质。大脑深层称髓质，主要由神经纤维占据。由于神经纤维是神经元的轴突包裹着脂肪性的髓鞘构成的，呈白、亮色，故称白质。在髓质内还有一些分散的核团（灰质），也是由一些神经细胞体组成的，例如，基底神经节。

（一）灰质

作为灰质的大脑皮层，是分布在大脑表面的薄薄的一层，其总面积约 2200 平方厘米，其中 1/3 露于表面形成回，2/3 形成沟、裂的壁和底。皮层的结构差异很大，不仅在水平方向上有三层和六层之别，而且在垂直方向上还有并排的柱状结构及其大小和密度之别。在人类新皮层中，约有三百多万个柱状结构，每个柱中平均约有 4 000 个神经细胞。细胞电生理学研究发现，处在同一柱内的神经细胞具有相同或相近似的机能，称之为功能柱。

1. 大脑皮层的水平分层

据人类大脑皮层神经细胞排列的层次不同，可将其分为古皮层、旧皮层和新皮层。古皮层只见于位于大脑半球内侧缘的海马结构（胼胝体上回、束状回、齿状回、海马回沟的一部分）；旧皮层见于大脑内侧缘与底面的前梨状区（外侧嗅回与环周回）和内嗅区。古皮层和旧皮层只有分辨不清的三层神经细胞。除古皮层和旧皮层，其余 90% 以上的大脑皮层都是新皮层。在新皮层中，神经细胞按水平方向排列成十分清楚的六层，如图 2 – 15 所示。六层组织结构分别是：

（1）分子层：含有少量的水平细胞和颗粒细胞，较多的成分是第 IV 和 V 层神经细胞的顶树突的分支。

（2）外颗粒层：主要由大量的颗粒细胞和小锥体细胞组成。

（3）外锥体细胞层：主要由大、中型锥体细胞组成。

（4）内颗粒层：密集的颗粒细胞。

（5）内锥体细胞层：主要由大量的大、中型锥体细胞组成。

（6）梭形细胞层：以梭形细胞为主，还有颗粒细胞等。

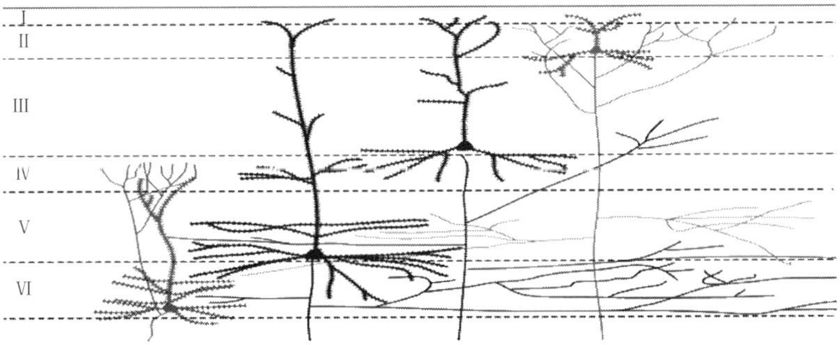

图 2－15　大脑皮层的六层细胞结构

Ⅰ分子层，Ⅱ外颗粒层，Ⅲ外锥体细胞层，Ⅳ内颗粒层，Ⅴ内锥体细胞层，Ⅵ梭形细胞层

2. 大脑皮层的柱状结构

最初，大脑皮层的柱状结构是在视皮层中发现的，具有相同感受野的视皮层神经元在垂直于皮层表面的方向上呈柱状分布，它们是视皮层的基本功能单位，称为功能柱。功能柱内的神经元对同一感受野中图像和景物的某一特征进行信息编码，是产生主观感觉的重要神经基础。产生某一感觉的功能柱，进一步组合成超柱，是知觉产生的细胞学基础之一。在运动皮层中，某一运动功能柱内的所有锥体细胞，支配同一关节内执行同一运动模式的肌肉群。无论是感知觉相关的功能柱还是运动功能柱，都贯穿于整个六层大脑皮层，其直径大约在 0.25mm—1mm 之间，每个柱内约含 2 500 个—4 000 个神经元，如图 2－16。

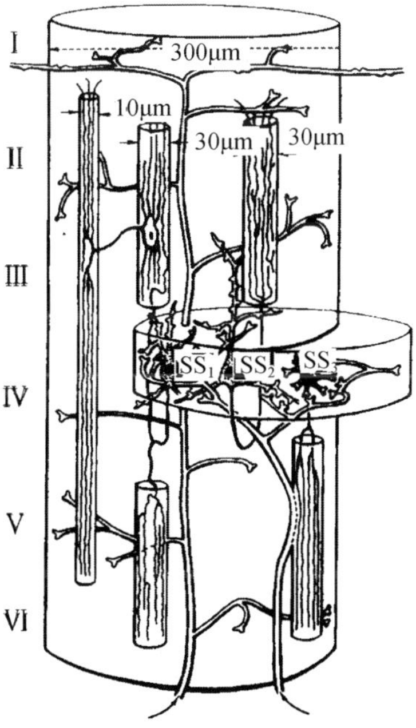

图 2－16　大脑皮层的柱状结构模式图

高圆柱：示机能柱内的联络纤维；扁圆柱：示丘脑特异性传入纤维至第 Ⅳ 层与柱内 3 种细胞构成突触联系。（引自：孙久荣. 神经解剖生理学［M］. 北京：北京大学出版社，2004：207.）

(二) 白质

菲尔兹说：虽然白质是由百亿神经元轴突形成的纤维束构成的，实现着神经元之间的联系，几乎占脑组织的一半，但过去除对一些脑疾病患者之外，从未关注白质在正常人心理活动和认知功能中的作用。神经纤维覆盖的脂肪性髓鞘是由少突胶质细胞生成的，围绕在神经细胞轴突的神经纤维膜之外，多达150层。它的作用在于保证神经冲动能在神经纤维内快速传递下去。

1. 浅层白质

紧贴在大脑皮层之下的白质，实现着近距离大脑皮层之间的神经联系。利用弥散张力磁共振成像技术发现，男人的浅层白质比女人发达，这与男人的皮层神经元密度大、细胞总数多于女人有关。

2. 深层白质

位于大脑半球深部的白质，实现着长距离大脑皮层之间的神经联系和两半球之间以及皮层与皮层下之间的神经联系（图2－17，2－18）。胼胝体是主要的深部纤维联系，实现着大脑两半球间的联系（图2－17）；内囊将各种感觉信息汇聚并送入大脑感觉区皮层；钩状束在智力活动中联系额、颞区皮层的功能协调；上纵束联系额极和枕极，下纵束联系颞极和枕级实现全脑的协调（图2－18）。

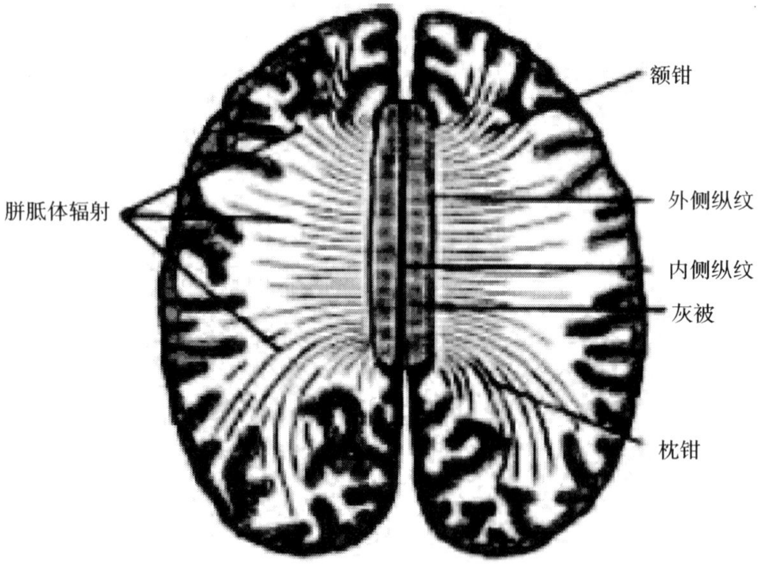

图2－17　脑深层白质中的胼胝体

（引自：孙久荣. 神经解剖生理学［M］. 北京：北京大学出版社，2004：209.）

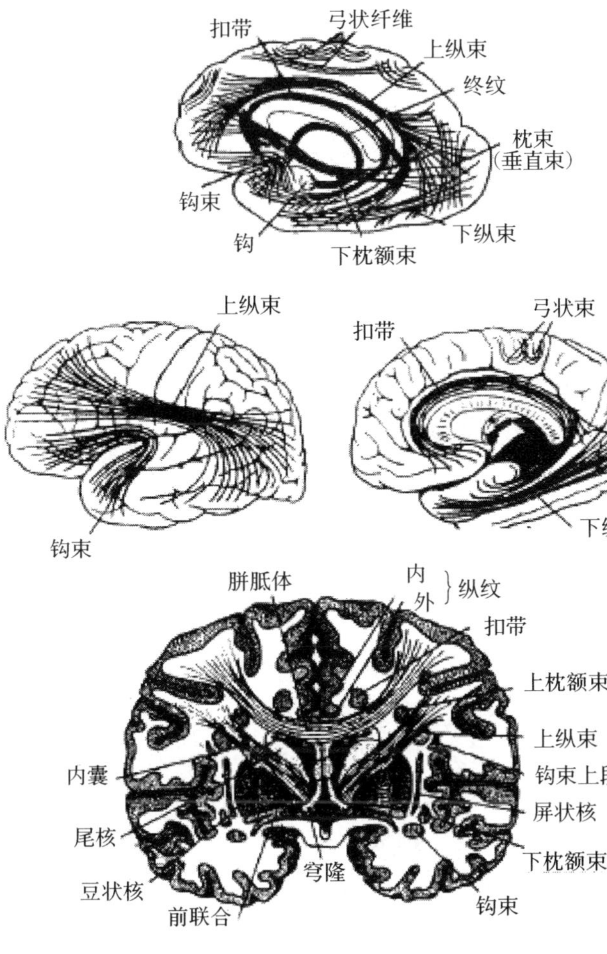

图 2－18　脑深层白质中的主要长距离纤维联系

（引自：孙久荣．神经解剖生理学［M］．北京：北京大学出版社，2004．）

三、神经细胞学

神经细胞是神经系统最基本的结构与功能单位，所以又将其称为神经元（neuron）。神经系统的一切机能都是通过神经元实现的。

（一）神经元

人脑内大约有 10^{11} 个神经元，它们虽然在形态、大小、化学成分和功能类型上各异，但是在结构上大致相同，都是由细胞体（soma）、轴突（axon）和树突（dent rite）组成的（见图 2－19）。细胞体与树突颜色灰暗，所以在中枢神经系统内，神经元的细胞体与树突聚集的地方称为灰质或神经核团；神经元的轴突（神经纤维）由于负责传输神经信息，外面覆盖一层脂肪性髓鞘，故颜色浅而亮。所以，将其密集的地方称为白质或纤维束。

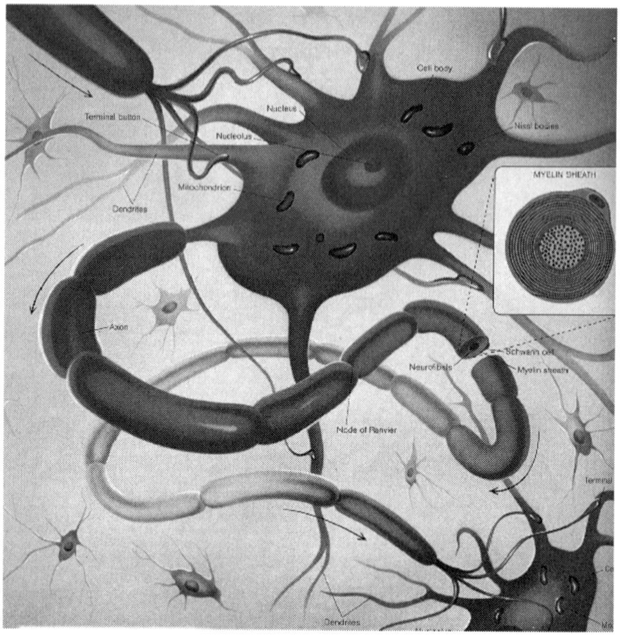

图 2－19 神经元结构

1. 神经元的结构与功能

神经元有独特的外形，由细胞体伸出长短不同的胞浆突，称树突和轴突。树突是细胞体向外伸出的多个树突干。树突干像树枝样反复分支成丛状，枝端表面有很多小刺，称嵴突（spines）。轴突粗细均匀、表面光滑，刚离细胞体段为始端，后为神经纤维。纤维末端有若干分支，叫神经末梢，末梢终端膨大形成扣状，称终扣或突触小体。

多数情况下树突接受其他神经元或感受器传来的信息，并将信息传至细胞体。细胞体聚合多个树突分支接受来的神经信息，再经过细胞质内的信号传导，通过轴突传出整合后的神经信息至下一个神经元。神经元之间没有实质性的联系，那么神经信息是怎样从一个神经元传到下一个神经元的呢？是通过一个微细的结构——突触来完成的。

2. 突触

突触（synapse）是神经元之间发生联系的微细结构，由突触前膜（轴突末梢）、突触后膜（下一个神经元的树突或胞体）和突触间隙（前、后膜之间的缝隙）三个部分组成。突触间隙因种类不同而宽窄不一：电突触间隙约 10 纳米—15 纳米；化学突触的间隙较宽约 20 纳米—50 纳米。化学突触前膜内的终扣含有许多线粒体和大量囊泡，囊泡内含有神经递质，线粒体内含有大量合成神经递质和能量代谢的酶。当神经冲动传至神经末梢时，神经递质就从小囊泡中释放出来，进入突触间隙，与突触后膜上的受体结合，使膜对离子的通透性改变，从而出现局部电位变化，称之为突触后电位（图 2－20）。神经递质种类很多，但其作用只有两种：一种能引起兴奋性突触后电位（EPSP），达到一定强度可使下一个神经元产生神经冲动；另一种能引起抑制性突触后电位（IPSP），这种电位使突触后膜兴奋性降低，阻碍下一个神经元产生神经冲动。

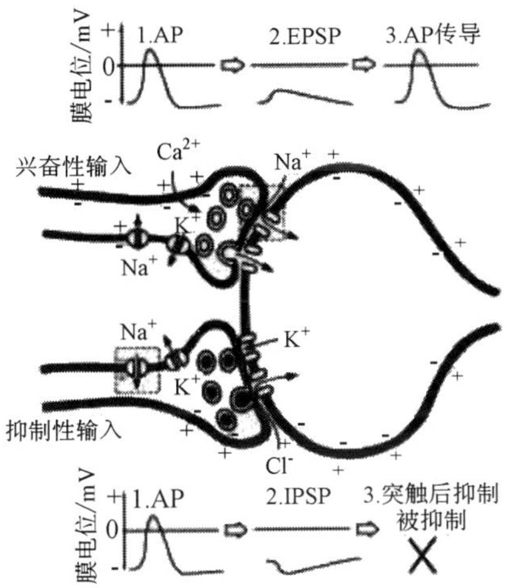

图 2－20　兴奋性和抑制性突触示意图

（引自：孙久荣．神经解剖生理学［M］．北京：北京大学出版社，2004：41.）

突触传递有下列特点：（1）神经冲动在神经纤维上的传导是双向的，而突触的传递只能从突触前膜向突触后膜传递，这种单向传递保证了神经系统有序地进行活动。（2）突触延搁：神经冲动通过突触时，传递的速度较缓慢。（3）时间和空间总和效应：突触后膜在一定的空间范围内和一定时间内相继出现的突触后电位加以总和，只要达到单位发放的阈值，就会导致这个神经元产生动作电位。（4）抑制作用：兴奋和抑制是神经元活动的两种基本形式，神经系统的抑制作用主要是通过突触活动实现的，是突触很重要的机能。抑制可发生在突触前膜上，称为突触前抑制；也可发生在突触后膜上，称为突触后抑制。（5）对药物敏感性：突触后膜上的受体对神经递质有很高的选择性，因此，使用受体拮抗剂或激动剂可能阻止或增强神经冲动在突触间的传递，从而改善或提高脑的信息处理能力。

3．神经元的类型

根据神经元的传递方向可将其分三类：感觉神经元（sensory neurons）将感受器传来的信息传向中枢神经系统；中间神经元（inter neurons）又叫联络神经元，它们将从感觉神经元中获得的信息，传给其他中间神经元或运动神经元；运动神经元（motor neurons）从中枢神经系统将信息带给肌肉和腺体。每个运动神经元都与数以千计的中间神经元发生联系，形成庞大的神经网络。

（二）胶质细胞

在神经系统庞大的神经元网络中，还有比神经元多5倍—10倍的胶质细胞。这类细胞的主要功能是形成支持神经元分布的框架，并为神经元提供营养。在脑的发育过程中，胶质细胞帮助神经元找到自己适当的位置，促进或直接参与神经纤维髓鞘的形成，以便在神经信息传递过程中起绝缘作用，提高传递速度。此外，胶制细胞还在脑内发挥清洁工的作用，吸收过量的神经递质并及时清理受损或死亡的神经元；形成血脑屏障，使毒物和其他有害物质不能进入脑内；还可能对信息传递所必需的离子浓度有所影响。近年认为，胶质细胞之间，以及胶质细胞与神经元之间存在多时间尺度的信息交流的并行网络。因而，认为胶质细胞也参与复杂的智能活动。

第二节　脑的功能

本节将脑的功能分为基本功能和高级功能两大类，基本功能是指维持机体生命活动不可缺少的功能，高级功能则是脑支配和调节行为及产生的心理活动的功能。本章简要地介绍脑的基本功能，对高级功能的讨论是本书的主要内容，由后面的七章详细讨论。

一、脑的基本功能

感觉、运动、体内环境调节和本能行为，是神经系统的基本功能，也就是动物机体及其内外环境相互协调统一的基本机制，是维系机体生命活动的重要环节。

（一）感觉功能

我们的感觉是通过耳、鼻、眼、舌和身五种感觉器官，对体内外各种刺激发生反应而产生的。脑和神经系统支配这些感官，对各种刺激进行多种形式的编码，然后将编码的感觉信息传递到脑内的感觉中枢，才能产生主观感觉。

1．感受器对刺激的编码

（1）细胞分工编码

人的五官各自对一定形式的能量特别敏感，有相应的适宜刺激。根据外部刺激的理化特性，人体内至少有四类特化的感受器：机械感受器、化学感受器、温度感受器和光感受器。听觉、平衡觉、躯体觉主要对机械刺激（物理变化）发生反应；味觉、嗅觉和内脏感觉则主要对化学刺激发生反应；温度觉和视觉是进一步特化的感受器对特殊物理刺激发生反应；痛觉可由各种超强刺激所引起。所以，对外部刺激的编码首先表现为对性质不同的信息由不同感受器分工编码。每种感受器对适宜刺激分工编码时，也是首先注重刺激的性质和范围，根据这些属性的差异分别再由不同的感受细胞进行精细分工编码。例如，光刺激由视觉编码，物体对身体的刺激由躯体感觉器官编码。器官水平的分工编码之后，还要进行细胞水平的分工编码。例如，在眼内由一种视杆细胞和三种视锥细胞分别对明、暗，红、绿和蓝等性质不同的视觉刺激进行分工编码。应该指出，根据感受细胞在信息编码中的作用不同，可将之分为两类：初级感受细胞和次级感受细胞。肌肉牵张感受细胞、嗅感受细胞和皮肤内的游离神经末梢都是初级感受细胞，它们的兴奋引起符合全或无定律的神经冲动；次级感受细胞并不能直接产生神经冲动，它们不是典型的神经元，只能产生“级量反应原则”的感受器电位，由感受器电位触发神经元发放神经冲动。视感觉细胞、听感觉细胞和平衡觉感觉细胞、味觉细胞和绝大多数的皮肤感受细胞都是次级感受细胞。

（2）感觉阈限和感受器电位

对外部刺激的量变，即刺激强度的变化，由各种感受器的编码，以参与编码的感受细胞数量和与这些细胞产生的感受器电位特性等，进行精细编码。每种感受细胞接受一定强度的适宜刺激，就会发生兴奋，产生感受器电位，触发传入神经纤维上的神经冲动。凡是刚刚能引起感受器产生感受器电位变化与主观感觉变化的适宜刺激强度，称为刺激阈。低于刺激阈的更弱刺激不能引起感受器电位变化，则称为阈下刺激。随阈上刺激强度的增加，感受器电位及其持续时间也不断增加，进而引起神经冲动发放频率的变化，这就是感受器细胞水平编码的基本形式。伴随刺激强度和神经冲动频率增加的客观过程，人的主观感觉强度也发生相应的变化。

（3）感觉神经冲动发放频率

除神经冲动发放频率的编码方式之外，参与反应的感受细胞数量也与主观感觉有密切关系。例如，颜色感觉更多地制约于参与反应的各种视锥细胞数量比例，而不只是决定于某一种细胞引起神经节细胞的单位发放频率。最后还应指出，感知觉的性质和强度并不单纯地决定于外部刺激强度，脑高级中枢的功能状态与感受器的机能状态也具有重要作用。对刺激的适应过程就是最好的证明。随刺激作用时间的延长，主观感觉强度逐渐变弱，感觉阈强度不断增高。伴随着主观感觉的变化，感受器电位逐渐下降，神经冲动发放率也有相应的变化。

2. 感知觉信息的传递

感受器对信息源作用进行编码后产生的神经信息不断地向各级中枢传递，并进行更复杂的信息处理。感受野、侧抑制、脑特异性感觉系统、非特异性感觉系统和下行性抑制等中枢机制，是信息传递与复杂编码的生理基础。

（1）特异性感觉系统中的三级传递、感受野和侧抑制

各种感知信息在感受器中进行编码后，沿着脊神经或脑神经进入中枢神经系统，一般需经三次突触传递后才到达大脑皮层相应的神经元。参与这种传递过程的全部各级脑结构，统称为特异性感觉系统。在特异性感觉系统中，各级中枢与外周的相应感受器之间存在着空间对应关系，或者说是点对点的关系。各级中枢

神经元的兴奋性水平（或神经冲动发放频率）受外周感受器上某些点的刺激所调节，将感受器中的这些点统称为相应中枢神经元的感受野。感受野根据其刺激造成中枢神经元发放频率的变化性质，又可分为兴奋性感受野与抑制性感受野。前者引起中枢相应神经元发放冲动的频率增加；后者引起该神经元发放冲动的频率降低。实验研究发现，各中枢神经元在感受器上的感受野有一定的重合性。在中枢间传递过程中，还存在着侧抑制的机制，限制着这种重合性的无限扩展。神经信息沿特异传入系统经过突触传递时，除与高一级中枢存在着垂直联系，向上传递信息外，还从突触后成分发出横向联系，抑制着同级中枢内其他邻近神经元的兴奋性水平，这就是侧抑制。它是各种特异感觉系统中普遍存在着的神经机制，使神经信息传递具有较好的定位性，保持着中枢与外周间适当的精确关系。除了同级神经元间的侧抑制之外，在特异感觉传入系统中，还存在着高级中枢对低级中枢，乃至对感受器的下行性抑制作用，调节着各级中枢和感受器的兴奋性水平。下行性抑制的存在，表明感知觉传递系统并不是单向性的传入通道，而是双向性通道。由此可见，特异性感觉系统并不是神经信息的单纯性传导通路，在低级中枢对高级中枢之间和同级中枢之间，以及高级中枢对低级中枢之间，存在着相互制约关系。感受野、侧抑制和下行性抑制，分别是这种制约关系得以实现的机制。

（2）非特异性感觉系统与脑干网状结构

与特异性感觉系统相并列，还存在着非特异性感觉系统。它由脑干网状结构和丘脑非特异结构所组成，并投射于大脑皮层的广大区域。与特异性感觉系统不同，非特异性感觉系统的中枢可以同时接受和传递各种感受器的神经信息。换言之，非特异性感觉系统中枢神经元的感受野非常广泛，分布于躯体两侧。它的另一个特点是各种刺激在非特异感觉系统中枢神经元内引起发放率的改变非常缓慢，反应的潜伏期较长。多种感觉器官或多种感觉的相互作用正是发生在非特异感觉系统中。感觉器官感受性的变化受非特异感觉中枢的调节，感知觉的情感方面和躯体内脏功能的相应变化，也是通过非特异感觉系统的调节作用实现的。

特异感觉刺激引起相应感受器的兴奋，并将刺激能量转变为生物电信号，其中的神经冲动沿特异感觉系统传递神经信息，分别达相应皮层感觉区。在大脑皮层中，一级感觉区与对侧躯体感受器相对应，二级感觉区则为两侧半球对称活动。在特异性感觉系统向上传递信息过程中，不断发出侧支达网状非特异系统。非特异感觉系统将各种神经信息聚合起来，并向广大皮层区弥散性投射，与此同时它还将神经信息弥散性传出，调节感受器的兴奋性，影响对外部刺激的编码。神经信息的传递过程中，正是在特异感觉系统与非特异感觉系统的相互作用中，进一步对感觉信息进行精细编码和复杂的信息处理。

（二）运动功能

人的行为是由一系列动作组成的，每个动作是身体各部分协调运动的结果。

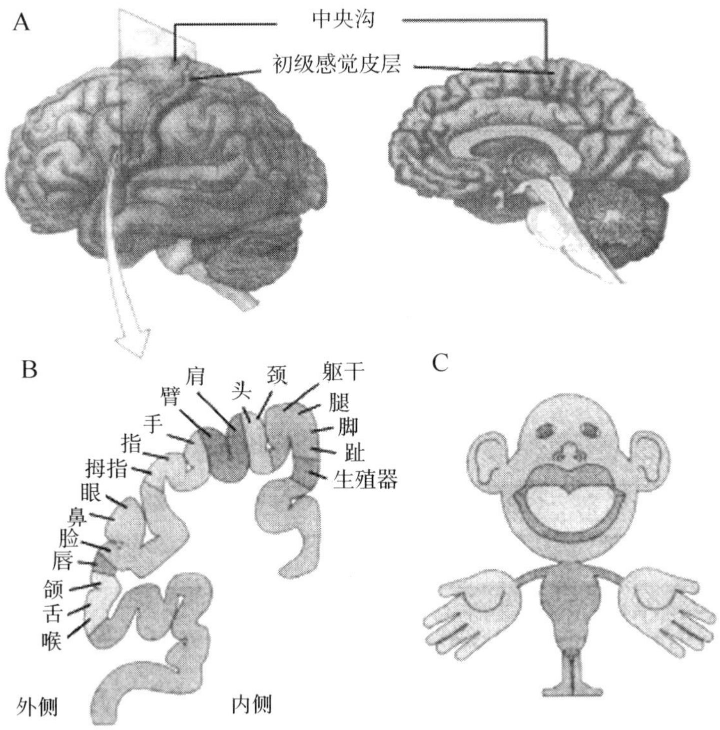

图 2－21 大脑皮层初级感觉区的机能定位

（引自：孙久荣．神经解剖生理学［M］．北京：北京大学出版社，2004：214.）

大脑发出的运动指令只经过脊髓或脑干的运动神经元去支配肌肉收缩，所以运动指令的下达是很快的。发出运动指令的上运动神经元是位于大脑皮层运动区（4区）的大锥体细胞；执行运动指令的是位于脊髓前角的脊髓运动神经元，称下运动神经元。上、下运动神经元之间的这条快速通路称锥体系（束），与之并列的还有锥体外系（束），是负责维持肌肉适度张力和协调运动的神经系统。正常的运动功能，是锥体系和锥体外系共同活动所完成的。

1．大脑皮层和锥体系的运动功能

与运动功能有关的大脑皮层主要定位于中央前回的初级运动区（4 区）、前运动区（6 区）和额叶眼区（8 区）。刺激一侧半球的第 8 区，引起两眼向对侧偏转。此外，第 6 区的附近偏向半球内侧面还有辅助运动区；顶叶皮层后部 5 区也与运动功能有关，电刺激这里也能产生运动效应。额叶、颞叶、顶叶和枕叶的联络区皮层都与运动的精细程度、复杂性和计划性等特点有关。因此，在大脑皮层中，不仅有高度特化了的运动区，还有许多区域均在不同程度上参与机体的运动功能。

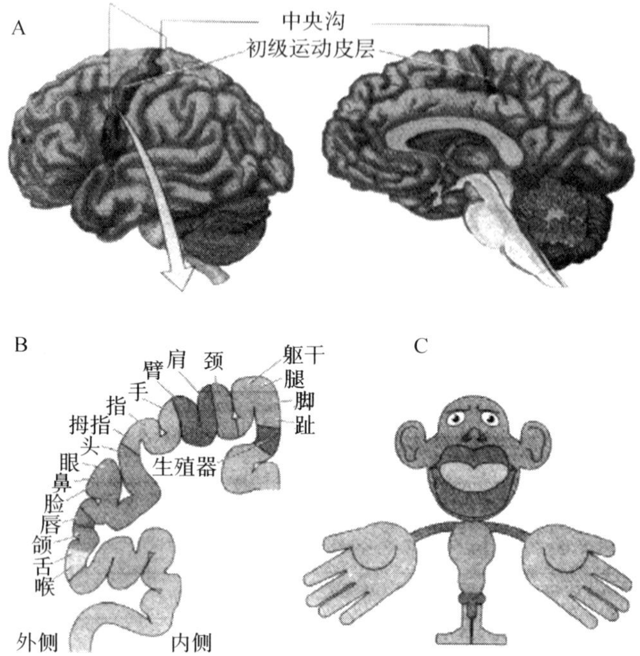

图 2－22　大脑皮层初级运动区的机能定位

（引自：孙久荣．神经解剖生理学［M］．北京：北京大学出版社，2004：212.）

2．初级运动皮层区和运动功能柱

在初级运动区皮层中，不仅有类似初级感觉区与躯体点对点的空间对应关系，还有类似感觉功能柱一样的结构——运动功能柱。初级运动皮层区内存在着与躯体运动功能的空间对应关系。功能复杂、运动精细的头面、唇舌以及手在皮层中的运动代表区很大，而躯干部的运动代表区就非常小。对头面部皮层运动区精细结构的研究发现，每个人的脑均不相同，就像每个人的面孔不同一样。初级运动皮层内存在着与皮层表面垂直的运动功能柱，其直径约为 1 毫米。从表层灰质到深层白质，全部运动神经元都有共同的运动效应野。换言之，共同支配同一块肌肉在同一关节上运动的全部皮层神经元，集中在同一个运动功能柱中。每个运动功能柱不但能发出下行神经冲动，还能接受来自该肌肉、关节及邻近皮肤的各种感觉传入冲动。微电极电生理学研究发现，初级运动皮层的神经元单位活动有两种类型：一类神经元存在着自发的单位发放；另一类只在某项动作进行之前才开始发放神经冲动。后一类运动神经元发出的轴突加入锥体系。

3．锥体外系运动功能调节

除大脑皮层运动区以外的广泛皮层区以及皮层下的基底神经节，发出下行性运动神经纤维，与间脑、中脑、脑干、小脑和脊髓中的运动神经核相联系，形成了锥体外系，负责保持全身适度的肌肉张力，维持运动协调性、平衡性和适度性。这个系统发生障碍就会出现静止型震颤或小脑障碍的意向性震颤。

4．锥体系运动功能调节

由大脑皮层运动区（4 区）的大锥体细胞发出的轴突，直接止于脑干运动神经核或脊髓前角的运动神经元，形成上运动神经元（4 区细胞）对下运动神经元（脊髓或脑干运动神经核的细胞）两级关系的运动调节机制，也是大脑发出随意运动指令的快速神经通路。如果皮层 4 区的上运动神经元因脑血管发生意外而受损伤，就会出现上运动神经元障碍，表现为四肢僵硬的硬瘫；如果脊髓的下运动神经元受损，就会出现软瘫，肌肉松软无力。

（三）内环境调节功能

在人体内环境的调节中，下丘脑是非常重要的结构，饥饱中枢、渴中枢、性中枢都位于这里；在中脑被盖网状结构内有调节睡眠与觉醒的网状上行激活系统；在脑干、脊髓的传出神经中又分离出自主神经系统，负责调节内脏活动；全部这些脑中枢共同对体内环境进行神经调节。与此并列的，还有体液调节和免疫调节系统，下丘脑和脑下垂体是神经内分泌的高级调节中枢，实现着内环境的体液调节和免疫调节，对性激素、肾上腺激素、甲状腺激素、胰岛素、生长激素等 20 余种生物激素进行统一调节。位于大脑内侧基底面的皮层称为边缘皮层，是负责内环境统一调节的高级中枢。这些脑结构也是动物为实现个体生存和种族延续所具有的本能行为中枢，包括摄食本能、摄水本能、性本能、防御本能、睡眠本能等。

二、脑的高级功能

心理活动是人脑的高级功能。每个完整的现实的心理活动，都发生在具有一定人格特质的个体脑内，是认知、情感、意向三者统一协调的过程，伴随这种心理过程，产生主观体验到的心理内容和外在行为表现。认知活动包括感知觉、注意、意识、学习、记忆、语言、思维等心理过程；情感活动包括情绪、情感过程；意向活动包括动机、欲望、动作和意志行为以及执行监控。根据在心理活动和行为过程中，意识参与的程度，心理活动又可分为两大类，即无意识的内隐心理活动和意识参与的外显意识活动。

内隐心理活动分为习惯性动作和行为、自动化的技巧动作和行为以及知觉启动效应等。从生理心理学角度看，无意识本能行为有其先天生成的脑结构基础，是大脑皮层以下的脑结构中枢或神经网络所完成的行为反应；习惯化的动作和行为以基底神经节为其结构基础；技巧动作和快速行为反应是以小脑为重要调节中枢；知觉启动效应以相应知觉的大脑皮层为中枢。高级意识活动是全脑的活动，特别是语言活动，不仅包括意识活动，还含有语音产出的本能行为，如喉头肌肉和声带的活动，它们是人类作为一个生物学物种的种属特异性本能行为类型。为真正理解脑，必须有多层次的辩证观。除了上述脑定位的生物学基本功能和完全无法定位的复杂高级脑功能外，还存在另一类脑高级功能，如学习、记忆、语言和意识等，它们既包含着一些关键的脑结构中枢的作用，又是全脑动态变化的结果。当我们说一句话表达一个意思时，自然有从事目的性调节的脑高级意识功能参与，但对口、舌、唇、声带、面部肌肉乃至手、眼的协调活动，都有相应的脑中枢，包括语言运动中枢进行自动化调节，既包括本能行为中枢也包括自动化个体习惯中枢的活动。意识的清晰程度（从睡眠到觉醒），由特定的脑中枢——脑干网状结构调节，但复杂的意识活动则是全脑的功能。所以，人类特有的语言和意识是脑先天遗传和后天习得的“合金”，既有脑侧化的定位中枢结构，又是全脑活动的结果。语言和非语言功能的半球一侧化，实际是语言功能中低层次的自动加工过程，不包括语言中的高级智能或情感的内涵。

第三节　神经信息的传递与加工

无论是脑的基本功能还是高级功能，都是通过它对神经信息的传递和加工而实现的，所以本书将神经信息的传递和加工看成是脑功能的基础。神经信息主要以神经元发放的动作电位作为基本表达形式，动作电位一经发放出来，就会迅速沿神经元的轴突传递到神经末梢形成的突触前膜，经突触的化学传递环节，再引起下一个神经元的突触后膜上形成突触后电位。所以，神经信息在脑内的传递过程，就是从一个神经元“全或无”的单位发放到下一个神经元突触后电位的级量反应总和后，再出现发放的过程，即“全或无”的变化和“级量反应”不断交替的过程，在电学传递之间有化学传递机制作为中介。

一、神经信息的电学传递

兴奋与抑制两种基本神经过程的运动，是神经系统反射活动的基础。利用电生理学技术能够记录动作电位或神经冲动的发放，作为兴奋和抑制两种神经过程在细胞水平上的表现。一般说来，神经元单位发放的频率增加是兴奋过程的电生理指标；神经元单位发放的频率降低是抑制过程的电生理指标；细胞膜上的级量反应负电位幅值增高，是兴奋性增强的表现；正后电位幅值增高是抑制活动增强的指标。下面介绍神经信息的电学传递这些基本概念。

（一）细胞电活动的两种形式

1. 单位发放

刺激达到一定强度，将导致动作电位的产生及神经元的兴奋过程，表现为其单位发放的神经脉冲频率加快，抑制过程表现为单位发放频率降低。无论频率加快还是减慢，同一个神经元的每个脉冲的幅值不变。换言之，神经元对刺激强度是按着“全或无”的规律进行调频式或数字式编码的。这里的“全或无”规则是指每个神经元都有一个刺激阈值，对阈值以下的刺激不发生反应，对阈值以上的刺激，不论其强弱均给出同样高度（幅值）的神经脉冲发放。

2. 级量反应

与单位发放规律相对应的是级量反应，其电位的幅值随阈上刺激强度增大而增高，反应频率并不发生变化。突触后电位、感受器电位、神经动作电位或细胞的单位发放后的后电位，无论是后兴奋电位还是后超级化电位都是级量反应。在这类反应中，每个级量反应电位幅值缓慢增高后缓慢下降，这一过程可持续几十毫秒，且不能向周围迅速传导出去，只能局限在突触后膜不超过 1 平方微米的小点上，但能将邻近突触后膜同时或间隔几毫秒相继出现的突触后电位总和起来(空间总和与时间总和)。如果总和超过神经元发放阈值，就会导致这个神经元全部细胞膜去极化，出现整个细胞为一个单位而产生 70 毫伏—110 毫伏的短脉冲(不超过 1 毫秒)，这就是快速的单位发放，即神经元的动作电位。

（二）静息电位与动作电位

1. 静息电位

神经信息电学传递过程的物质基础是什么呢? 50 多年前，细胞电生理学家根据这种过程发生在细胞膜上，就断定细胞膜对细胞内外带电离子的选择通透性是膜电位形成的物质基础。在静息状态下，细胞膜外钠离子（Na^+）浓度较高，细胞膜内钾离子（K^+）浓度较高，这类带电离子在膜内外的浓度差造成了膜内外大约 -70 毫伏至 -90 毫伏的电位差，称之为静息电位（极化现象）。

2. 动作电位的产生过程

当神经元受到刺激从静息状态转变为兴奋状态时，细胞膜首先出现去极化过程，即膜内的负电位迅速消失的过程。然而这种过程往往超过零点，使膜内由负电位变为正电位，这个反转过程称为反极化或超射。所以，一个神经元单位发放的神经脉冲迅速上升部分，是膜的去极化和反极化连续的变化过程，这时细胞膜外的大量 Na^+ 流入细胞内，此时的细胞膜称为钠膜；随后细胞膜又选择性地允许细胞内大量 K^+ 流向细胞外，称为钾膜。这就使去极化和反极化电位迅速相继下降，构成细胞单位发放或神经干上动作电位的下降部分，又称细胞膜复极化过程。细胞的复极化过程也是个矫枉过正的过程，达到兴奋前内负外正的极化电位（-70 毫伏的静息电位）后，这个过程仍继续进行，使细胞膜出现了大约 -90 毫伏的后超级化电位（AHP）。后超级化电位是一种抑制性电位，使细胞处于短暂的抑制状态，这就决定了神经元单位发放只能是断续的脉冲，而不可能是连续恒定增高的电变化。

综上所述，神经元单位发放或神经元上的动作电位，其脉冲的峰电位上升部分由膜的去极化和反极化过程形成，膜处于钠膜状态；峰电位的下降部分由复极化和后超级化过程形成，此时膜为钾膜状态。虽然在 50 多年以后的今天，未能推翻这些经典假说，但现代电生理学和分子神经生物学研究表明，神经元单位发放是个机制非常复杂的过程，绝非简单膜选择通透性所能概括的。

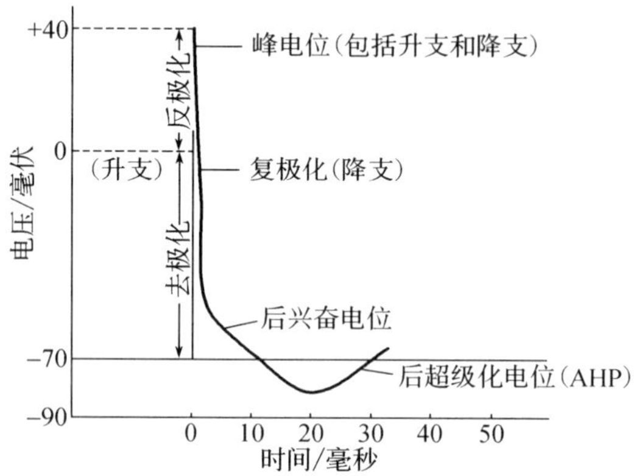

图 2－23　典型动作电位示意图

二、神经信息的化学传递

当代分子神经生物学研究发现，至少有数以百计的生物分子参与神经信息的传递和加工过程。根据这些分子的作用，可以将其分为许多类，包括神经调质(neuromodulators)、神经递质(neurotransmitters)、受体蛋白(receptor proteins)、离子通道蛋白(channel proteins)、细胞内信使(messengers in the neurons)、逆信使(reverse messengers)等。当一个神经细胞受到刺激处于兴奋状态时，其细胞膜内外发生离子交换，大量钠、钙离子流入膜内，促进神经末梢释放神经递质。释放出来的神经递质通过突触间隙，与突触后膜上的受体结合，激活了突触后膜上的通道门或 G－蛋白相关性受体，引发细胞内第二、三信使和逆信使的合成与释放。细胞内信使的激活，造成离子通道门开放，突触后细胞单位发放，神经信息继续向下一个神经元传递。与此同时，逆信使迅速扩散到突触前神经元，调节其神经递质的合成与释放过程。一些神经调质在突触前神经元中合成，并对该神经元神经递质的释放加以调节。由此可见，在神经信息传递过程中，这些生物活性分子发生着复杂的相互作用。这里将对这些生物活性物质——神经递质、调质、受体、通道蛋白、细胞内信使和逆信使，进行简要的介绍。

(一) 神经递质与调质

神经递质是一些小分子或中分子的化学物质，由突触前末梢释放，越过突触间隙（30—50纳米），作用于突触后膜。神经调质作用于释放递质的神经细胞体或稍远的神经末梢，调节自身的生成和释放速率。神经递质和调质的释放过程有两种机制：一种是量子释放（quantum releasing），只要释放就将末梢囊泡内所含递质一次性全部放出；另一种是级量释放（graded releasing），释放递质决定于神经冲动发放的频率快慢。神经递质对突触后细胞的兴奋作用，即递质的作用有两种方式：促离子式（ionotropic）和促代谢式（metabotropic）。前者作用快速（10秒之内），后者作用时程长。每个神经元主要接受一种神经递质传来的神经信息，但也有许多神经元可接受多种神经递质传来的神经信息。根据神经递质的化学结构，可将之分为如下几类：

1. 胆碱类（cholines）：乙酰胆碱（acetylcholine）。

2. 单胺类（monoamines）：包括儿茶酚胺类（catecholamines），例如多巴胺（dopamine）、去甲肾上腺素（norepinephrine）、肾上腺素（epinephrine）和章鱼胺（octopamine），吲哚胺（indolemines），例如5-羟色胺（serotonin）。

3. 氨基酸类（aminoacids）：包括兴奋性神经递质，例如谷氨酸（glutamate）、门冬氨酸（aspartic acid）；抑制性神经递质，例如甘氨酸（glycine）、γ-氨基丁酸（γ-aminobutyric acid，GABA）。

4. 肽类（peptides）：包括阿片肽类（opioides），例如脑啡肽（enkephalin）、p-内啡肽（p-endophin）、强啡肽（dynorrphin）；神经垂体激素类（neurohypophyseals），例如血管加压素（vasopressin）、催产素（oxytocin）、垂体后叶运载蛋白（neurophysins）等；快速激肽类（tackykinins），例如P物质（substance P）、K物质（substance K）、神经激肽B（neurokinin B）、章鱼涎肽（eledoisin）等；胃液（激）素类（gastrins），例如胃泌素（gastrin）、胆囊收缩素（cholecystokinins，CCK）；生长抑素类（somatostatins），例如生长抑素-14、生长抑素-28；胰高血糖素相关肽（glucagon related），例如血管活性肠肽（vasoactive intestinal peptides，VIP）；胰多肽相关物（pancreatic related），例如神经肽Y（neuropeptide Y）。

（二）受体蛋白与通道蛋白

受体都是蛋白质大分子，存在着四级结构及其立体构象的变化。第四级结构表现为一个分子由几个亚单元组成，例如n型乙酰胆碱蛋白质由5个亚单元组成，只有α亚单元才是与乙酰胆碱结合的活性基。第三级结构表现为三维立体构象，由亲水基、疏水基与介质间相互作用，以及离子键、范德瓦耳斯力的综合作用而形成。一级和二级结构表现为分子内氨基酸排列顺序和氢键等形成的肽链折叠、螺旋和网格状扭转等结构变换。受体蛋白的四级构型变换，正是受体生物效应的基础。20世纪80年代初，对受体进行分类和命名的依据是按与之结合的神经递质或调质，但随着受体结合生物机制的研究成果，到90年代初，受体按其作用机制分为以下三大类：

1. 配体门控受体家族与配体门控离子通道

配体门控受体家族都是大蛋白分子，由 4 个—5 个亚单元组成，多段跨膜并构成离子通道。所以，该类受体又是化学门控离子通道蛋白分子，接受相应的配体——神经递质、调质等。当配体与受体发生结合时，蛋白分子立即变构，同时导致离子通道开启或关闭。所以从受体结合到产生电学变化的过程较快。n 型乙酰胆碱受体（nAchR）、A 型 GABA 受体、甘氨酸受体、兴奋性氨基酸受体等，都是配体门控受体。这里对最后一类受体稍加解释：计算神经科学中有些研究报道，兴奋性氨基酸受体是根据其受体激动剂或受体拮抗剂（引起受体活性增强或减弱的化学物质）而命名，可分为 4 类，即：K 受体（激动剂为红藻氨酸盐，Kainate），Q 受体（激动剂为使君子酸，Quaisqualate），L-AP 受体（拮抗剂为 L-2-氨基-4-磷酸正丁酸，L-2-amino-4-phosphor-nobutyrate）和 NMDA 受体（激动剂是 N-甲基-D-天冬氨酸，N-methyl-D-aspartate）。

2. 电压门—离子通道

电压门—离子通道包括多种跨膜蛋白分子。

3. G-蛋白相关的受体家族（G-耦合受体）

G-蛋白是一种活性依从于三磷酸鸟苷（GTP）存在与否而发生变化的蛋白质。1984 年，在视网膜的光化学反应中首先发现 G-蛋白的存在。G-蛋白相关的受体包括 β-肾腺能受体（β-adrenergic receptor，β-AR）、m 型胆碱能受体（mAChR）、B 型 GABA 受体和 K 物质受体（substance K-receptor，SKR）。这些受体除活性依赖于 G-蛋白外，其分子结构和作用机制都十分相似。它们都是镶嵌在细胞膜上且跨膜 6 次—7 次的大蛋白分子。

（三）细胞内信号转导系统

细胞内信号转导系统是由神经递质与受体结合之后所激发的在细胞内信息传递过程中发挥作用的一系列生物化学活性物质组成的，包括 20 世纪 80 年代所说的第二、三、四信使分子。第四信使本身可能就是离子通道蛋白质。第二信使（second messengers）包括环一磷酸腺苷（cAMP）、环一磷酸鸟苷（cGMP）、肌醇三磷酸（inositol tri-phosphate，IP3）、二酰甘油（diacyl glycerol，DAG）、磷酸肌醇（phosphatidyl inositol，PI）、钙离子（Ca^{2+}）、钙调素等。第三信使（third messengers）是蛋白激酶（protein kinase），分为蛋白激酶 A、蛋白激酶 C、蛋白激酶 G 和钙调蛋白的蛋白激酶。这些生化活性物质平时处于不活动状态，细胞内第三信使可使之激活。

（四）细胞核内的基因调节蛋白——CREB

细胞内信号转导系统中的第二信使钙——钙—钙调素（Ca^{2+}/calmodulin），

随外部刺激的重复，会出现三种过程：

1. 激活腺苷酸环化酶，从而导致 cAMP-依存性蛋白激酶（如 PKA）的激活，PKA 的四个亚基分离，其中催化亚基携带高能量进入细胞核，使核内的基因调节蛋白（CREB-1）激活。

2. PKA 的催化亚基还募集分裂素激活的蛋白激酶（mitogen activated protein kinase，MAPK），与之一道进入细胞核，在激活 CREB-1 的同时，移除 CREB-2。CREB-2 对 CREB-1 具有抑制作用。当 CREB-1 激活后，首先触发即刻早基因表达形成 C/EBP，由 C/EBP 诱导基因晚表达合成新蛋白质，并导致新突触的生长。

3. 基因表达的抑制作用，包括钙抑素（calcineurin）和磷酸化酶抑制素的作用，后者作用于细胞核内的 CREB-2，使其抑制和约束新突触的生长。

由此可见，在细胞核内信息分子的生物学机制中，存在着抑制性的约束环节。CREB-2 的激活和移除包含两个环节：一方面，当钙调素过剩，在细胞质内引起钙抑素形成，导致细胞质磷酸化酶 I 激活，当其移入细胞核内，不是激活 CREB-1 的活性，而是激活 CREB-2，从而抑制 CREB-1 的活性。另一方面，PKA 与 MAPK 协同作用于细胞核，不仅激活 CREB-1，还移除 CREB-2。

（五）逆信使

本节前面所介绍的内容是神经信息从一个神经元向下一个神经元的化学传递机制，概括地说是神经信息从前一个神经元轴突末梢到下一个神经元的细胞核之间的化学传递链条，它的特点是沿着神经信息传递的方向传递。但是还有一种反方向的化学传递物质，称逆信使。20 世纪 90 年代初，世界上五个著名实验室报道，利用 NADPH 黄素酶（NADPH diaphorase）组织化学法和氧化氮合成酶（NO synthesis enzyme）免疫组织化学法，对氧化氮（NO）合成位点、分布和作用靶进行了研究，提出了逆信使的概念。

氧化氮一直被看成有毒的简单无机分子，即神经毒剂芥子气。它在组织间具有极强的扩散能力，从其生成到发生作用的半衰期只有几秒钟。然而近年的研究表明，当突触后膜上的受体被激活后，钙离子通道门开启，大量钙离子流入突触后细胞内，使胞内钙离子浓度从平时自由钙水平（约 50nmol），迅速上升到 0.1μmol－1μmol，在钙—钙调素的作用下，活化氧化氮合成酶，在还原型辅酶Ⅱ（NADPH）的参与下，细胞内的精氨酸转化为瓜氨酸，并释放出氧化氮。生成的氧化氮迅速扩散，其作用靶是突触前的鸟苷酸环化酶（guanyly cyclase，GC），通过与此酶活性基团上的铁离子结合，使之活化，促使磷酸鸟苷酸环化为第二信使——cGMP。随后 cGMP 调节蛋白激酶、磷酸二酯酶和离子通道等信息传递的生化机制。由于氧化氮合成和发挥作用所要求的钙离子浓度不同，决定其在兴奋的突触后细胞内生成，再扩散到具有自由钙水平的突触前成分，发生激活 GC 的生理效应。氧化氮逆神经信息传递方向发挥作用，故称之为逆信使。氧化氮在外周神经内是一种新型神经递质，从突触前神经末梢释放。

【建议参考资料】

1. 沈政，林庶芝. 生理心理学［M］. 北京：北京大学出版社，2007：10－27.
2. 孙久荣. 神经解剖生理学［M］. 北京：北京大学出版社，2004.

【问题与思考】

1. 脑和神经系统由哪些部分组成？各自的主要功能何在？
2. 什么是脑的基本功能和高级功能？
3. 神经信息的电学传递和化学传递的基本过程分别是什么？
4. 脑的生理功能和意识活动之间有何关系？哪些方面更值得教育工作者给予特别关注？

第三章 脑的个体发生、发育和心理发展

【本章提要】

本章分为四节，分别从脑的胚胎发生、出生后脑的发育以及儿童、少年和老年期的心理发展，说明人脑和神经系统沿着动物种系进化的轨迹和人类文明发展的历程，在不断发育和成长的过程中，越是高级复杂的功能越是在大脑皮层上额侧化、内—外侧化和背—腹侧化发展。近年对前额叶皮层和大脑白质的研究进一步证明，伴随着复杂认知功能的学习和训练，这些高级脑组织就会发生精细结构的变化，脑可塑性变化是终生的。在第三节之末，引述了美国专家组关于儿童脑发育和心理发展"关键期"的六点意见，提醒我们应吸取这一教训，不能急于求成，不能指望单靠某一、二个脑科学概念或一、二项教育方法和行政措施的改革，就得以彻底改变教育事业的面貌。

【学习重点】

1. 大脑皮层上额侧化、内—外侧化和背—腹侧化发展与灵长类动物和人类脑高级功能发展有关；人类个体的前额叶皮层发育成熟较晚，与高级认知、情感和执行监控功能发展有关。
2. 神经纤维髓鞘化和白质精细结构的改变与复杂认知功能的发展密切相关。
3. 男、女之间脑结构和功能的差异是其个性与心理差异的基础。
4. 儿童脑和心理发展的关键期问题在美国社会形成的消极影响。

【重要术语】

前—后信息加工梯度　背侧—腹侧梯度　各向异性分形参数　性别差异　关键期　敏感期

胚胎期，脑的发生和形成称为脑的个体发生；出生以后，脑不断生长，直到其结构和生理功能成熟为生物学上的成人脑，这一过程称为脑的发育；从心理学的角度上看，从幼小的心灵到成年人的心理活动，这一形成发展过程称为心理发展。脑的发生和发育是心理发展的物质基础。所以，本章先从脑的发生谈起。

第一节 脑的个体发生

从单细胞动物到高级哺乳动物的生物进化历程经过了几十亿年，从猿到人又

历时 7 000 万年的发展；而人在母腹中十个月，便完成了由受精卵细胞到人类的整个进化历程。在胚胎期，脑的发生和形成称为脑的个体发生。脑的个体发生既重复着动物界系统发生的阶梯，又沿袭了人类发展的脉络。

一、从三维立体的动物脑到六维超立体的人脑

低等动物的神经系统最先按两侧化发展，出现左右对称的神经链；随后是头侧化发展，在神经链的前端有了脑；进一步向皮层化发展，在脑的表层有了大脑皮层，形成了高等脊椎动物的脑；到灵长动物才在此基础上出现了额侧化发展，有了发达的额叶皮层，并且出现内—外维度和背—腹维度的发展，使高级功能得到丰富的脑网络资源。所以，胚胎期人脑的发育重复着这一系统进化过程，从三维立体的动物脑发展为六维超立体的人脑。

（一）三维立体的动物脑

1. 两侧化（lateralization）

在动物界系统发生阶梯上，扁形动物的神经链左—右对称，并在前端开始出现头节。如涡虫（*flatworms*）的神经元集中形成神经节，头部的神经节内有较多神经细胞，对于运动、摄食和识别有明显的作用。鲁伊斯-特里洛（Ruiz-Trillo）等人认为两侧对称的神经系统的出现，是生物进化的一个非常关键的步骤。

环节动物门（*Annelida*）动物的身体分节，神经系统更趋于集中，头节发达而明显。如蚯蚓位于食管上的一对神经节愈合成脑，左右对称，在进食和探索中的作用明显，协调机体与环境的关系。

2. 头侧化（encephalization）

节肢动物分节的腹索神经系统在昆虫中得到进一步发展，头端的几对神经节组合成简单的脑。至此，神经系统开始了头脑的进化和发展历程（头侧化）。昆虫的神经系统开始变得发达起来，前三对神经节分别构成了前脑、中脑和后脑。脊索动物如文昌鱼，简单的神经管居背部，脑和脊髓无明显分化，头部的脑泡发出两对脑神经（嗅神经和视神经），后部的脊髓发出脊神经。脊索动物左右侧的脊神经按体节分布，但不对称，而是交错发出的。鱼纲动物的脊柱代替了脊索，脑和感官得到进一步的分化，神经系统由中枢神经系统、外周神经系统和植物神经系统组成。两栖纲（*Amphibia*）动物开始从水生向陆生过渡，呼吸介质的改变及环境的复杂性促进了脑的进化。两栖动物的脑组织中开始出现旧皮层，蛙的大脑两半球被矢状裂分开，脑细胞开始从脑室区移向顶部。

3. 皮层化（corticolization）

爬行纲（*Reptilia*）动物的神经系统已经完全适应于陆上生活。鳄类的脑和脊髓比两栖类进一步发达，大脑半球增大，开始出现新皮层和锥体细胞。至此，神经系统开始了皮层化的发展过程。刺猬的新皮层占大脑皮层的 32.4%，兔占

56.0%，猴占85.3%，黑猩猩占93.8%，人类占95.9%。

（二）六维超立体的人脑

三维立体的动物脑在皮层化发展中，首先将新功能从皮层的枕顶部向额侧部发展，但由于大脑半球皮层的表面积有限，额叶难以安排，于是通过多方折叠，形成了新功能的内—外侧化和背—腹侧化的发展策略。最终形成了六维超立体的脑：左—右侧化，头侧化，皮层化，额侧化，内—外侧化和背—腹侧化。后三项是灵长类和人类脑发展的维度。

1. 额侧化（frontalization）

在动物进化中，前额叶皮层迅速增大，猫脑的前额叶只占全脑的3.5%，狗占7%，恒河猴占8.5%，大猩猩占11.5%，类人猿占17%，人类占29%。从这个增长的数据中可以看出，人类的前额叶皮层得到了前所未有的发展。

2. 内—外侧化（media-lateralization）

对机体内、外环境的分析是高等动物复杂行为的前提，大脑在执行这两类功能时逐渐形成了内—外侧空间维度。两大脑半球贴近的内侧面和基底面的皮层常称为边缘皮层，负责机体内环境的协调功能；大脑两半球的背外侧面，实现外环境的协调功能。

3. 背—腹侧化（dorsa-ventralization）

高等灵长类动物已经在后头部的脑结构中，开始了背—腹侧化的发展。在猴的视知觉网络中，腹侧通路负责对物体的识别，背侧通路负责对物体空间定位的知觉。现在至少已知人类额叶功能梯度有背侧—腹侧梯度，简称为背侧通路和腹侧通路。背侧通路直接参与面向目标的动作规划和执行；腹侧通路负责规划和执行中前后环节关联信息的加工和执行监控。

实际上，额侧化、内—外侧化和背—腹侧化维度与皮层化维度是相随而行的，也是皮层化的表现形式，只是到了灵长类动物以后才得到充分的表达。

（三）胎脑的发生

1. 脑细胞的发生

在人脑神经细胞发生的初始，围绕神经管壁的上皮细胞形成生发层，又称套层（mantlezone）。套层内的神经干细胞（nerve stem cell）增殖、分化，分别形成成神经细胞和成胶质细胞。神经元来自成神经细胞，神经胶质细胞则来自成胶质细胞。

2. 两侧化和头侧化

脑的发生经历了一个从三脑泡到五脑泡，再由五脑泡发育成五脑基的过程，其间已开始两侧化的发生。五脑基先后发生颈曲（3周胎龄）、头曲（5周胎龄）和桥曲（7周胎龄），并最后形成大脑、间脑、中脑、小脑、桥脑和延脑，完成了头侧化的发生。各个脑区的发生是不均一的，胚胎第23天，最大的是后部的菱脑，脊髓和中脑发生最早，延脑、桥脑和下丘脑次之，最后在 2 月龄—3 月龄发生大脑半球，实现了头侧化。

3. 皮层化的发生

胎脑皮层化过程大致可分为 5 个时期。前 4 期历经 15 周胎龄，形成内、中、外三层的古皮层和旧皮层；第 16 周至出生前，在第Ⅵ、Ⅴ和 Ⅳ层的基础上，在其外层又进一步分化成三层（第Ⅰ、Ⅱ和Ⅲ层）的原基。大脑皮层细胞的发生和分化是从深层（Ⅴ、Ⅵ）迁移至第Ⅲ、Ⅱ层和Ⅰ层。3 个月胎龄时刚生成的大脑表面平滑，5—6 个月胎龄开始出现浅沟和脑回。最早出现的是属于古皮层的海马沟，然后是属于旧皮层的嗅脑沟，继而才是划分初级感觉运动区的外侧裂、中央沟、顶枕沟和距状裂，最后出现的是联络皮层的颞上沟和额上沟等。胚胎 6 个月后，脑的发育越来越快，细胞总数超过成人脑的一倍。与感觉皮层相比，运动皮层的中央前回先发生，中央前回的上肢运动区又最先发生。感觉皮层的中央后回后发生。初级视皮层在出生时已成熟，但视觉联络皮层尚在发育中，听觉中枢比视觉中枢发生得更晚些。皮层的内—外侧化在出生时已经开始，但背—腹侧化是在出生后才开始发生。

二、脑的性分化

很多行为障碍的发生率存在着明显的性别差异。例如自闭症、自闭症谱相关的行为问题和精神分裂症，男性发病率均高于女性；情感性精神障碍，特别是抑郁症，女性发病率高出男性 4 倍—5 倍。此外，性行为和婚姻夫妻生活问题也常与脑的性别分化不健全相关。因此，探索脑的性别差异和胚胎发生过程的细节，可以从中得到干预和治疗这些行为问题的有效途径。

基因是控制生物遗传性状的最基本单位，是决定个体发育性状的内因。1990 年 10 月正式启动的，包括中国在内的全世界科学家参与的人类基因组计划（Human Genome Project，HGP）旨在系统、全面地解读和研究位于人类 46 条染色体上大约含 30 亿个碱基对的 10 万个基因的构成和功能。即使这 10 万个基因全部用于控制中枢神经系统的遗传和发育，其所决定的信息量也不足以控制多达 1 011个神经元及 1 014 条突触构筑模式的表达。遗传物质只是给出了神经系统发育的框架，而神经系统的具体发育要受到各种因素的影响，神经细胞要经过增殖、分化、迁移和凋亡，才能发育成熟，其间外界后天的刺激对脑的发育有着巨大的影响。

众所周知，人类的性别决定于 23 对染色体中的一对性染色体。也就是说男女之间有相似的 22 对（44 条）常染色体和一对不同的性染色体，男性的一对性染色体是异质 XY 对，而女性的是同质 XX 对。1990 年前后，发现在性染色体上有一个关键基因 SRY，决定着性别的表型为男或女，该基因又称性别相关的 Y 基因（sex-related Y gene，SRY），分布在男性 Y 染色体中。SRY 的表达发生在受精卵生成的第一周之内，在其未分化性别的性腺细胞内发生。一旦 SRY 表达了，性腺分化就开始了，SRY 的表达程度引导性腺的分化，男性生殖系统发生就会抑制女性生殖系统的发生。受精卵发育的第 6 周前，胎儿的性腺尚无分泌功能。大约在受精卵发育的第 6 周，在 Y 染色体上 SRY 基因的作用下，男胎发生睾丸，第 8 周睾丸开始合成雄激素。第 10 周—20 周雄激素分泌功能逐渐增多，沿血液循环到达脑内，促使脑发生男性化；同时脑下垂体分泌促性腺激素，肾上腺也分泌一些雄性激素，与男胎性腺分泌的雄性激素共同作用于脑，使胎儿脑男性化。受精卵 Y 染色体上的 SRY 基因未能发挥作用的胎儿，在第 1 周就顺应母体环境，发生了卵巢细胞原。胎儿发育的第 6 周—7 周，小小的卵巢开始合成少量雌激素，再加上母亲肾上腺和卵巢分泌的雌激素，女胎的脑接受到足够的雌激素作用。胚胎 8—24 周是性别分化的重要时期。性激素的分泌是否充足，决定着胎儿的外生殖器形成得是否正常，也决定着脑结构的性别分化是否完善。如果男胎自身没有充分合成雄激素，就会受到来自母体的雌激素的作用，使胎儿男性化不完善，可能导致成年后不男不女或又男又女的状态。对于女胎而言，一切顺应母体环境而发育。所以，从生命之初，男胎就要与环境抗争。

（一）性激素对脑的组织作用

胎儿分泌的性激素对脑的性别分化具有组织作用，也就是说，性激素对胚胎期脑结构的发生和出生后早期婴幼儿脑结构的发育具有重要作用。几位科学家（Kickmtyer & Baron-Cohen，2006；McCarthy，2008）分别系统总结了胎儿雄激素和雌激素对脑的性别分化以及对其成年后性行为所发生的作用。他们发现，雌激素和雄激素均是通过与雌激素受体（estrogen receptor，ER）结合而实现其功能的。雌激素受体 ER 广泛分布在爬行动物、两栖动物、鸟类和哺乳动物的间脑中，说明其系统进化的保守性；但是它在大脑皮层中的分布却差异较大，与脑的进化和性别分化有关。发育中的脑含有很多雌激素受体，对发育有持久性作用，表现出多方面的影响：对脑细胞凋亡的调节作用，对突触形成的调节，对神经元和胶质细胞形态学的影响，调节钙离子流、即刻早基因表达，以及对蛋白激酶活性的影响等。这些效应是通过不同的分子生物学机制而实现的，对其中较为重要的，说明如下。

1. 核受体和基因转录

雌激素受体 ERS 是核转录因子超级家族的一个成员，其特点是具有激素反应成分（hormone response element，HRE）的受体，以 HRE 作为靶中心 DNA 的结合域。DNA 结合位点含有两个反义核苷酸，结合为一个同源二倍体，这就是 HRE，即激素反应成分。所有甾体受体都具有一个配体结合域，当其与配体结合，就会发生受体分子的构型变换和功能改变。以 1999 年被统一命名为 P-450

基因超级家族的系统发生为基础，将甾体和甾体类受体命名为NR3。将雌二醇的受体ERα和ERβ分别命名为NR3A和NR3A2；将两个雌激素相关的核受体（ERRα/ERR1和ERRβ/ERR2）命名为NR3β1和NR3β2。没有配体时ER和其他核受体一样，存在一个热休克蛋白特性的多蛋白复合体，处于失活状态。当与配体结合时，热休克蛋白发生变构作用，形成同质或异质二倍体，成为新蛋白质，并形成转录活性蛋白复合体。在绝大多数组织的细胞中，ER存在于细胞核内；但在脑内，由于神经元和胶质细胞的复杂形态等因素，ER分布在细胞核以外很远距离的位置上，使ER的活性发生变化，产生非转录效应。

2. 膜效应和受体

雌激素在细胞膜发生快速生物效应的机理，是过去25年始终未得到解决的问题。虽然雌二醇在血液中的浓度变化很大，但这种变化是以日计算的慢过程；而它在细胞膜上的快速激活效应，却是以分秒速度变化的。动物在发生性行为或受到有害刺激发生快速反应时，其脊髓中枢和视前区的芳香化酶活性发生变化。在成年动物脑中，发现雌二醇能在不到30分钟的时间内诱导出树突上的嵴突；而同等浓度的雌二醇在未成熟的动物脑内引起树突上发生嵴突，至少要经过4小时。同样发现，在成熟海马细胞和下丘脑细胞中，诱导出钙流入效应是快速的；但未成熟海马细胞和下丘脑细胞，就没有这种效应。青春期以后的下丘脑星形胶质细胞在受到雌激素快速的膜生物效应影响后，大量自由钙流入细胞内，促进黄体酮孕激素的合成；但在新生儿脑内就没有这种作用。可能发育中的脑具有抗快速膜效应的免疫功能，以保护其在敏感期所具有的激素慢性组织效应。这对于脑的性别分化是十分重要的，它保证脑的性别与体内性腺性别一致性分化，以及与此相一致的生理和行为间的协调一致性发展。

（二）性分化与性行为

2001年美国科学院发表关于人类健康的科学政策问题报告，其中最受关注的是性因素对健康问题的生物学作用，首当其冲的则是关于性和性别的定义。性（sex）是按生殖器官不同对生物体所做的分类；性别（gender）则是一个人的自我表达的基础，包括外生殖器和次性征的形成，是在发育的适当时期表现出来的。性别确定是导致全部与性别表达有关的特征形成的过程。在功能上，脑的性分化主要是与生殖功能相关的环节，包括雄性攻击行为和母性行为等；在结构上，脑的性分化体现在脑容量和神经联系方面的差异，以及作为性行为的脑中枢的不同；在生理方面，性分化体现在神经递质和神经生化以及相应神经元功能的差异。脑的性分化，仅仅指性激素驱动的脑结构和功能特点的形成过程，仅发生在出生前后很短的时间内。灵长类和人类脑的性分化发生在胚胎中、晚期。现代社会中，性行为的多种表现形式，如同性恋和多种性变态行为，虽然有社会因素的作用，但性生物学因素可能是最重要的基础。至少，脑的性分化、性器官发育和性别确定三者的关系并不总是完全一致的。

1．激素对性行为的激活作用

这种理论建立在两种科学事实的基础上，一是性行为，二是促性腺激素分泌的周期性和脉冲性。对于男性，必须在个体发育早期就有雄激素的作用，还必须在成年期有足够量雄激素的作用，才会表现完善的性行为；对于女性，必须在早期没有受到雄激素的作用，才能在成年期出现性行为，生殖系统才可能有促黄体生成激素的作用。如果在未成年期用大量雄激素处置女性，她就会出现男性性征。性激素对性行为的激活作用对两性来说是相同的，是指成年以后的性行为由相应激素水平所确定。长期大量激素作用也会导致性行为变化，大量使用外源性雄激素，女性也会出现男性性行为。对激素的组织化作用则主要是指雄激素的作用，因为雌性是遗传上已经预置的脑发生的方向，只要没有雄激素的作用，脑就会按预置的雌激素作用发育下去，这可能是母体血液中所含雌激素作用的结果。

2．四种成年性行为类型：男、女、不男不女和又男又女

在胎儿和婴幼儿中，性分化体现在脑结构发生和发育的差异；在成年个体中则体现在性行为之别。女性脑的下丘脑腹内侧核（VMN）在性行为中是重要中枢；男性脑的视前区（POA）是性行为中枢。成年个体的两性差异，主要体现在性行为以及两性人格的差异。对性行为类型和脑结构的关系问题，目前有两种观点。一种认为男、女性别分化是一个维度的两个极端，一端为完全男性，另一端为完全女性，胚胎初期处于中间状态，出生前决定了成年之后的性行为类型。另一种观点是二维决定出四种成年性行为类型：完全男性性行为、完全女性性行为、不男不女行为和又男又女行为。不男不女行为和又男又女行为，相当于各类性生活偏离常规的行为方式。在动物实验中，胚胎期的大鼠给予 PGE_2 处理就会导致这种又雄又雌的两性行为类型；男性新生儿用环氧化酶抑制剂阻断内生性 PGE_2 的形成，成年以后，无论使其血液的性激素怎样变化，所有性行为都丧失了。由此证明，男性化和去女性化是两个彼此独立的过程，二维理论是正确的。去女性化是一种中介于雌二醇的主动过程，防止女性脑功能回路的形成，永久性抑制成年后出现女性性行为。男、女两性的脑回路差别在于，女性的下丘脑腹内侧核神经元有较长而多分枝的树突，以及树突上分布较密的嵴突。为什么除了男性化和女性化之外，还有去女性化的机制呢？这可能与雌激素受体 ER 有两种类型（ERα）和（ERβ）有关。利用基因敲除技术制造一种小鼠，称 ERKO 种系，缺乏 ERβ 型受体，只有 ERα 型受体，这种动物表现出去雌性化，也就是完全男性的性行为。他们的突触后嵴突能在受到刺激后快速形成（6 小时之内）。由于女性化发展是遗传上的预置状态，去女性化撤出了预置状态，为男性化提供了前提。

第二节 脑的发育

脑的发育和心理发展并不只限于儿童期，无论是生物学上的发育还是心理学上的发展，都是从生到死的毕生发育和发展过程，只不过各个阶段的变化特点不同而已。心理发展的概念在心理学发展历史上发生过重大改变，20 世纪 80 年代以前，心理发展是指从少年儿童到成年期的心理发展；20 世纪 80 年代以后，心理发展包括从生到死的毕生发展。埃里克森（Erikson）认为人的毕生发展分为八个阶段，每个阶段人们的社会和家庭角色不同，心理发展的特点不同。

脑内神经细胞的数量在胎儿期就已确定，出生后更多的是树突和轴突的发育和突触的形成。在成年动物的脑内是否有新的神经元产生？神经科学界传统上认为，神经元是典型的减数分裂后细胞，形成神经元后细胞不再分裂。神经元数量在发育过程中被“固定”，成熟后中枢神经系统已完全“定型”。近年来发现，即使在高等动物包括灵长类的脑内，也发现多功能干细胞。伊丽莎白·古尔德（Elizabeth Gould，1999）等人在恒河猴的前额叶、颞叶下部和顶叶后部的联络皮层发现有神经细胞的增殖。神经干细胞能增殖、分化、发育成一种或几种神经细胞。在脑的胚胎发生中，神经干细胞通过脑室纤毛状室管膜细胞的增殖、分化、迁移使脑完成全部发生过程。成年后脑内存在着神经干细胞的后代，其中许多是多功能的室管膜细胞。神经干细胞多位于脑室和脑室下区及脑室周边的室管膜下区。这一发现，突破了脑科学旧有的观念，给中枢神经系统可塑性的研究提出了新的理论依据。

一、大脑新皮层的发育

婴幼儿的脑出生时重量已经达到成人的 25%，大脑皮层出现六层结构，沟回还不明显，树突短小。脑细胞的数目和成人相同，但细胞较小，突触尚未完全形成。6、7 个月龄的婴儿脑重达到成人脑重的 50%，脑细胞分化，生成新突触。3 岁儿童脑重约为成人的 75%，脑的各部分大小和比例已经类似成人大脑，细胞构筑和层次分化已基本完成，大多数沟回都已出现，脑岛已被临近脑叶掩盖，并形成白质与灰质的明显分界。脑细胞之间的总数在学龄前期迅速增长，6 岁时脑的突触总数是成人的 1.5 倍，随后再筛选突触，淘汰 1/3，逐渐达成人水平。

（一）额叶的发育

儿童脑重量的增加是由于神经细胞结构复杂化和神经纤维分支增多的结果。脑结构复杂化主要表现在神经细胞体积增大，大脑皮层的沟回加深，神经细胞突触的数量和轴突长度增加。儿童期大脑和神经系统的发育较身体其他部位的发育更快，此时大脑迅速变化，某些脑区域成分在短期内可以在数量上翻倍，结构继续重组，体积继续增长，这些变化主要是因为髓鞘化和树突数量及大小的增加。

1. 大脑额叶部位的增长速度最快

研究表明额叶是大脑皮层中最晚成熟的部位，这个部位主要与语言和智力发展有关。2010 年 11 月 5 日出刊的《科学》杂志转载了题为《额叶皮层神经回路的变化与自闭症高危基因变异的关系》一文，作者认为额叶皮层在一系列高级认知功能中具有重要作用，包括规划、决策、抽象或概括外部事物之间的关系等。因此，在很多神经发育和神经心理障碍中，它也就成为科学界研究的重要对象。认知控制或面向目标的思维及动作调节，是额叶皮层的重要功能之一。最近关于脑功能的头—尾或前—后的信息加工梯度，作为额叶皮层功能结构的理论基础，已经在学术界展现。换言之，前面的前额叶皮层（PFC）指导着靠后面的额叶皮层，进行抽象或概括目标的执行功能。

2. 额叶背侧通路和腹侧通路的分化

现在已知的额叶功能梯度有背外侧和腹外侧梯度，简称为背侧通路和腹侧通路。背侧通路直接参与面向目标的动作规划和执行；腹侧通路负责规划和执行中前后环节关联信息的加工。人脑无创性功能成像的研究，特别是它的结构方程模型研究所得到的数据，有力支持了脑额叶功能维度理论。

3. 额下回的发育

额叶皮层在人类的许多社会交流和社会活动功能中具有重要作用。特别是额下回（inferior frontal gyrus，IFG）在语言和言语活动中具有重要作用，包括语言感知加工中的语义和句法加工以及言语的产出。额下回也参与镜像神经元系统的活动。镜像神经元系统最初是在灵长动物脑研究中发现的，当它们理解同类其他个体所做的动作含义时，这类镜像神经元就兴奋起来，神经元发放神经冲动的频率增加。当然，该个体自身也跟着对方的样子做起同样动作时，这类神经元也会发放神经冲动。

（二）突触素类蛋白（CNTNAP2）在前额叶皮层的局部表达

有些证据表明，自闭症包含有语言障碍，也包含有镜像神经元系统的功能障碍。分子遗传学研究表明，人类前额叶皮层神经联系的障碍与突触素类蛋白（CNTNAP2）在前额叶皮层的局部表达模式有密切关系。注意缺陷多动障碍（ADHD）、精神分裂症和自闭症研究中的大量新证据，证明前额叶及其神经回路的神经联系障碍，是这些高级认知障碍的主要脑机制，又与 CNTNAP2 的局部表达障碍有关。

1. 人脑皮层特有的活性分子

突触素类蛋白 2-信使核糖核酸（CNTNAP2mRNA），其英文全称是 contactin-associated protein-like2messenger RNA，在婴幼儿脑发育过程中的额叶和颞叶内，以及成年人脑的额叶皮层和纹状体回路中含量都很高；但在啮齿类动物的前脑皮层中却没有这么高的含量，足以证明这类信息分子及其在前额叶皮层的高含量，与人类高级认知功能密切相关。

2. 与额叶发育密切相关

进一步分析表明，发育中含有较多 CNTNAP2 的这些脑区内，CNTNAP2 聚类的电压门通道，主要分布在轴突与胶质细胞间形成的突触中，在髓鞘的朗飞氏节中也有较密的分布，说明它与新神经联系及前脑神经回路的形成和发育，包括神经细胞的迁移、模块的形成和回路形成，均有密切关系。

二、白质的发育

皮层传导通路髓鞘化，最终使神经兴奋的传导更加精确、迅速。髓鞘化的发育依次为感觉通路髓鞘化、运动通路髓鞘化、与智力活动有关的额、颞、顶叶间纤维髓鞘化。出生时，大脑细胞轴突基本开始髓鞘化，但大部分其他神经轴突还未完成髓鞘化。6—7 月龄的婴儿脑，基本感觉通路已髓鞘化。大约 6 岁时，神经纤维深入到各个皮层，逐渐完成纤维髓鞘化。但额叶皮层的神经纤维髓鞘化，可延续到 30 多岁才全部完成。成人的脑重量约占体重的 2%，但消耗体内的葡萄糖却占了总数的 20%。与成人相比，婴儿期脑发育的耗氧量以及葡萄糖的消耗量，占全身耗氧量以及葡萄糖消耗总量的 60%。轴突髓鞘化过程需要合成大量脂肪和蛋白质，是消耗大量葡萄糖的主要原因。

（一）白质微结构的精细变化与脑高级功能有关

菲尔兹等（2010）证明，人脑神经纤维的髓鞘化从胚胎期一直延续到成年期。最后髓鞘化的，是额叶皮层神经元所发出的神经纤维，它们负责高级认知活动的执行监控功能。

1. 复杂学习作业后，白质发生变化

在利用磁共振脑成像技术的认知神经科学试验中发现，人们进行复杂学习作业后，不仅儿童脑白质会发生变化，而且成年人白质结构都会发生变化。20 世纪 80 年代就有一些研究利用传统组织化学方法总结出人脑髓鞘化过程的基本规律，揭示出神经纤维髓鞘化最快的时期是在 1 岁的婴儿期，随后变慢，延续到成年期，不仅有年龄差异和个体差异，还有不同脑区之间髓鞘化进程的差异。一般而言，后头部的脑结构髓鞘化早于前头部脑结构。出生前到出生后一年之内，脊髓和脑干的神经纤维就完成了髓鞘化过程，前部脑结构的神经纤维髓鞘化延续到成年期。短距离的投射纤维髓鞘化早于距离远的投射纤维，更早于联络区皮层间的联络纤维髓鞘化。同时还发现，伴随白质微结构的变化，也就是髓鞘化的发育过程，神经元轴突也发生变化，表现为其粗细的变化。而锥体束中的神经纤维（轴突）的直径不再变化。这说明传导神经冲动速度的调节功能已不再单独依靠神经纤维的直径变化，而是由神经纤维直径和髓鞘厚度的比率变化，进行细微的调节。

肖尔茨等（2009）将48名18岁—33岁的年轻人，分成实验组和对照组各24名，实验组被试每人领取抛、接球杂耍器具和用于学习杂耍的练习指导书。随后六周，每周五天，每天半小时练习，并记录学习成绩。练习前、练习六周后以及停止杂耍后四周，各进行一次磁共振弥散张力成像检测，并计算出脑白质微结构参数。结果发现，这类复杂的视觉运动技能训练，引起顶下沟附近的白质各向异性分形（FA）增高，表明这种杂耍训练在成年人中，也能引起枕—顶叶皮层间联系的白质发生微结构的改变。

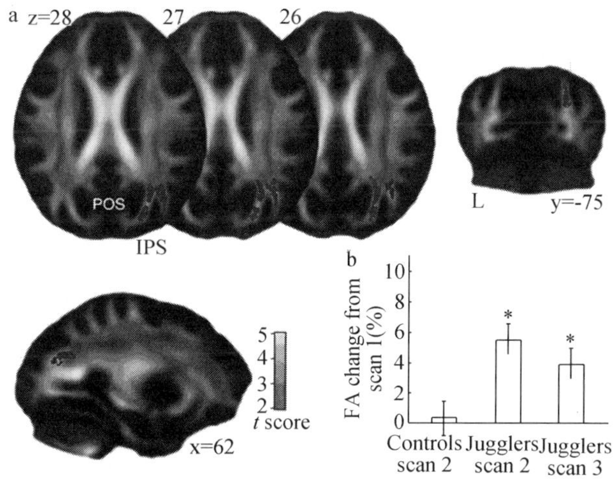

图3－1　成年人杂耍训练引起枕—顶联系的白质发生微结构变化

（引自：Nature NeuroScience，2009，12：1370.）

a图中分别从三个切面可见，在顶—枕沟（POS）和下顶沟（IPS）附近有两条各向异性分形标准分（T-score）的变化区。b图横坐标分别为对照组六周后扫描（Controls scan2）、杂耍训练组六周后扫描（Jugglers scan2）和杂耍组停止训练四周后扫描（Jugglers scan 3），纵坐标是各向异性分形值（FA）与实验前（scan1）相比发生变化的百分比，由图b可见六周的杂耍训练引起约6%的分形值增加，停止训练四周返至4%，四周恢复了2%。

2. 练习弹钢琴的儿童和成年职业钢琴家的脑白质高度发达

进入21世纪的最近十多年间，利用磁共振成像的几种技术，对人脑白质的研究发生了根本变化，这种方法可以研究正常人不同状态下的脑白质微结构的变化及其与高级认知功能的关系。例如前额叶区的白质密度与一般智力、工作记忆、注意和抑制功能发展水平相平行；胼胝体的纤维髓鞘化程度增高，伴随儿童认知功能和感觉运动控制功能以及双手协调功能的发展；锥体束和弓状束的发育程度与手的精细运动技能和语言发展相关；总智商与白质的总容积，特别是与额—顶联络纤维束发育程度密切相关；前额叶皮质的容积与认知功能以及毫秒数量级自动化运动技能发展相关。一批研究报告均指出，不同脑区白质的各向异性分形参数（FA）与许多高级功能相关，颞—顶间白质 FA 和阅读能力相关，放射冠前部白质与工作记忆容量相关，视觉—空间注意通路 FA 与反应时相关；胼胝体的 FA 与双手协调功能相关；内侧纵束的 FA 与记忆提取功能相关；额—顶通路的 FA 与视觉平均诱发电位潜伏期之间呈负相关。

乌伦（Ullen，2009）利用磁共振技术研究了成年职业钢琴家的脑白质，结果发现职业钢琴家脑内胼胝体较大，可能是由于他们大多数在七岁之前就开始学琴，此后不停地运用双手进行弹琴的作业。也有些研究发现学习钢琴的儿童除了脑胼胝体，脑锥体束也比一般同龄儿童发达。由此可以推论，从小就不断操作计算机键盘的儿童，也会有类似的脑白质发育特点。11 岁—16 岁儿童弹钢琴对脑白质（内囊）结构的作用如图 3 - 2 所示。

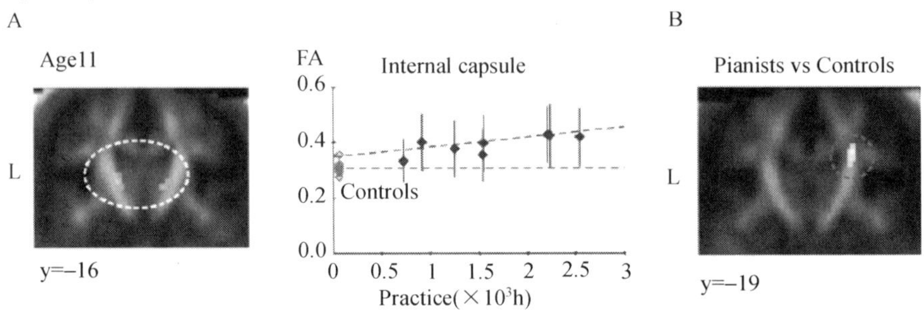

图 3 - 2　11—16 岁儿童弹钢琴对脑白质（内囊）结构的作用

横坐标为练习时间（单位 1000 小时），纵坐标为弥散张力磁共振成像所测定的各向异性分形值（FA），坐标图内水平虚线是对照儿童的 FA 值，向上递增的虚线是 11 岁—16 岁儿童弹琴 300 小时练习过程中脑白质（内囊）的 FA 值增加斜线。（引自：Neuron Glia Biololgy，2009，5：31.）

（二）大脑白质发育的性别差异及其与自闭症的关系

磁共振成像技术提供了测量脑结构中白质和灰质比例的方法。结果表明，男人脑的白质（主要是胼胝体）和灰质的比率明显小于女人。人类以外的其他动物的两性比较也发现雄性动物脑体积大于雌性，但白质量小于雌性。男性脑神经元数量较多（灰质），神经元排列致密，细胞间短距离纤维联系较多，两半球间长距离纤维（胼胝体）较少。生理功能研究发现，女性在脑执行语言作业中是两半球双侧激活。在脑磁图研究中发现女性额叶和顶叶间，在执行认知作业中发生锁相性变化，证明两个脑叶间发生长距离的功能联系。

通过磁共振成像技术，可以测量脑内短距离纤维和长距离纤维的比值，发现自闭症儿童短距离纤维较多。由于长距离纤维发育不足，难以从多个大脑区之间聚合神经信息，导致“共情”品格发育不好。自闭症儿童的头颅及颅脑内的脑比同龄儿童的大，但其内囊和胼胝体的比例较小。从图 3 - 3 可见，自闭症病人脑中的深层纤维明显少于浅层白质纤维。

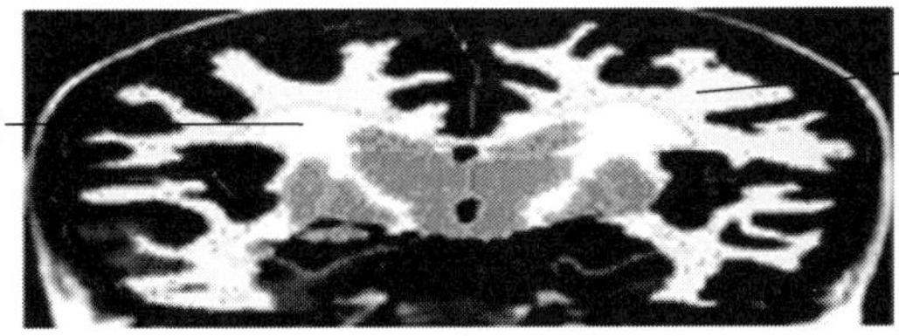

图 3－3 自闭症儿童深层白质发育不足
（引自：Science，2005，308：1858.）

胚胎期和新生儿早期雄性激素（包括前列腺素）对脑的发育有主导性作用。这些脂肪性结构的雄激素分子可以透过血脑屏障和脑细胞膜，在细胞质内与受体结合，然后进入细胞核促进脱氧核糖核酸转录，并中介脑内的神经营养因子，使神经元树突生长较多的嵴突，有利短距离纤维联系的形成。在脑的功能上，当正常儿童观察手指运动的图片时大脑皮层运动区等不少部位出现激活区；而自闭症儿童则没有激活区的出现，特别是没有镜像细胞的活动。

三、少儿脑发育的性别差异

在少年儿童以及成年人的脑中，男、女性别的差异不仅体现在全脑的容积上，而且在下丘脑有更明显的差异。作为性行为中枢和生育功能中枢的下丘脑，其神经细胞上含有密集的性甾体的受体蛋白，包括雌激素、雄激素和前列腺素受体。与下丘脑有神经联系的脑结构，也会有较密集的某一种性甾体受体，例如杏仁核、终纹床核、孤束核和旁束核。此外，基底神经节、海马和小脑也会有较多性甾体受体。性甾体类物质对大脑皮层功能的影响，是通过直接和间接两种方式实现的。脑内的多巴胺能神经元（集中存在于中脑）对性甾体的活动最敏感（Kritferd greutz，2008），中脑缝际核内的 5-羟色胺能神经元，也含有性甾体受体。多巴胺能神经元和 5-羟色胺能神经元大量弥散地投射到大脑皮层的广大区域内。因而，中介于两类神经投射，大脑皮层的神经元也含有性甾体受体（Montague，2008）。所以性甾体对大脑皮层的发育也发生重大影响，特别是对额叶、运动区、躯体感觉区、后顶叶皮层、无颗粒岛叶皮层和旁海马区皮层的影响更为明显。对于大脑皮层的作用问题目前正在研究之中，人们利用免疫组织化学和原位杂交技术，对不同脑区、不同神经元类型以及性甾体在这些细胞结构上的定位问题进行着系统研究。成年女性脑的眶额皮层、额区和内侧旁边缘皮层较为发达，尤其是内侧额区、下丘脑、杏仁核和角回均比男性所占的比例大。

诺伊方等人（Neufang，2009）对 8 岁—15 岁的男孩和女孩各 46 名进行磁共振脑容积成像研究，发现女孩的两侧海马，右侧纹状体较大；男孩杏仁核较大。血液分析发现这组被试中年龄较大的男孩血清睾丸激素含量较高，而总性甾体含量则没有差异。经回归分析发现，无论男孩还是女孩，雄激素含量高的，其脑内杏仁核灰质密度较高；雄激素含量较多的女孩，脑内海马也较大。回归分析表明雄激素含量正比于男孩右侧间脑的灰质密度，反比于顶叶灰质容积；雌激素正比于女孩的旁海马回灰质密度。这些结果说明，在少年儿童期的脑发育过程中，激素仍然发挥着对脑的组织化作用。

通过尸检也发现男、女大脑皮层的细胞构筑存在差异。女性大脑皮层颗粒细胞密度较高；男性的大脑皮层细胞总数多于女性，突触的密度也多于女性。少年儿童脑细胞构筑的性别差异还缺少尸检报告，所以少年儿童大脑皮层的数据主要来自脑成像技术。一些研究发现，女孩大脑皮层较厚，较明显的是左额上回和额下回；男孩左后颞叶皮层较厚。但另一些研究表明，当把年龄、全脑容积和灰质总容积匹配的男女两组各 18 人进行对比，发现女性的右侧额叶、颞叶和顶叶的皮层较厚。男、女儿童脑发育的轨迹是不同的，从 1989 年到 2007 年间，对 387 名儿童进行 829 次脑成像扫描（间隔 2 年扫描一次），对结果进行比较时发现，脑的大小随年龄的增加呈倒 U 型变化，女孩的峰值在 10. 5 岁，男孩的峰值在 14. 5 岁，女孩早于男孩。白质的容积无论男、女都持续增加，直到 27 岁。另一项研究发现，男性侧脑室大于女性，而女性的胼胝体相对较大。18 岁—21 岁男青年的海马明显增大；但此年龄的女青年脑的海马却没有增长，可能女青年的海马在此之前已经增大了。

男女发挥相同认知能力时，脑的激活水平不同，女性脑激活水平低于男性；成年女性两侧半球激活水平相近，而男性大脑激活倾向于区域性的增高。男孩和女孩对生气的面孔给出相似的反应；而成年女性与男性相比，对生气面孔给出更强的反应。这可能与神经内分泌垂体—肾上腺轴（HPA）功能的两性差异有关。女性对社会人际交往中不利环境的反应强于男性，可能与其母性责任有关。

在青春期以前，重症抑郁症发病率在男、女间无差异，均是 5%；而青春期以后的少女发病率增至 10%，男青年的发病率仍保持在 5% 的水平上。女性的这一变化可能是她们的垂体—肾上腺轴在青春期得到发育所致，而男性则因睾丸激素的分泌增多使垂体—肾上腺轴反应降低。精神分裂症在男性少年期发病率较多，而女性的发病年龄是在青春期之后以及更年期，这可能与脑发育年龄差有关。

第三节　学龄前和学龄儿童的心理发展

尽管新生儿的脑重量仅是成年人的 1/4，但脑内神经元的数量却与成年人大体相同。胎儿出生以后神经元的数量不再增多，脑的发育表现在神经元的体积增大，轴突和树突增长、分支增多，纤维髓鞘化，细胞间联结——突触不断增多扩大。脑的发育并非匀速，胚胎时期和婴幼儿时期是脑发育的两个重要敏感阶段，在此期间，生活环境、营养条件对脑的发育有重要作用。视觉发育研究表明，猫出生前视觉系统的基本结构虽已形成，但视皮层内的左、右眼优势柱却是在出生后形成的。出生后轴突延伸选址，消除和修饰错误突触，迅速形成相同排列的左、右眼优势柱。如果将新生猫的眼睑缝合剥夺其视觉，结果发现，仅 7 天就可改变优势柱的形成。所以说视觉功能柱，特别是眼优势柱是出生后早期形成的。精神分裂症形态学研究也表明，患者脑内病理性变化发生在胚胎期或发育成熟前的婴幼儿时期。婴幼儿脑发育障碍是造成智力发展迟滞，甚至智力缺陷的重要原因之一。

一、学龄前婴幼儿的心理发展

婴幼儿时期的心理发展对人一生的心理发展都具有重要意义，这个时期为人格特质形成、智力开发打下了重要基础。所以，在养育婴幼儿的时候，父母亲不仅要注意孩子的身体发育，还要对孩子的心理发展给予一定的关注。

（一）婴幼儿的心理发展

1. 动作的发展以及动作发展训练

婴儿的动作发展为心理发展创造了重要条件。从发展心理学角度，将婴儿的动作发展分为大动作发展和精细动作发展两个部分。大动作指行走、跑、跳等全身性动作，精细动作则主要指婴儿手的动作。其中有重要意义的是手的抓握动作和独立行走，前者为婴儿的认知发展提供了前提，后者则为婴儿扩大个体活动的范围创造了条件。婴儿动作发展遵循以下三个规律：由头到脚、由近及远和由大至小，也就是说婴儿动作的发展是先头后脚，先躯干后四肢，先大动作后精细动作。

在进行婴幼儿动作训练的时候，要考虑婴幼儿的年龄。根据各个年龄阶段动作能力的发展状况，确定训练方法。在 0 岁—2 岁时，应重点训练前外侧触觉和抗重力大肌肉群，其具体训练项目可包括：使用不同质地的触刺激，接触孩子的皮肤；按摩婴幼儿的牙龈牙肉等口腔内部，进行口腔刺激；对于还不会爬的孩子，应先维持其四肢支撑身体的姿势；对可爬行的孩子，进行爬行训练并逐渐适量增加爬行时间。2 岁—4 岁的幼儿，重点训练粗大动作功能的发展，这一阶段的具体训练可鼓励孩子不用视觉，单靠触摸来辨别物体，并多提供多种质感的玩具，还要鼓励孩子进行一些简单的跳跃、平衡运动。

2. 婴幼儿的感知觉发展

婴幼儿的感知觉发展主要有视觉、味觉、听觉、嗅觉、触觉、统觉和知觉七个方面的发展。

（1）视觉

婴儿出生时已有光觉反应，强光照射闭目，但眼的运动尚不协调，有一时性的斜视或轻度眼球震颤，这种情况一般在生后3周—4周后消失。出生第2个月有颜色辨别能力，并能协调地注视物体。3个月时眼睛可追寻活动的玩具或人。4、5个月的婴儿能够认识母亲，看见奶瓶、玩具等刺激物表示出明显的喜悦。视觉与整个人心理发育有极大的关系，为了发展婴儿的视觉，可在孩子的床上方距婴儿胸部50厘米左右的地方，吊一些色彩鲜艳、体积较大的气球或玩具，或让玩具发出声音，以吸引孩子的兴趣和注意力，刺激孩子视觉功能的成熟，使婴儿对鲜艳的色彩有较强的捕捉力。

（2）味觉

新生儿出生后数天味觉就相当灵敏，对各种不同味的食物有不同反应。到婴儿期，对味觉的反应就更为灵敏，这时可以给予一定的气味刺激，促进味觉的发展，如用筷子在饭菜上蘸一下，让孩子品尝一下味道，可有效地激发新生儿味觉的发育。

（3）听觉

婴儿出生时由于中耳鼓室未充盈空气并有部分羊水潴留，妨碍声音的传导，故听觉不太灵敏，但对强大的声音可有瞬目、震颤等反应。但到2周时便可集中听力，如出现声音刺激，头或眼睛会转向声音的方向。6个月时对母亲语音有反应，约8个月能区别语音的意义。

（4）嗅觉

婴儿嗅觉发育较差，一个月后才能感到强烈的气味，7、8个月后嗅觉发育完善，出生后第二年内才能识别各种气味。

（5）触觉

新生儿的触觉在某些部分已发育得很好，如眼、手掌、足底等处。7个月时的婴儿触觉有定位能力，即当刺激皮肤某点处，已可准确地抚摸被刺激的地方。

（6）统觉

在6个月后，父母就应该注意发展婴儿的视觉、听觉、触觉的协调性，通过良好的外界信息和刺激，促进婴儿智力的早期开发，使孩子的身心得到健康的发展。

（7）知觉

婴幼儿知觉发展包括：空间知觉、图形知觉和时间知觉的发展。空间知觉发展的特点是：先学会分辨上下，然后会分辨前后，最后才学会分辨左右。不同方位分辨的难易也有差别，即分辨上下比分辨前后容易，分辨前后比左右容易。幼儿对空间方位的辨别，是从以自身为中心过渡到以其他客体为中心的空间方位辨别。成人在动作示范的时候，特别是左右示范，往往需要以幼儿为中心的方位进行。图形知觉和时间知觉都是在逐步的心理发育过程中渐渐习得的，家长在这段时间内可以通过教导婴幼儿帮助他们发展图形知觉和时间知觉。

3. 婴幼儿语言的发展

婴儿的语言发育时间在一周岁前后，每月大概掌握1—3个新词汇，1.5周岁前后掌握的词汇量剧增，从而形成词语爆炸性发展的现象。这段时间也是婴儿掌握语法的敏感时期。

幼儿阶段（3—6岁）是人一生中词汇增长最快的时期，这时家长应让幼儿进行适当的词汇学习和对词汇的使用，并让孩子多进行讲简单故事的练习等，这也有利于幼儿抽象思维的初步形成，提高幼儿的语言表达和理解能力。这个阶段幼儿的语法发展趋势有三个特点：从简单句到复杂句；从陈述句到多种句型；从无修饰句到修饰句。而言语表达方面3岁前的婴儿主要以问答形式的对话语言为主。如“你是男孩还是女孩啊?”“女孩。”到了幼儿期，孩子想到什么说什么，内容没有必然的联系，逻辑性较差，话语内容多和周围情境有关。

4. 心理理论能力的发展

心理理论（theory of mind）能力是一种通过将观察和推理相结合，才能表现出来的人际交往的基础能力。观察外界环境、情境和他人的动作，可以猜测出他人的心态、意向，并预测对方下一步行为的能力，是一个人社会行为的最基本的特征。4岁左右的儿童发展出这种能力，为日后发展人际交往能力打下了基础。心理理论能力的发展障碍是自闭症发生的病理心理学基础。

（二）婴幼儿的心理障碍和预防

婴幼儿时期的心理问题主要有：由于营养摄入不足或不平衡造成婴幼儿的大脑和心理发育障碍，不良的进食习惯、睡眠习惯和大小便习惯，言语障碍，负性情感（如忌妒、恐惧、分离焦虑），以及某些不良的行为问题（如吮吸手指或衣物、咬指甲、拔毛发等）。1岁以上的儿童心理障碍主要是四大方面的问题：注意力不集中，学习能力障碍，情绪性格问题和心理理论形成的问题。预防这些心理障碍要从围产期的孕妇的卫生保健做起，注意生活环境的调整和胎期的保健卫生，出生后给婴幼儿创造一个健康、温馨的生长环境，多和婴幼儿进行语言、情感上的交流。

二、学龄少年儿童的心理发展

学龄儿童随着生活环境、人际关系和每日任务所发生的较大变化，付出的体力和精力都与幼儿期有了很大的不同，一般智力和情感智力的发展成为促进脑和身体进一步发育的动力之一。

（一）少年儿童的智商和情商

小学儿童心理发展的一般特征主要是协调性和过渡性。这个时期的孩子踏入了一个新的生活环境——学校，为其一般智力和情感智力的发展提供了客观条件，所以学龄期对孩子智商和情商的发展是较敏感的时期。

1．智力发展

少年儿童的智力发展主要体现在：适应环境的能力，学习的能力，抽象思维和推理能力以及问题解决的决策能力。这是由于进入小学学习生活，要求儿童具有主导活动能力。小学学习不像幼儿园或其他非学校机构的培养，它具有社会性、目的性、系统性以及强制性。儿童在这里接受的知识是被系统化的以及带有强制性意味的。最初儿童主要对学习过程本身和外部活动更感兴趣，如语文课本上的插图、老师边游戏边教学的方式等。这个时期的儿童教育，教师应实施多样化的教学方式，尽量采取活泼、游戏性质较强的方法教授知识，这样比较容易吸引儿童的注意力。但到了中高年级，儿童的学习兴趣就从表面化逐渐转向了课程内容本身，这时会逐渐出现偏科现象。小学期间，儿童的思维推理能力主要以具体形象思维为主，正在由具体形象思维向抽象逻辑思维过渡。因为是过渡阶段，思维发展难免出现不平衡状态，有的儿童可能在语言表达上发展得较好，有的则可能在算术方面发展较好，这也是偏科现象出现的原因之一。推理能力方面，小学儿童逐渐掌握了直接推理，应以培养间接推理为主。

最后，对于问题解决和决策能力的发展和培养，在小学阶段主要还是以思维的敏捷性、灵活性以及独创性为主。培养思维敏捷性的常用方式就是培养运算思维，但是这也依赖于知识结构、技能等多方面条件，合理的教养方式可适当加快思维敏捷性的发展。在思维的灵活性上，教师适量出一些一题多解的题目，可以培养儿童的发散性思维和灵活解题能力，以及提高综合分析的能力。独创性思维的发展在小学四年级时达到一个转折点，这个时期的儿童首先对具体材料进行加工，如词汇材料的加工，之后模仿原材料进行半独立性过渡，最后进行独立创作。如教师先给一篇标准范文，要求儿童模仿标准范文进行写作，之后脱离标准范文框架进行独立写作。

2．情商发展

（1）自我意识的发展。小学儿童和幼儿最大的区别，在于有了更为具体的自我意识。通过对小学儿童进行自我描述和自我评价的调查发现，小学儿童对自我的描述，先以外部特征为主，再向抽象心理品质的描述发展。具体外部特征描述在低年级较为突出，如姓名、年龄、性别等，而高年级儿童倾向于描述自己的性格、人际关系等。自我评价方面，低年级儿童顺从、笼统，其评价是具体性描述过程。而高年级儿童则有一定的独立见解，对多方面优缺点进行评价，属于抽象性描述过程。但总体来说这个时期的儿童对抽象性的和内心世界的评价并不多。值得注意的是，观察发现自尊心强的儿童的自我评级总是很积极，而自尊心低的儿童偏向自暴自弃。

（2）友谊观念和人际关系的发展，在小学阶段得到了开发。由于心理发展和进入学校的缘故，儿童开始逐步形成和同伴的关系、和教师的关系。这些关系对儿童的成长有着举足轻重的作用。在这个阶段，儿童和父母的相处时间不再像以往那么多，父母对儿童的关注也减少了很多，关注的重心发生了很大变化，从幼儿时期的生活和行为习惯逐渐扩展到交友、学习、处理师生关系问题上。与同伴的交往在儿童的心理发展上有重要的意义，儿童由此开始建立起稳定长久的友谊观念，与此同时，情商取得了较快发展。在此阶段，家长和教师应及时给予正确的引导，帮助儿童更好地成长。

(3) 小学儿童和教师的关系很重要，儿童对家长的依恋转移到教师身上，教师的期望和态度对儿童的成长有很大的影响。心理学家做过一个著名的心理实验，对小学 1—6 年级学生进行智力测验，测验后从中随机选取了几个学生，告诉教师这些学生是天才。经过一段时间后，再对同样一群学生实施心理测试，发现原先抽取出的几个学生成绩比原来都有了显著的进步，低年级的学生尤其明显。这个实验说明了教师对儿童的发展期望确实是起到了一定的作用。所以，在教学中教师应尽量给予儿童关注，注意自己对儿童的态度，这对儿童的发展十分重要。

(二) 少年儿童常见的心理障碍

常见的影响学习的儿童期心理障碍主要有以下四种：

1. 自闭症

自闭症（autism），又称为孤独症，是一种伴有社会交往、言语交流和行为动作等多方面症状的严重心理发育障碍疾病。多起病于两岁前后，男孩明显多于女孩，国内外文献报道的男女患病比例为 6:1。自闭症儿童脑深部白质发育不良，已在前面讨论。

2. 失读症

20 世纪 70 年代，人们发现不同失读症（dyslexia）之间有着更为精细的差异。具体词汇与抽象词汇、规则性拼音词与不规则拼音词的分离和选择性失读症，以及由于字词视知觉和注音功能不足引起的周边性失读症（ peripheraldyslexia ）与中枢性失读症（ centraldyslexia ）。就中枢性失读症而言，又可分为表层失读症（ surface dyslexia ）和深层失读症（ deep dyslexia ）。表层失读症不能在一些特殊字形和读音之间很好地完成转化，如在英文阅读时，能够读出规则拼音的单词和非词汇的无意义英文字母，但对不规则拼音的英文单词则读不出来。深层失读症在词形和词的语义之间的转化中发生障碍，病人对语义具体的单词能够正确读出来，但对语义抽象的单词却读不出来。由此可见，单词视觉的词形不能正常转化为语音，或词形与词义之间转化障碍，是表层和深层失读症的语言学命名基础。因中风等疾病引起的脑中枢障碍所出现的失读症称为获得性失读症；相应地，少年儿童期的失读障碍称做发展性失读症。2005 年 11 月《科学》杂志报道，发展性失读症具有遗传分子生物学基础：人类第 6 对染色体上的 DCDC2 基因组丢失了短链 DNA，可能是导致失读症的物质基础；第 3 对染色体上的 ROBO1 基因组被第 8 对染色体上的基因片段歧变插入，是造成失读的原因。这三类基因突变导致脑发育不足，特别是大脑皮层内的长距离神经纤维发育不足，最终表现为失读症。

3. 注意缺陷多动障碍

注意缺陷多动障碍（attention-deficit hyperactivity disorder，ADHD），是发生于 6—7 岁学龄儿童并可能迁延至成年的一种行为异常。主要表现为注意障碍、活动过度、冲动等类核心症状。疾病表现为三种类型：注意缺陷型、多动冲动型和混合型。

4. 学习障碍

学习障碍（learning disability，LD），是一组多源性综合征，指智商正常的前提下，儿童阅读、书写、拼字、言语表达或计算等方面存在的一种或一种以上的行为障碍，该病原因至今未明。

三、儿童脑和心理发展的关键期问题

美国北卡洛莱纳州立大学儿童发展学院贝利（Bailey）教授是 1999 年美国教育部组织解决关键期争议问题的首席专家。在 2002 年的《早期儿童研究》季刊上，他发表了题为《关键期对早期儿童教育是关键问题吗?》的论文，较全面地介绍了儿童教育中的关键期概念产生的背景、在美国掀起的应用热潮及其存在的问题。

贝利说，“关键期”的概念最早出现于 20 世纪 20—30 年代胚脑学、神经生物学和生态学研究领域。早期胚胎细胞（现代称之为“干细胞”），是指一种原生细胞，若给予适当条件，就可以发育成多种功能的体细胞。由于从这种细胞诱导出不同体细胞的时间是短而有限的，因此将之称为诱导的“关键期”。发育神经生物学把这一概念引用于描述动物学习、记忆训练，脑内神经元之间形成新的突触联系，有一定的时间性。对于关键期的概念，最得力的科学证据是 20 世纪 60 年代胡伯尔（Hubel）和维塞尔（Wiesel）对猫和猴的实验。他们把刚出生几个月的猫或猴的一只眼睛的眼睑缝起来，过了称之为“关键期”的一段时间后，再把眼睑打开。结果发现这只眼睛永远也不会恢复功能了。如果把一只成年猫或猴的一只眼睑缝起来，经过同样长的时间再打开，那么这只眼的功能就不会丧失。由此证明在视觉发育中存在一个“关键期”。

从 1964 年到 1975 年间，“关键期”的概念在美国社会掀起很大的波澜，甚至影响到国家和州议会的立法。以关键期的概念为基础，联邦立法机构通过一批有关儿童早期教育的法令，建立了许多干预儿童早期教育的组织机构。贝利教授评论道，实际上这一潮流是无意义的。其一是由于许多科学家都置疑“关键期”

对教育工作的价值；其二是由于当时多数家庭主妇因为要增加家庭经济收入，正在争取走出家门寻找工作，使得抓住“关键期”加强幼儿早期教育难以付诸行动。到20世纪90年代，由于“关于儿童早期教育和学习”的白宫会议等因素，“关键期”问题再度受到美国社会的普遍关注，几乎在全美国各州都掀起了资助儿童和改善幼儿教育条件的热潮。

但“关键期”在儿童教育和人的一生成长中真的那么重要么？此问题受到科学界的普遍置疑，约翰·布鲁尔（John Bruer）的专著《第一个三年的神话》最具有代表性。在科学界的普遍反对声中，1999年美国教育部直属的关于早期教育和学习国家中心召开了题为《对关键期的关键思考》的工作会议，邀请神经科学家和早期教育专家共同讨论“关键期”的问题。这次会议得出了以下六点一致意见：

1. 关键期有明确的动物实验研究作为科学基础。动物实验证明，一些生物功能存在着发育的关键期，在一定时期选择性接触一些物质，如可卡因和铅，就会导致这些功能的损伤。既然在关键期概念中，主要前提是动物实验，那么这些结论可否应用于人类，是值得进一步研究的。然而，这种感觉剥夺实验和毒物实验的条件，绝不可能在儿童现实生活中发生。

2. 在人类早期发育和心理发展过程中，绝不可能进行这类关键期的实验研究，也不可能像动物实验那样，观察人脑切片或者完全剥夺一个孩子的语言环境。因此，儿童发育是否存在关键期的问题，永远也不会有准确的答案。

3. 尽管动物实验证明不仅存在关键期，而且错过该关键期，事后给予同样条件，失去的功能再也不会获得。另外，人类脑功能重组现象的报道也仅见于婴儿期脑外伤后。然而近年不少大龄儿童脑外伤，甚至成年人脑损伤，都有康复的实例。建议用“敏感期”的概念代替关键期，它比较柔和，时间伸缩性大，也不会有错过该期就会永远失去重新获得该功能的消极意义。

4. 关键期可以应用于基础生物学过程，但不完全适用于脑高级功能。例如可能适用于基本视觉功能，但不适用于第二外语学习、阅读学习、数学计算能力以及解决问题能力的发展。这些高级功能有广泛的条件要求，不可能为其发展确定一个明确的狭窄的时间窗口——关键期。

5. 一旦人们能够学到一种技能，学会、学好，直到好上再好的“时间窗口”是很长的。事实上并不存在某个打开后很快就会关闭的“关键期窗口”，更不会有窗口关闭后就不能再学会的可怕后果。那种错误的结论使过了“关键期”的大龄青年终生遗憾，垂头丧气！

6. 虽然学习的窗口很长，但过了敏感期学起来会比较困难，例如第二外语的学习。这可能是机体可塑性下降的结果，在现实生活中可以采取更多的干预措施加以补救。

"关键期"在美国社会中的过度渲染，已经对社会造成了伤害。由于强调0—3岁对一生的重要性，引起一些家境贫困的双亲不现实地开销三年，希望以此改变下一辈人的命运。由于夸大宣传，使整个社会期望通过对三年早教的投资解决很多社会问题，这种期望必然会落空，结果导致更多的社会问题，乃至社会资源的耗费。

第四节 脑的衰老和老年人的心理发展

一、程序性细胞凋亡基因与神经退行性变化

神经退行性变化是生物体全身退行性变化的组成部分。退行性变化（degeneration）的主要分子生物学基础是程序性细胞凋亡基因（apoptosis DNA）。这种基因控制生物体内的许多生物化学事件，导致细胞形态学变化，包括细胞内空泡、细胞膜皱缩、细胞核破碎、染色质凝聚和DNA破碎，最终导致细胞凋亡。8岁—14岁儿童每天约有200亿—300亿细胞自然凋亡，成年人每天约500亿—700亿细胞凋亡。这些细胞的凋亡就像大树落叶一样是自然变化新陈代谢的过程。与细胞坏死（necrosis）不同，机体每天又会通过细胞有丝分裂（mitosis）产生新的细胞，所以细胞凋亡和细胞分裂是平衡的。

即使是儿童和年轻人，程序性凋亡基因也会每时每刻地发生作用，平衡性调节细胞分裂和细胞凋亡的关系。但是到中年以后，细胞凋亡的速度超过细胞分裂的速度，造成某些重要器官的缩萎和容积减少。从40岁—50岁开始，大脑逐渐萎缩，50岁时大脑平均重量为1 350克，15年以后可能只有1 200克，大脑皮层脑沟裂变宽，50岁以后大脑额叶每年缺失0.55%，高出脑其他区的退行性变化2倍（马永兴等，2008）。神经退行性变化是全身年老化变化的组成部分，任何50岁以上的中老年人，神经退行性变化都是不可避免的。但绝大多数中老年人的神经退行性变化并不会伴随出现退行性疾病，这是由于机体的代偿作用使继续生存的细胞发挥更大的生物学效应，代偿了凋亡的细胞。例如60岁—70岁的老年人脑细胞凋亡导致脑萎缩10%，表现为CT影像中脑室增大，脑沟裂增宽，但并不一定会表现为智能衰退。相反，年老心理学研究表明，老年人的晶态智力不但不比年轻人差，而且在某些方面还会优于年轻人。

伴随着脑结构的退行性变化，脑的血液供应减少了，80岁老人的脑血流量比青壮年降低了20%左右。由于脑血流量减少，脑内葡萄糖利用率降低，脑耗氧量也降低。总之，脑的能量代谢普遍降低。此外，与神经功能密切相关的某些脑内化学物质也发生了显著变化。参与神经细胞间神经冲动传递的一些活性物质，如单胺类的小分子物质和某些氨基酸与胆碱类物质，在脑内不同区的浓度都有所降低。和这些活性物质合成与代谢有关的大分子物质，如各种酶，也有相应的减少。值得注意的是，与神经内分泌功能有关的脑内代谢过程，在年老时发生

显而易见的变化。进入老年之前，人们就失去了生殖功能，这就是脑与机体神经内分泌功能降低的表现。神经内分泌系统由五个环节构成，其中三个环节都位于脑内，所以脑内的变化居于中心环节。

在脑结构和某些物质改变的基础上，脑的生理功能也发生了复杂变化。传统方法描记的脑电波，波幅和频率都趋于降低。这似乎与脑血供应和脑能量代谢降低是一致的。20 世纪 70 年代以来，被誉为“脑功能之窗”的平均诱发电位研究，发现这类脑电反应的晚成分随年老过程发生较明显改变，而早成分变化不大。前者表明脑中枢的功能在年老过程中发生了一定的变化；后者表明感觉传入功能改变不大。由此可见，电生理学的研究发现与心理学研究并不完全吻合。从心理学研究的事实来看，在年老过程中，感知和运动功能发生了显著改变，而高级心理过程未发生显著变化。由此进一步说明，脑结构和生理功能的退行性变化与心理活动的改变并不完全是一回事。

二、老年人的认知发展

每个人对外部世界的认识过程，就是他的认知心理活动，包括感觉、知觉、注意、记忆、学习、思维等许多心理过程。这些认知活动在年老过程中发生着不同程度的变化，有些退行性变化，也有些则继续发展。认识生理心理变化的客观规律，对于理解老年人的心理和提高老年人的身心素质，是十分重要的理论基础。

（一）老年人的感知与运动功能

感觉是客体个别属性在人脑内的反映，知觉则是人脑对客体各种属性的综合反映。人脑对客体产生感知觉的同时，往往还伴有与该物体相关的运动反应。所以，感知觉与运动往往是相互伴随的初级心理活动。这种初级心理活动制约于年老过程的退行性生理变化，其心理机能常常减退。但每个老年人身体情况不同，感知觉与运动功能的减退程度和出现时间各不相同，各种感觉系统的变化也并非平行地产生，甚至某一感觉功能的减退，并不是衰老的标志。例如，有人年轻时就出现视力减退的现象，一些人嗅觉功能减退出现得较早。

1. 视觉老化　视觉系统结构的老化现象，一般仅在高龄老年人中才会发生。由于眼外肌萎缩，眼球下陷，泪易溢出。角膜光泽变暗，在角膜—结膜交界处出现灰色环，称为老年环。瞳孔变小，水晶体变厚。由于脂肪沉积，水晶体变黄，且对蓝、绿光的吸收增强。玻璃体混浊，视网膜色素沉积。这些变化常使落入视网膜上的光线减少，是老年人视力减退的重要原因之一。光的绝对感受阈值在 22 岁时为 3 流明，到 60 岁时增加为 5—6 流明，对光强变化的差别阈值提高，特别是对蓝色光的差别阈值增高最明显。如果 20 岁时视力为 1.5，一般在 50 岁—60 岁时变为 1.0，80 岁时仅为 0.35，大多数人在 50 岁以后出现老花眼现象。对物体的空间知觉功能从30岁起即开始下降，而40岁—50岁时下降得较为明显。单眼保度知觉没有这样显著的老化现象，这说明依赖了双眼视差的深度知觉老化制约于大脑视皮层的退行性变化。颜色知觉的老化现象出现得比较晚，一般在70岁以后才开始，蓝绿色知觉减退得较为明显。两只眼睛的视觉减退现象并不是平行地变化。一些更为复杂的视知觉现象，如闪光融合频率、螺旋后效、双眼竞争与融合效应、图形几何错觉等，在青、老年人之间也都存在着显著的年龄差异。对复杂视觉信息处理所需要的最短时间，20岁时为200毫秒，之后每隔十年增加20毫秒。老年人看书的速度变慢，与眼的视力下降和视觉信息处理所需时间变长有关。充足的照明，从容不迫地阅读对老年人看书学习是很有必要的。

2. 听觉老化　听觉系统的结构老化在外耳的表现，主要是外耳道和耳咽管的阻塞，在中耳表现为听骨的骨质增生。外耳和中耳的这些变化常导致老年人重听。内耳老化与听觉功能减退的关系比较复杂，可分为感觉性老化、神经性老化、代谢性老化和传导性老化四种表现形式。感觉性老化由内耳听感受细胞的退化而引起，主要表现为高频声音的失听，但不影响言语听力。13%达65岁以上的老年人对高频声音失听。神经性老化表现为听神经纤维脱髓鞘化且纤维数减少，结果导致老年人对言语声音的鉴别能力和纯音听觉阈值的改变。代谢性老化是由于听觉系统血管萎缩、血流量减少，能量代谢率降低，导致对各种频率声音的听觉能力普遍下降。传导性老化表现为与耳蜗振动有关的结构变硬和萎缩，从而使各种频率声音的听力丧失。除听觉感受器发生老化外，在脑内与听觉系统关系密切的部分也发生相应的变化，如颞叶皮层神经元明显减少，轴突脱髓鞘化，听觉系统这些结构的老化直接影响听觉机能。59岁—65岁老年人的纯音听觉阈值明显高于18岁—24岁青年，1 000Hz的纯音听阈相差10dB，4 000Hz听阈相差35dB，低音听觉的年老变化较小。两个纯音的差别阈在25岁到50岁之间呈线性增高。70岁老年人对两个中频声音的差别阈比青年人高一倍，对两个高频音的差别则增高两倍之多。对言语单词的知觉阈青年人为18. 5dB，74岁老年人则为42. 0dB；句子知觉阈青年人和80岁—90岁老年人之间相差20dB—40dB。由于言语听觉阈值的提高，70岁—79岁老年人言语的能懂度仅为20岁—29岁年龄组的1/2。老年人对环境噪声和说话回声的抗干扰能力下降，是其言语能懂度下降的原因之一。所以老年人谈话应在安静的环境中，讲话的速度应放慢，重要的词或句子要重复一下，以提高老年人的言语能懂度。

3. 嗅觉与味觉的老化　嗅觉与味觉相比，味觉的老化较快，74岁—85岁老年人舌上的味蕾数与4岁—20岁时相比仅剩余29%，味觉感受性随年龄增加呈线性下降。青年人可同时感知多种味道，而老年人往往仅能感知味道最强的成分，这说明年老过程味觉由多相性向单相性变化。嗅觉神经纤维数在50岁以前随年龄增长逐渐下降22. 8%，50岁以后迅速减少，到90岁时减少67. 7%。相应地，嗅觉感受阈在 50 岁—70 岁之间，以 1.14 的系数逐年增加，70 岁以后以 1.46 的系数逐年增加。

味觉与嗅觉的老化现象一般并不会给老年人的生活带来任何不便之处，年轻时不能吃的怪味食品，年老以后却不再挑剔，反而有助于提高老年人的营养条件。

4. 皮肤感觉的老化　皮肤感受小体的年老过程从幼年就开始发生了。新生儿每平方毫米皮肤分布 100 个感受小体，10 岁时分布 50—60 个，70 岁时仅剩下 10—20 个，有报告表明，触觉感受性在 15 岁—50 岁之间随年龄增长而增强，在 50 岁—80 岁之间随年龄增长而下降。高龄老年人对温度变化的感受性较年轻人差，因为他们的基础代谢率降低，体表皮肤温度较低。对于痛觉的年老变化，研究结果很不一致。一方面，痛阈测定未发现显著性年龄差异，说明痛觉感受性在年老过程中相对稳定。另一方面，临床医生们发现老年病人痛觉耐受性增高。最近的研究报道则认为，虽然 80% 的老年人常主述身体不适和躯体的慢性病痛，但以多种科学方法的对比研究表明，在老年病人与年轻病人中，疼痛感并没有显著的年龄差异。

5. 老年人的运动功能　老年人的关节、韧带、肌肉和神经系统的退行性变化，常常引起运动功能的降低。20 岁的青年人反应时最短，20 岁—50 岁之间反应时缓慢增长，50 岁—70 岁尤其是 60 岁—70 岁之间反应时迅速变慢。简单目标运动的速度和准确性从 20 岁起逐渐变差，年轻人完成这类作业时运动神经的发放是连续性的，老年人运动神经的发放则是断续性的。一些更复杂的运动与年龄增长并不是这种简单的线性相关，例如抄写不成句子的一些词或数字时，20 岁—50 岁的被试之间没有显著差异，50 岁—60 岁之间稍微变慢，60 岁以后才显著变慢。这些复杂的运动功能与职业训练的关系比其与年龄的关系更大。最近的研究报告对比了完成同一作业时，手的运动反应时和口头报告的反应时，结果表明，无论是青年组还是老年组被试，口头反应时总是长于手的运动反应时，随作业的复杂程度升高这种差异更显著，但口头反应时的年龄差却比手运动反应时小。专家认为由于在口头反应中有较多中枢环节的参与，在年老过程中口头反应时变化不大，说明中枢处理速率变化得较小，在手运动反应时的年龄变化中，外周因素更为重要。

除了反应时和运动时的研究外，对动物防御跳跃反应的实验发现，老龄大白鼠防御跳跃反应的强度和耐久力也显著低于青、中龄大白鼠，可能与其能量代谢率降低有关。

（二）学习过程的年老变化

在心理学理论体系中，学习过程有多种定义，并且有多种模式的学习类型。传统心理学认为学习就是联想的形成过程，把关系不十分紧密的事物在头脑中建立起一种联系，或在刺激和反应之间建立起联系的过程就是学习。现代心理学则认为除了联想式学习模式之外，还有非联想式学习、观察模仿式学习或认知学习等。由于各种学习模式的脑机制不同，在年老过程中脑结构功能老化的非匀质性，决定了不同类型的学习过程的老化进程也不相同。一般而言，简单运动式的经典条件反射性联想学习老化得显著些，与知识积累程度关系密切的前后关联式学习（contextual learning），则没有发生显著的衰退现象。

1. 经典条件反射式学习的老化

20 世纪 80 年代，学习记忆脑机制的研究取得了许多突破性进展，其中之一就是关于小脑深部核是瞬眼条件反射的最基本中枢。这种学习行为模型建立过程是先发出一个声音，大约半秒之后就向动物眼睑吹一股气流，动物立即闭眼（瞬眼反应）。经过这种训练之后，声音刚一发出，不等半秒之后的气流出现，动物就闭起眼来从而避免了气流刺激，这种学习称为瞬眼条件反射。这一理论发现，对老年人学习心理学问题具有重要意义。无论是人还是动物，在年老过程中小脑的退行性变化是较为明显的，小脑浦肯野氏细胞数随增龄而减少，与这种细胞功能相关的纤维，如攀缘纤维、苔状纤维、颗粒细胞的并行纤维也显著减少或退行性变化。这些变化既影响感觉运动反应的速度、灵活性、协调性，也影响与之相关的瞬眼条件反射建立过程。

2. 语词联想式学习

语词联想式学习，是老年心理学研究中较经典的学习模式。先让不同年龄的人学习，把一些词之间建立配对联想，称之为学习时相；随后有一个测验时相，检查学习效率。只要向老年人提供足够的学习时间，学习成绩并没有显著年龄差。除了学习进度的因素外，学习语词材料的难度对老年人的学习也有重要作用。词意本来就有较高相关性的语词材料学习，青、老年人之间差异不显著，而对那些本来词意无关，硬要建立新联想的语词学习，则存在着年龄差异。语词联想学习实验中，老年人面对学习任务总是比年轻人紧张，这是他们学习变差的另一个原因。心率、血压、呼吸和血液内游离脂肪酸的一些生理指标分析发现，事先给老年人服用解除紧张、焦虑的药物，使学习过程中这些生理指标不发生显著变化，则老年人的学习效率明显改善。总之，经典联想式学习研究表明，虽然学习过程存在着年龄差异，但只要降低学习词表的难度，降低学习速度，减少老年人面对学习任务时的紧张情绪状态，老年人的学习就不比年轻人差。

3. 照片或图片认知学习的实验研究

上述语词联想学习过程与语词材料意义联想强度有关，那么非文字的图片或照片认知学习是否受年老过程的制约呢？对此问题有一种新的理论，认为非文字材料的学习自动编码，花费的精力较小，在脑内存贮的时间较长。对 20—34 岁的青中年组和 60—75 岁的老年组被试呈现 54 张照片或 54 张画片，每张呈现 10

秒，分别重复1、3、5次，经过一段学习时相，一部分被试立即进入测验时相，另一部分被试经过10分钟后再进入测验时相，要求他对每张照片曾看见的次数作出回答，或回答其原来呈现时的部位（视野中心、左侧或右侧）。结果发现，无论是对照片或图片呈现的次数，还是对呈现的部位，两个年龄组学习成绩没有显著性差异。这一结果说明照片或图片的学习及回忆过程不受年老过程的影响。对这些被试的文化程度、教育背景进行统计分析，也未发现这种学习效果的差异。由此认为，图片或照片的认知学习既不受年龄的影响，又不受文化教育的影响，是一种相对稳定的自动编码过程。图形材料的认知学习，在年老过程中并不减退，但对于语义材料的认知学习，却表现出明显的年龄差异。

4. 语义认知学习

青、中、老三个年龄组进行不同层次的语义分类学习，要求被试看到鱼类名词按左手键，看到哺乳类动物名词按右手键，如果呈现的语词不属于这两类，则不给出任何反应。实验结果表明，随着训练次数的增加，各年龄组被试的反应时都显著加快。这说明学习过程加速了语词的鉴别反应，加速了人类信息处理系统的编码过程，且没有显著年龄差异。但进一步实验研究发现，随语义分类任务难度的加大，分类编码精细程度提高，则引起显著的年龄差异。如果分类学习任务只是区别生物类名词和非生物类名词，则学习效率没有显著的年龄差，但要求被试进一步区分哺乳类和非哺乳类，给出左或右手的鉴别反应，则发现老年组被试的反应时明显加长。这说明，老年人学习过程效率降低主要反映其精细编码的不足。

5. 前后关联式学习

这种学习模式既不同于经典条件反射或语词联想式学习，也不同于信息处理的认知学习，它强调学习是知识在每个人头脑中的现实化（knowledge actualization）。无论在正规化教育系统中，还是日常生活中，只要是学习材料或任务在每个人头脑中形成联系，理解和概括出它的意义，进行多层次的分析，包括语法水平、语音水平、词汇水平和语义水平的分析，了解其字面含义得到新的知识，就是学习过程。头脑中知识的前后关联过程也是学习。这种学习过程的研究发现，老年人阅历广、知识积累丰富，获新知识的效率并不比年轻人差。

从上述五种学习模式的研究中可以看出，年老过程的学习机能是否老化或降低，取决于对学习含义的理解、学习材料的难度、学习速度、学习模式、学习时的紧张状态等多种因素。联想学习理论的研究发现，经典的简单运动式条件反射建立过程存在显著年龄差，至于老年人语词联想学习是否变差，则取决于学习速度、学习材料的难易和学习时的紧张状态。信息处理学习理论的研究表明，非语言性图片或照片等空间信息加工的认知学习是自动性过程，没有显著的年龄差异，语义加工的认知学习，只在加工深度较高时，才呈现出显著年龄差异。前后关联式学习理论则把学习看成是知识积累过程，随年龄增长知识越多，越易在新老知识之间形成关联，所以年老过程学习能力并不降低。这样多的理论和研究方法足以说明，学习是比较复杂的心理过程，不同于感知觉或运动过程，它不仅决定于生理功能的老化，还制约于老年人的知识结构、生活经历、学习习惯、学习动机、学习兴趣、学习方法、学习材料和学习速率等诸多因素。老年人原有知识结构的框架较充实，新学习项目与之易发生关联，学习起来不要操之过急，由浅入深循序渐进，培养浓厚的学习兴趣，树立正确的学习动机，平时养成较好的学习习惯等，都能促进老年人学习效率的提高。对于勇于学习、善于学习的老年人，其学习能力是不会老化的。

（三）记忆的年老变化

记忆问题不仅是心理学各分支（实验心理学、认知心理学、生理心理学和神经心理学）所共同研究的重大课题，也是临床医学和计算机科学所关心的问题。因此，记忆研究的进展较快，近年来关于记忆年老变化的研究也有较大的发展。

1. 传统心理学对记忆及其年老变化的认识

传统老年心理学研究发现了老年人记忆的许多特征和规律。例如，随着年龄的增长，记忆能力变慢、下降，其具体特点为：老年人的有意识记忆为主，无意识记忆为辅；意义识记尚好，无意义的机械识记较差；再认能力尚好，回忆能力较差；远事记忆尚好，近事记忆较差……老年人的这些记忆特点，是由于他们记忆的抗干扰能力较差，记忆干涉效应比年轻人明显的缘故。传统心理学的这些结论，近年来被许多新研究方法所验证，在理论上有了较大的发展。

2. 老年人记忆衰退的认知理论和改善记忆的策略

认知心理学从信息加工的角度将记忆问题从传统心理学的定性描述提高到信息处理的定量分析水平，从而收集了大量科学数据，并概括出一些新的理论观点，用以指导改善老年人记忆策略的探索。

认知心理学将记忆分为三个阶段：感觉记忆（sensory memory）、初级记忆（primary memory）和次级记忆（secondary memory）；按信息处理的水平将记忆过程分为编码（encoding）、存贮（storage）和提取（retrieval）。在老年人记忆实验研究基础上，认知老年心理学家们对年老过程记忆变化规律提出了编码论和关联整合论。

编码论认为年老过程记忆减退的主要原因是精细编码不足。这种理论所依据的科学事实是记忆材料难度小时，没有显著年龄差异，难度增大时老年人的记忆减退现象，特别是次级记忆的减退才表现出来。这种记忆的减退现象在引入记忆线索的提示、说明、解释等措施，以加深老年人对记忆材料的理解和精细编码过程之后，就会得到显著改善。这种理论自20世纪70年代出现以来，不断发展完善，并逐渐将研究工作引向老年人记忆策略的探索。例如，中国科学院心理所老年心理研究组报道，分类复述法、联系法和制造联系法等，对提高老年人的记忆都是行之有效的方法。

关联整合论是20世纪80年代以来逐渐形成的新假说。这种理论认为编码论存在着严重的缺点，特别是在图形、图片、照片的记忆研究中未能发现编码论所预言的变比，老年人对图形与背景及两者关系的变化都很敏感，这些因素显著影响着老年人对图形材料的记忆效果。当认知的目标图形与背景之间整合得较差，无法形成统一的知觉或概念时，老年人的记忆较差，与年轻人相比年龄差异显著；改变图形与背景的关系，形成整合为一体的知觉或概念，就会显著改善老年人的记忆，且老年人记忆的改善显著优于年轻人。老年人记忆的改善，可通过两类操作而实现——概念整合和知觉整合，年轻人只能由概念整合而改善图形的记忆。所谓概念整合，就是将图形与背景或图形与线索间，通过某一概念而实现统一。例如，认知目标图形为蝴蝶，记忆线索为蚂蚁，则概念“昆虫”将之整合为一体，每当蚂蚁出现就会想起与之共同属于昆虫类的蝴蝶。与概念整合不同，知觉整合是操作两个图形使之构成新的画面，如一个樱桃和一只蜘蛛，可构成蜘蛛吃樱桃的新的知觉整合画面。在这类研究中，并不像编码论那样，对老年人或青年人进行语言提示或解释来加强其编码过程，均未能显著改善其对图形的记忆过程。由此进一步证实，图形记忆与语言材料的记忆过程具有新特点，无法用编码论加以解释。于是整合论应运而生，并由此得到改善记忆新策略：改变记忆目标与背景之间的关系，使之形成一个知觉整体，就会显著改善老年人的记忆能力。

三、老年人的智力发展

20世纪80年代以来，老年心理学对老年人智力问题的研究已从一般性描述，转变为探讨提高老年人智力的实验条件和手段，从对老年人智力是否一定会衰退的争论，转变为脚踏实地为开发老年人智力而进行实验研究。一些学者通过实验数据证明，即使对于随增龄而下降的液态智力，通过反复练习，使老年人对测验方法变得熟悉起来，也会显著改善智力测验成绩。20世纪80年代中期，许多老年心理学研究报告都证明，对于陌生的智力测验材料、难度大的材料，需要付出更多努力的测验项目和要求速度的项目，老年人的测验成绩都比年轻人差，但经过反复练习以后，老年人的这类智力测验成绩都比年轻人提高得更显著。这些研究工作使老年心理学关于智力和老年人智力变化的理论发生了根本性变革。当前老年心理学认为，年老过程中智力不断发生着动力改变，继续发展与增长。关键问题在于应该怎样认识老年人的智力，如何测验或考查老年人的智力。斯滕伯格（Sternberg，1985）提出智力的三元论，是这种理论发展趋势的典型代表。首先，人们生活或所处的环境、背景和条件不同，能力和智力的表现形式也就不同。传统心理学的智力测验方法和测验的环境条件，最不适于老年人智力的发挥。其次，智力与人们对环境的成功适应有关，应该用不同的方法测验不同种适应能力。最后，智力与经验有关，随着经验的积累，一种新奇、陌生的事物就会变得熟悉起来，经验丰富了，熟能生巧，就形成了专长和特殊才能。根据这种智力的新概念，老年人的智力不但不会下降，还会继续发展与增长。

当代老年心理学已积累了许多新方法，有助于老年人智力的发展与提高。第一，老年人应摆脱传统观念的束缚，坚信只要自己努力学习、勤于动脑，智力一定能得到发展；第二，老年人应从自己熟悉的、基础较好的问题入手，逐渐扩大知识面较易提高自己的晶态智力水平；第三，注意在文体活动、游艺中逐渐提高自己的液态智力水平；第四，有意识地运用心理训练方法加速智力的发展。反复训练法、反馈法、言语提示法、策略和注意、记忆训练法，都是提高老年人智力水平的行之有效的科学方法。勤奋的老年人永远是“老寿星”、“老智叟”。

四、老年人的情感

情感过程的复杂性决定了研究老年人情感变化的基础理论问题，必须采用多种方法研究情感变化的各个方面，如情感体验与情感表现、情绪与情感的关系、认知与情感的关系、情感变化的强度与频度、情感变化的生理心理因素与社会心理因素等等。因此，典型的心理学研究在被试的选择、分组标准、情感过程的具体特性、数据的处理与分析等方面，必须进行周密设计。

这里介绍一篇较为典型的研究报告。把经济生活和文化水平相近的 240 名被试分为三个年龄组：青年组平均 26 岁，中年组平均 46 岁，老年组平均 66 岁。每组又分为男、女性别不同的两个小组，每小组 40 人，均接受一份开放性情感问卷和一份封闭性情感问卷。封闭问卷由 40 项问题组成，其中 3 项问题考察被试对测验所持的态度。对其余 37 项问题的测验结果中 7 个因素进行主成分分析，考察这些因素在 6 个实验组之间的差异，从而找出两性老年人的情感活动规律。开放性问卷由 7 个未完成的句子组成，对被试填空完成这些句子的用词、内容和原因进行数量化分析。

结果发现，封闭性问卷的 7 项因素中，两项有显著的年龄差异。老年人比青年人和中年人更遵循控制自己情感的某些规范。反之，情感因素在生活中居于中心地位的特点方面，青年人比中年人更为显著，中、老年人之间没有显著性差异。男性被试认为他们比女性更能控制和隐藏自己的情感，而女性被试却自称自己尽最大努力克制自己的情感表现。情感在女性生活中占据更为重要的地位。对于愤怒、喜悦、厌恶、害羞、恐惧、焦虑、兴趣、激动和悲伤等七种不同情感而言，老年人比青年和中年人更愿意控制自己的喜悦、悲伤、愤怒和厌恶的情绪。另一方面，与中、青年人相比，老年被试更倾向于认为自己应控制兴趣、激动和害羞的情绪活动。对恐惧情绪所持的态度，未发现任何年龄差异和性别差异。

在开放性问卷中经研究发现，在描述自己七种基本情感的用词中，只有两种情感具有明显的年龄差异，其他五种情感没有年龄差异。对于喜悦情绪描述的用词中，老年人用词显著少于中、青年被试。在描述害羞的情感时，男青年用词多于女青年；中年和老年两性之间有相反的关系，即中、老年妇女描述自己害羞情感的用词多于男性。各年龄组的被试中，对喜悦、激动和焦虑等三种情感体验的描述用词，女性被试均显著多于男性。

在引起各种情感变化的原因方面，发现在喜悦、悲伤、焦虑、愤怒、害羞和厌恶等情绪引起的原因中，自身原因和他人原因的出现率有显著差异。一般说来，除害羞情感多由自身行为引起外，其他情感多由他人行为引出。激动情感中自身原因和他人原因的引发率是相等的。在兴趣、激动、焦虑和害羞等四种情感产生的原因中，有一定的年龄和性别差异。老年人很少因其他人的行为引起自己的激动情绪；青、老年人很少把别人的行为看成是引起自己焦虑情绪的原因；中年人比青年和老年人更倾向于认为自身原因引起害羞的情感。

在几种情感的具体内容方面，也有一些年龄差异。虽然各年龄被试报告悲伤的低沉情感主要表现为对身体中健康问题的忧郁感，但这种情感随年龄增高而增强。对气愤情绪而言，就青、中年人来说主要决定于事情是否符合自己的心意，其次是个人的得失，最后是个人不愉快的遭遇。对于老年人来说，主要因个人得失而生气，其次才是为是否符合心意与不愉快遭遇。七种情感中，在厌恶情绪内容方面有明显的性别差异。男性厌恶个人得失的频率大于女性的两倍，女性厌恶身体和生理问题的频率是男性的两倍。

从上述结果中可见，老年人比中、青年人更遵循控制自己情感的原则。那么，老年人的内心体验是否伴有表情上的抑制？在封闭问卷研究中，情感抑制因素由两项问题组成，情感控制因素由七项问题组成。两者之间的相关系数在老年组中未达到显著性水平。这说明老年人遵循控制自己内心感情变化规则，并不必然地造成面部表情的贫乏。就各项情感内容的年龄差异而言，老年人对恐惧、焦虑的情感表现与青、中年没有差异。说明在年老过程中这类情感活动并未发生任何变化。至于其他阴性情感，如气愤、厌恶和悲伤等，并未发现与年轻人有何显著差异。因此，认为年老过程情感趋向于忧郁、悲伤、孤独等阴性情绪的看法是缺乏科学根据的。可能一些学者所观察到的一些现象，是由疾病或社会因素与不幸生活事件引起的。孤独、悲伤、忧郁情感并不是年老过程必然伴随的情感变化。

总之，根据这项研究的结果可知，老年人对情感的体验和对情感的表现，与中、青年相比相同之处多于不同之处。某些研究中关于年老过程情感的变化，可能是性别因素和出生年代不同所引起的。此外，随着社会经济的发展，老人的晚年生活条件不断改善，老年人的情感活动和中年与青年的差别越来越小。年老过程中的情感活动是相对稳定的，即使有些变化，也是生活条件、社会地位变化所造成的，并不是年龄本身所决定的。

五、老年人的个性

埃里克森从人们一生中的重大生活事件中分析人格的动力发展。他把人的一生分为八个阶段，前五个阶段为人格形成过程（成年以前的时期），后三个阶段分别是青年、成年和老年期。每个阶段都有其自我发展和扩张的特殊要求，如果这种要求得到满足，则人格发展比较充实，能力和性格也得到完善发展，否则人格发展就受到损害。青年时期的主要矛盾是亲密感或孤独感。亲密感就是把自我融合到其他人的自我中去，共同享受自我发展中的理想、目标和情感，而不必为失去自己身份而担心，否则就会出现孤独之感。在成年期，主要矛盾是多产或停滞。多产就是为社会的维持和发展作出自己的贡献，创造产品或为社会服务，或者养儿育女。如果不能完成这些使命，就会出现停滞的感觉。老年期的主要矛盾是人格的完整性或绝望之感。人们体会到生命即将结束，回首往事，如果感到自己在成年期各方面都得到了发展，老年期就会感到人格的完整性。否则，他们就会感到绝望，感到自己是无用之人。埃里克森的理论强调八个发展阶段的顺序性，老年期的人格特征和类型决定于前几个时期人格发展的情况，特别是成年期人格完善的程度。

国内外的老年心理学研究广泛采用“生活满意度”的心理测验方式调查生活满意指数，将积极的情感测验分数扣除消极的心理状态测验分数。在一多年纵向研究中，考察了5 000多名32岁—87岁被试的生活满意指数，结果非常稳定，没有任何显著的年龄差异。所以，随着社会经济文化的发展，老年人的个性和对生活的满意程度是相当稳定的。

【建议参考资料】

1. BAILEY D B. Are critical periods critical for early childhood education? The role of timing in early childhood pedagogy [J]. Early Childhood Research Quarterly, 2002, 17: 281 - 294.

2. FIELDS R D. Neuroscience: changes in the brain white matters [J]. Science, 2010, 330: 768 - 769.

3. LENROOT R K, GIEDD J N. Sex differences in the adolescent [J]. Brain and Cognition, 2010, 72: 46 - 55.

4. MILLER G. Genes that guide brain development linked to dyslexia [J]. Science, 2005, 310: 759.

5. SCHLOLZ J, KLEIN C K, BEHRENS T E J, et al. Training induces changes in white-matter architecture [J]. Nature Neuroscience, 2009, 12: 1370 - 1371.

6. ULLEN F. Is activity regulation of late myelination a plastic mechanism in the human nervous system? [J]. Neuron Glia Biology, 2009, 5: 29 -34.

7. WICKELGREN I. Autistic brains out of Synch? [J]. Science, 2005, 308: 1856 -1858.

8. CAREMT J, MAGASAMEN S H. Neurosciences and education: an ideal partnership for producing evidence-based solutions to guied 21st central learning [J]. Neureon, 2010, 67: 685 -688.

9. CHRISTODAULOUJA, GAABN. Using and misusing neuroscience in education-related research [J]. Cortex, 2009, 45: 555 -557.

10. MASON L. Bridging neuroscience and education: a two-way path is possible [J]. Cortex, 2009, 45: 548 -49.

11. RUDOY J D, VOSS J L, WESTERBERG C E, et al. Strengthening individual memories by reactivating them during sleep [J]. Science, 2009, 326: 1079.

12. SUMMAK S S, SUMMAK A E G P, SUMMAK A. Buiding the connection between mind, brain and educational practice; roadblocks and some prospects [J]. Procedia Social and Behavioral Sciences, 2010, 2: 1644 -1647.

【问题与思考】

1. 人类脑和动物脑相比，有哪些不同?

2. 何谓脑白质? 对于人脑白质结构和功能的近年研究有哪些新发现?

3. 儿童心理和某些能力发展“关键期”的概念，在科学上有何不足? 对教育发展有何消极作用?

4. 男、女之别的生物学和脑科学渊源及其对教育工作的意义是什么?

第四章 意识、睡眠和梦的生理心理学

【本章提要】

本章从意识的基本属性，即清晰性、觉知性、层次性和复杂性谈起，介绍了意识的脑功能基础。意识作为人类物种特有的本能，其脑功能基础具有定位性，主要是脑干网状上行激活系统对大脑皮层唤醒水平的维持机制；作为人类最高级复杂心理活动的意识，是全脑的功能，是六维超立体结构的脑在系统发生、个体发生和个体生活经历的三个时间轴上的动态映射。这种高级意识模块是动态时变的，每一瞬间变化既涵盖了个体习得的习惯性行为模块，又投射出人类本能行为模块和动物本能行为相关的脑功能模块的某些特征。睡眠也是一种本能行为类型，本章着重讨论了人类的睡眠类型、睡眠周期和睡眠的功能，特别介绍了近几年关于睡眠对记忆巩固作用的实验证据。

【学习重点】

1. 意识是瞬息变换的功能体系，又有相对恒定的基本框架。意识的清晰性主要以脑干网状上行激活系统为主要中枢，无论是动物性本能行为还是人类的本能行为，所伴随的自我意识和环境意识，都以固定遗传下来的明显的复杂脑功能回路为基础。

2. 制约于社会文化和个人经验基础之上的高级意识，如社会价值观、宇宙观等，是非本能的习得性心理现象，也是人类所独有的人脑动态时变的功能系统。

3. 人类的睡眠有两种类型，每夜 4 个—6 个睡眠周期。

4. 梦是睡眠中脑局部活动所产生的心理现象，两种类型的睡眠都伴随着梦，但梦的特点不同。

5. 睡眠中可能有记忆巩固的效应。

【重要术语】

意识的清晰性　意识的觉知性　慢波睡眠　异相睡眠　上行网状激活系统

一个人只有在意识清晰的背景下，才能正常进行心理活动；处于睡眠状态或还未从睡眠中完全过渡到清醒状态，都不能进行正常的心理活动。所以，本书在讨论知觉、注意、学习、记忆、语言、思维等各种心理活动之前，先讨论意识、睡眠和梦的问题。除此之外，近年来在睡眠与记忆巩固问题的研究中，取得了一些新进展，值得教育工作者给予高度的重视。

宇宙、生命和意识的起源是人类文明发展必须面对的三大科学难题，其中意识问题最为复杂。由于科学方法学所限，难以将意识纳入实证的研究轨道，长期以来只能对其进行哲理探讨或行为水平上的研究，也无法观察大脑内部的变化机制。20 世纪 40 年代—60 年代电生理学研究发现了脑干网状结构与睡眠和觉醒有关，曾掀起脑和意识的研究热潮。20 世纪的最后十多年间，在认知科学、神经科学与心理科学三大相关领域中，都出现了突破性进展，更可喜的是三者彼此融合，出现了多层次跨学科研究的认知神经科学。它从认知科学中吸收四大理论成果（模块论、生态论、联结论和模糊集理论），又从心理科学中吸收了两类心理过程的新概念（内隐与外显）及其功能模块的实验分离技术，还从神经科学中吸收了多层次研究的新手段（无创性脑成像技术，基因组分析以及基因剔除和转基因技术）。因此，这一时期形成了意识与脑研究的新热潮，召开了许多国际学术会议，并有许多论著面世。

第一节　脑和意识

意识一词的含义较多。一位医生接触病人时，病人的意识是否清晰，是首先关注的问题；一位教师接触学生时，学生的仪表和神态也十分重要，安静、礼貌、好学是教师所期望面对的学生。所以，无论医生还是教师面对自己的工作对象，都很关注其意识状态。但是对于政治干部和人事干部，他们关注的却是较高层次的意识内容和思想品德。哲学家和政治家们关注的不是某个人的意识状态和思想品德，而是社会意识形态。生理心理学只限于讨论人的个体意识状态、意识内容与脑的关系。这里涉及的意识内容也是十分浅层的，主要与知觉和注意相关，比如所要讨论的自我意识和环境意识，并不涉及高层次的价值观、审美观和世界观。我们把这些高层次的意识内容笼统地称为意识的复杂性，而把意识状态称为意识的清晰性，浅层的意识内容概括地讨论为意识的觉知性。

一、意识的基本属性

清晰性、觉知性、层次性和复杂性是意识的四个最基本的属性，意识的基本属性也是生理心理学研究的主要问题。

（一）意识的清晰性

意识的清晰性是指某人的神志清醒，自我意识和环境意识正常。神经精神科医生接待一个就诊病人，首先必须对其意识清晰性作出准确诊断。一个人的意识清晰度可由其姿势、衣着、面貌、表情、对话等加以判断。坐立自如、步态稳健、年貌相称、衣着适切、谈吐有理，是意识清晰的外观表现。在这类关于意识清晰度的一般观察和描述之后，医生还必须对病人的自我意识和环境意识的清晰度进行检查。

1. 自我意识清晰度

通常从询问就诊病人的年龄、职业、家庭住址开始，随后请其描述有何不适，为何来见医生，个人既往病史、现病史等。

2. 环境意识的清晰度

环境意识清晰度判断，首先进行定向力检查，包括时间定向力、空间定向力和人物定向力。

（1）时间定向力：指某人对现在所处的年份、月份、季节、上下午，乃至从住处到医院的路程经过多少时间等的回答情况。

（2）环境定向力：指该人对目前所处环境的描述是否正常准确，对东、西、南和北的方向判定是否正确。

（3）人物定向力：指能否正确说出周围人的身份及其与自己的关系。

3. 睡眠状态和催眠相

睡眠状态下的人，意识不清晰；从睡眠中尚未完全醒来的人或入睡过程中的人，也是意识清晰度不佳的，可能处于催眠相状态，包括均等相、反常相、超反常相和抑制相。

4. 意识清晰度异常

可表现为意识混浊、朦胧、谵妄、昏厥、昏迷等多种形式，是严重躯体和感染性疾病或脑器质性疾病，乃至癔病发作的显著体征。无论何种病源出现意识清晰度障碍，总是脑功能严重异常的结果，受损关键脑结构常常是脑干网状结构、间脑、下丘脑、边缘系统，或引起大脑皮层兴奋性水平低下等。

（二）意识的觉知性

意识的觉知性是意识主体的内在属性，但可通过言语、手势、面部表情或行为反应等表达出来。当代认知心理学已创造了许多实验范式，可以客观定量地研究意识的觉知性。首先意识的觉知性是建立在意识清晰性基础之上的属性。意识与非意识状态正是由觉知水平加以分界。

1. 外显（explicit）和内隐（implicit）的觉知

有主体觉知的认知活动称为外显认知或意识过程；无觉知的认知过程称为内隐的或无意识加工过程。意识和无意识认知过程间如何相互转化，及其制约的脑功能基础，是当代脑科学、心理科学和认知科学交叉研究的重大理论焦点。

脑事件相关电位技术由于其较高的时间分辨率，已用于从脑整体水平上研究意识觉知的电生理相关参数。顶—枕区 N200 负波及随后的额 P300 正波与视觉运动知觉相关，说明视运动觉知的意识活动几乎覆盖顶—枕—额区全部大脑皮层的功能作用（Haarmeier & Their，1998）。记忆过程的觉知研究发现，在最高层次上的情景记忆中，至少存在两类觉知，参与的脑功能模块不同。

2. 语义觉知（noetic awareness）和自我觉知（autonoetic awareness）

语义觉知在颞—顶皮层伴随着潜伏期325—600ms的N400波的正向变化，以及更晚的（600—1 000ms）额—中央区负向变化；自我觉知在两侧额区和左顶—颞区伴随着广泛的正向变化。两类觉知过程均在1 300—1 900ms的时间窗上伴随着右侧额区的正向变化（Duzel等）。

由此可见，对于记忆而言，觉知性是许多脑结构参与的复杂动态过程，绝非某一特异脑中枢活动的结果。利用简单的意识活动实验范式，如双眼竞争的视知觉反应、面孔识别反应，建立了猴的“觉知”实验模型并研究其细胞电生理参数。研究发现，觉知的双眼竞争效应并非常识所说的与眼动有关，也不是双眼之间竞争活动的结果；相反，它恰恰是许多相关脑区神经细胞发放或抑制变化的结果（Logothetis，1998）。这一结果从细胞生理学水平上说明意识的觉知性并不是感官活动或少数细胞活动的结果，而是一种复杂的动态过程。秦速励博士在本书作者实验室内，利用猴面孔识别实验模型对猴知觉过程的实验研究发现，面孔熟悉度不同的人脸图片，引起猴颞下叶皮层细胞发放率的变化不同。猴对熟悉面孔反应的正确与错误伴随的细胞反应也不同。由于熟悉面孔常带给猴子以美味食物，它引起的颞下回细胞发放率最高，正确反应可以带来食物强化，也明显高于错误反应的细胞发放率。

从上述实验事实中可以看到，觉知过程不是单一脑结构或少数神经细胞活动的结果，但却可以在某些脑细胞活动中有所反应。因此，局部与整体、单一细胞与全脑活动间的时间—空间关系，是意识觉知性研究的重大课题。

（三）意识的层次性

无论是弗洛伊德的精神分析理论著作，还是1999年出版的美国医学科学院院士达马西奥（Damasio）的专著，都把人类的意识分为层次不同的几个部分。达马西奥将自我意识看做是意识的始端，再将自我区分为原始自我、核心自我、自传式自我，正是在自我意识的基础上，特别是在核心自我的基础上，形成扩展意识。他定义的原始自我是对自身机体当前状态的一系列无意识的表征；核心自我是把发生在自身机体的事件短暂而有意识地联系起来的过程；自传式自我是对机体过去经验有组织的记录；扩展意识则建立在核心意识的基础之上，并时时刻刻都在发展变化。他说，“扩展意识确实有着独特的功能和作用，并且其最高点是人类所独有的”，他认为核心自我的产生处在基因的强力控制下，基因组把身体和脑之间的神经与体液联系确定下来，规定好必要的神经回路。

（四）意识的复杂性

对意识的觉知性研究尚且如此困难，对于意识的复杂性，实证科学家就更感到束手无策。关于意识的复杂性，至少应研究意识活动个体差异的脑功能基础，意识活动对于人类文明发展的制约性等。当代无创性脑成像研究虽然提供了研究意识脑机制的有效手段，但目前尚难于用其进行高层次意识活动的实验研究。已有的研究报告主要集中在意识的觉知性、清晰性及其与选择性注意、记忆和知觉过程间的关系。因此，当代意识研究与哲学之间还存在着相当大的鸿沟，有待更多新方法学的问世，情况才能有所改观。

二、脑结构与功能的时—空维度和功能模块

作为意识基础的脑，其结构和功能都是宇宙中最复杂的，人类对它的认识必然经过漫长而曲折的道路，用各种简单的逻辑或单维度去认识意识的脑机制，都难以经受科学发展的历史考验。最初人们观察到心脏停止跳动就会丧失意识，故将意识活动叫做心理活动。经过几百年的观察又发现，即使心脏正常跳动，只要脑受损也会丧失意识，才明白意识的器官是脑而不是心脏。三百多年前的颅相说（phrenology）在历史上第一次在头颅的形态学差异中寻求意识的生物学因素，把意识和头脑联系起来。这种说法虽已被科学发展所否定，但在脑科学发展的历史中却起到了承前启后的进步作用。又经过二百多年，随着脑解剖学的发展，布罗卡（Broca）医生于 1861 年发现语言运动障碍是左额下回损伤所致，韦尼克（Wernicke）于 1874 年发现语言听觉障碍与左颞横回损伤有关，这些发现奠定了意识的脑机能定位理论。20 世纪 40—50 年代，神经生理学研究表明，脑干网状结构是维持意识清醒的必要脑中枢。随后，脑电图和眼动记录发现了睡眠的分期和周期，开拓了对梦的自然科学研究。20 世纪 60—80 年代，轰动一时的大脑半球功能一侧化理论研究则认为左半球以语言功能为主，右半球以空间形象思维功能为主。直到近年出现无创性脑成像技术以后，仍有一些研究报告沿着脑机能定位论探讨脑与意识的关系。例如左半球以环境意识为主，右半球负责自我意识；儿童心理发展中，对他人心理状态的理解能力（又称心理理论）的形成，与左半球背外侧区的功能相关（Chris et al，1999）；甚至也有报道称，一般智力因素与额叶背外侧区功能相关（Duncan et al，2000）。由此可见，脑研究的技术方法学的进步，并不等同于理论观念的发展。

脑的结构与功能关系，至少有六个空间维度投射在三个时间轴上，形成多维非线性的时变动态功能系统（或简称：功能模块）。只有出现了新皮层，并且其额侧化发展达到一定阶段，才能为意识的产生提供脑结构基础。

（一）作为意识物质基础的脑

作为意识物质基础的脑是在其六个空间维度上，在动物种系发生、个体发生和毕生发展的三个时间轴上展开的，形成不同功能的非线性时变动态系统。我们先从静态的多维空间发展，也就是上一章所介绍的脑进化的六个空间维度谈起。

1. 中枢神经系统功能结构的左—右侧化维度。这是最古老的维度，自从有了神经系统，就分出了左—右对称的神经链（如扁虫），一直发展到高等动物的两大脑半球。它与动物本能行为和简单感觉运动功能有关，无法与人类意识的出现相比拟。

2. 神经节（链）向前发展的头侧化维度。在动物进化中，每出现一种新的功能都促进脑结构的增长，并且总是累加在原有的脑结构之上，这样就使动物的脑发展起来，机体得到统一协调的发展。

3. 从脑的深层到皮层的皮层化维度。与高级新功能相应的脑中枢都分布在大脑皮层，故称之为脑进化中的功能皮层化。

4. 后头部向前头部发展的额侧化维度。高等脊椎动物的大脑皮层额叶不断增大，直到人类脑，前额叶皮层得到充分的发展。

5. 大脑半球内—外侧化维度。大脑的前部或额叶承担了很多高级功能，在其进化中，采取了内、外侧化维度，实现内、外环境的协调功能。

6. 背—腹侧化维度。由于大脑皮层多重折叠地分布，某些功能又沿着背—腹侧空间维度发展。

总之，由于人类大脑半球皮层的高度发达，而大脑半球表面积有限，因此就通过多方向的折叠，造成了新功能的额侧化、内外侧化和背腹侧化发展。实际上，额侧化、内外侧化和背腹侧化维度是皮层化发展的表现形式。自从有了皮层化的发展，动物就出现了原始的意识，靠皮层下脑深部的网状上行激活系统，维持大脑皮层的唤醒水平，即意识的清晰性。

（二）时变的脑功能模块

至今，我们对人类六维超立体空间和三个时间轴下形成的非线性时变动态脑功能系统还认识得相当肤浅，只能大体从功能上将其分为下列四类系统。

1. 与动物本能行为相关的脑功能模块

这是在动物界进化的古老时间轴上沉积的生物机体的核心功能。按照生物学意义又可分为两组：一是生命相关的脑中枢，二是本能行为相关的脑中枢。它们都有明确的机能定位性，且大多分布于脑深部结构。如呼吸中枢、血压调节中枢位于延脑，内分泌调节中枢位于下丘脑，摄食、饮水、性行为、睡眠和防御行为的脑中枢分别在中脑、丘脑、边缘系统等。虽然它们是人脑与动物脑共有的功能中枢，并不直接参与人的高级意识活动，但它们为意识活动提供了生命的前提，而且在某些条件下也可以上升为意识活动，如在长期饥饿或危险环境中，这些中枢活动可以投射到意识中来。

2. 人类种属特异的本能行为模块

在人脑个体发生的时间轴上，仅仅在十个月的胚胎期内复制出这类人脑的结构框架。人类作为生物学上的一个物种，其种属特异的本能行为就是语言和意识。人类种属特异的本能行为模块也是功能定位的。如语言的低层次功能模块，是支配语言产出和语言视、听感知的自动化模块，当我们说一句话表达一个意思时，自然有脑高级意识功能参与，但对口、舌、唇、声带、面部肌肉乃至手、眼的协调活动，也都有相应的脑中枢，包括语言运动中枢，进行自动化的调节。

3. 个体习得的习惯性行为模块

这是在从生到死的生命历程中不断累积的功能体系。职业技能、个人嗜好偏好等，是半定位性的自动化系统。

4. 高级意识活动模块

这是瞬息变换的功能体系，又有相对恒定的基本框架。意识的清晰性主要以脑干网状上行激活系统为主要中枢，无论是动物性本能行为还是人类的本能行为，所伴随的自我意识和环境意识，都以遗传固定下来的明显的复杂脑功能回路为基础。由于意识的清晰性、觉知性、层次性和复杂性，使得在每一属性上起关键作用的脑结构，在六维超立体空间中瞬时发生变化，形成动态意识功能模块。

达马西奥（Damasio，1999）认为原始自我的脑功能基础，是脑干上部及下丘脑水平上聚合的各种感觉信息和身体内环境变化的脑回路。这一回路与顶叶皮层和岛叶皮层也有密切关系。丘脑一些核团和扣带回皮层与其相联系的回路，是核心自我（核心意识）的神经回路；颞叶皮层和额叶皮层是自传式自我的脑基础，这两个脑区的损伤，会削弱自传式记忆的激活，从而导致扩展意识范围的缩小。扩展意识也会通过基因组得以形成，但社会文化因素会对它在每一个个体发展中产生重大影响。由此可见，意识作为人类生来具有的一种心理现象，本质上是遗传下来的人类作为生物物种的本能行为，意识形成所依赖的身体和脑的关系，以及脑内的神经回路，都是生来固定的。就核心意识而言，更是人与动物共有的动物本能，只有扩展意识才是人类特有的本能。扩展意识中，制约于社会文化和个人经验基础之上的高级意识内涵，如社会价值观、宇宙观等，才是非本能的习得性心理现象。

第二节 睡眠与梦

在人的一生中，三分之一的时间用于睡眠，大多数人在睡眠中都有梦的体验。因此睡眠与梦的生理心理学问题在很久以前就引起人们的极大关注。弗洛伊德对梦的解释曾引起人们的兴趣，巴甫洛夫的睡眠理论也广为流传。然而，人类对睡眠与梦的生理心理学机制的现代科学认识，仅仅是最近 40 多年的事。20 世纪 60 年代，人们借助成熟的电生理学技术找到了睡眠类型和梦的生理指标，为睡眠的研究奠定了科学基础。20 世纪 70 年代，脑化学通路理论的成熟为睡眠与梦的研究开辟了新的前景。神经解剖学、生理学和脑化学的综合研究，在器官水平、细胞水平和分子水平上加深了对睡眠与梦机制的认识。然而，关于睡眠与梦的许多问题至今仍是科学之谜，尚需深入研究。

一、对睡眠与梦科学研究的历程

有学者（Palagini & Rosenlicht，2010）综述了关于人类睡眠、梦和心理健康研究的历史和现状。在中世纪到 19 世纪之间虽然许多国家都出现了关于睡眠、梦的论著，但它们不是建立在神学的假设基础上，就是建立在思辨哲学基础上，要不就是建立在经验与推论相结合的基础之上，都缺乏科学基础，不能将之列入科学领域。

（一）心理学和精神病学研究

奥地利精神分析学者弗洛伊德于 1899 年发表了他的德文专著《释梦》，成为对睡眠与梦进行心理学和精神病学基础研究的里程碑。这类研究主要以神经症患者，如焦虑症、恐怖症和心因性抑郁症病人为研究对象，通过梦的分析，发现病人受压抑的本能欲求，然后给予疏导宣泄，以达到治疗神经症的目的。19 世纪末，一批梦的研究者还对梦的内容进行了大样本的统计分析。例如，1861 年法国医生莫里（Maury）分析了 3 000 多个不同的梦境，结果发现全部这些梦境都有其相应的外界触发刺激。这使他自问：梦的内容是醒来之后对睡眠中心理过程的回忆，还是在睡眠中被唤醒过程产生的？1886 年，戈布洛（Goblot）也认为“我们梦见的是我们被唤醒过程产生的心理活动”，或者说“我们被唤醒时报告的梦境，可能是我们清醒过程发生的心理活动”。1893 年，一些美国心理学家也报告了对梦境统计分析的研究结果。

（二）经典生理学研究

除了对梦进行心理学研究之外，生理学研究也在 19 世纪萌芽，哲学家莱布尼兹（Leibniz）就说过：“脑也像其他内脏和五官一样，能进行自主的活动，一些观念或想法就是脑自发生理活动和思维过程共同产生的。”对梦的解释也应该从睡眠生理学和哲学两方面进行研究。最早从生理学方面对睡眠与梦进行实验研究的是 20 世纪初俄国生理学家巴甫洛夫，他在狗的条件反射实验研究过程中发现，分化条件反射的任务难度增大，会使受训练的狗从清醒进入睡眠状态。所以，他认为睡眠是一种脑生理功能的普遍抑制过程。作为内抑制的分化抑制，可以转化为全脑的普遍抑制过程。由此，巴甫洛夫推断睡眠抑制也是一种主动性内抑制过程。随后，他又研究了从清醒到睡眠过程的发展阶段，提出了催眠相的理论。催眠相，包括从清醒时的正常相到睡眠状态的抑制相，之间还有均等相、反常相、超反常相等五个阶段。古老催眠术的演示，可能就是不同催眠相的特殊状态。

（三）现代生理学研究

1953 年，阿瑟林斯基（Aserinsky）和克雷特曼（Kleitman）在睡眠脑电图研究中发现了快速眼动期睡眠（REM 睡眠），为睡眠与梦的研究开创了新纪元。半个多世纪过去了，利用脑电图技术研究睡眠阶段、梦和各类精神障碍的关系，已经成为脑科学、精神病学的重要研究领域。进入 21 世纪以来，利用无创性脑成像技术，可以记录和分析不同睡眠阶段梦与脑代谢的关系，为睡眠与梦的研究又开拓了一个新纪元。至今已积累的科学事实，虽能澄清前一历史阶段某些不准确的理论概念，但许多关于睡眠与梦的基本理论问题仍嫌科学事实不足，无法给出准确答案。

自从发现 REM 睡眠以来，广为流传的说法是 REM 睡眠等同于做梦期；但是，有学者认为这是一个不准确的概念，甚至可以说是错误的概念。事实上整夜睡眠的各个阶段都有心理活动和梦，只不过 REM 期的梦与 NREM 期的梦有不同特性。NREM 期的梦没有较好的系统性、组织性，情节不细腻，但却与白天生活事件关系较紧密；REM 睡眠期的梦更生动，充满惊险的情节和较多的情感成分以及丰富的视觉表象。

二、人类的睡眠类型与睡眠周期

人类的睡眠可以分为两种类型，慢波睡眠（slow wave sleep）和异相睡眠（paradoxical sleep）。

（一）慢波睡眠

在慢波睡眠中，脑电活动以慢波为主，脑电活动的变化与行为变化相平行，从入睡期至深睡期，脑电活动逐渐变慢并伴随着逐渐加深的行为变化，表现为肌张力逐渐减弱，呼吸节律和心率逐渐变慢。根据脑电活动和行为变化的平行性，将慢波睡眠分为四个发展时期。

1. 慢波睡眠一期（入睡期）

行为上安静困倦，开始进入睡眠状态，清醒安静状态下的脑电活动（以 8—13 次/秒的 α 节律为主）变得不规则，α 波和不规则快波交替出现。大约 10 分钟以后进入慢波睡眠的二期。

2. 慢波睡眠二期（浅睡期）

脑电活动更不规则，在 4—7 次/秒 θ 波的背景上出现 13—16 次/秒的睡眠纺锤波，当环境中出现意外声音时，脑电图上可出现高幅的 K 复合波，代表脑电活动的短暂唤醒反应。在浅睡期中，被试已经入睡，并出现鼾声，但将被试叫醒后却常自称尚未睡着。慢波睡眠二期大约持续 15 分钟后转入慢波睡眠三期。

3. 慢波睡眠三期（中睡期）

脑电活动在 θ 波背景上出现 20%—50% 的 0.5—3 次/秒的 δ 波。再经 15 分钟左右，慢波睡眠三期为四期（深睡期）所取代。

4. 慢波睡眠四期（深睡期）

脑电活动 50% 以上为高幅 δ 波。处于中睡期时，被试已经睡熟，但尚易叫醒，而处于深睡期的被试不但睡熟还难以叫醒。

慢波睡眠 1—4 期过渡中，颈部肌肉和四肢肌肉张力逐渐降低，心率和呼吸逐渐变慢，体温、脑温降低，闭眼、缩瞳，脑血流量较清醒安静时为多，脑下垂体分泌的生长激素和促肾上腺皮质激素，以及肾上腺分泌的肾上腺皮质激素，在慢波睡眠中比在白天清醒时增多。特别是生长激素，分泌的高峰在慢波睡眠的四期。在慢波睡眠各期中被唤醒后，报告做梦者人数极少。即使做梦者报告，其梦境也平淡，欠生动性，概念性和思维性较强。但梦魇或噩梦惊醒者，多发生在慢波睡眠第四期，此时睡梦者醒后只能陈述恐惧感、被追捕或掉入深渊等危险境界，不能陈述梦境的全部故事情节。

（二）异相睡眠

在慢波睡眠之后，常出现异相睡眠。在异相睡眠中，脑电变化与行为变化相分离，脑电活动类似慢波睡眠的入睡期，以肌张力为代表的行为变化却比深睡期还深，肌张力完全丧失，并伴有快速眼动现象和桥脑—膝状体—枕叶 PGO 波周期性高幅放电等特殊变化。所以，异相睡眠又常称为快速眼动睡眠（rapid eye movement sleep，REM）。

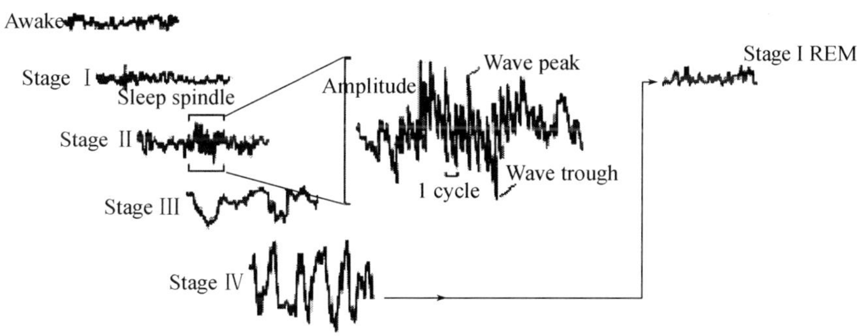

图 4－1 睡眠各阶段的典型脑电波反应

（引自：Trends in Cognitive Science）

此期睡眠者肌肉呈完全松弛状态，甚至肌肉电活动完全消失，睡眠深度似乎比慢波四期更深，体温仍较低，对外部刺激的感觉功能进一步降低，难以将睡眠者从此期立即唤醒。与行为变化相反，脑电活动为极不规律的低幅快波，类似清醒期和慢波睡眠一期的脑电变化。脑的温度、脑血流量、脑耗氧量迅速增加，呼吸和心率也时而突然加快，甚至一些支气管哮喘病人在此期睡眠中可突然发作哮喘，心脏病人也可能发作心绞痛。内分泌活动的特点是生长激素分泌迅速降低，性腺和肾上腺皮质分泌活动增强。生殖器充血，分泌物增多或阴茎勃起、遗精等。在异相睡眠中，最有特征性的行为变化是眼球快速运动，约每分钟 60 次左右。正是由于这一特点，常将此期睡眠称为快速眼动睡眠。与之相应，眼电现象显著加强，在桥脑、外侧膝状体和枕叶皮层中可记录到周期性的高幅放电现象，称之为 PGO 波。从异相睡眠中唤醒后，80% 以上的人声称正在做梦，尚可陈述梦境形象生动的故事情节，以视觉变幻为主。

（三）睡眠周期与睡眠障碍

1. 睡眠周期

人的每夜睡眠大约由慢波睡眠和异相睡眠交替变换的 4—6 个周期所组成，平均每个周期历时 80 分钟—90 分钟，包括 20 分钟—30 分钟异相睡眠和约 60 分钟的慢波睡眠。成人入睡后，必须先经过慢波睡眠 1 期—4 期和 4 期—2 期的顺序变化后，才能进入第一次异相睡眠。从上半夜到下半夜每更替一个周期，异相睡眠的时间都有所增长。所以，后半夜睡眠中，异相睡眠时间的比例增大，整夜睡眠中各期所占时间比例的平均分配是慢波二期占 50%，异相睡眠占 25%，慢波三、四期各占 10%，慢波一期占 5%。

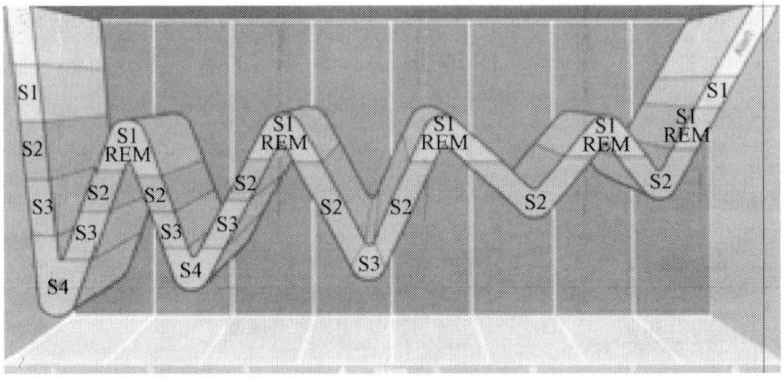

图 4－2　整夜睡眠周期示意图

S1，慢波睡眠一期（入睡期）；S2，慢波睡眠二期（浅睡期）；S3，慢波睡眠三期（中睡期）；S4，慢波睡眠四期（深睡期）；REM，快速眼动期睡眠（异相睡眠）。图示整夜睡眠有四个周期变化。

2. 睡眠障碍

正常睡眠周期的紊乱可能导致许多特殊的病理性睡眠状态，了解和研究这些病理性睡眠状态，可以加深我们对睡眠类型和睡眠周期的认识。

发作性睡病（narcolepsy）、猝倒（cataplexy）和入眠前幻觉（hypnologic hallucination）是异相睡眠的常见障碍，夜尿症（nocturnal enuresis）、梦游症（somnambulism）和夜惊症（night terrors）则是慢波睡眠的常见障碍。

发作性睡病又称嗜睡症，主要症状是在不应睡眠的工作时间内，突然不可控制地陷入睡眠状态，特别是在单调或枯燥的环境中更容易发作。每次发作性睡眠持续 2 分钟—5 分钟，醒来后觉得精神很好。猝倒发作时全身肌肉张力突然消失，病人摔倒，好像是从清醒状态突然进入异相睡眠阶段，持续几秒钟至几分钟。猝倒不同于发作性睡病，一般不会自发地发作，情绪波动是最常见的诱发因素，生气、大笑或紧张地完成某一动作，如试图抓住从身边飞过的物体等，均可引起猝倒。入眠前幻觉表现为在早上即将醒来或躺在床上刚入睡时，突然陷入异相睡眠状态，体验到可怕的情景却呼叫不得，也动不得，因为此时肌肉张力完全消失。别人呼叫他的名字或轻轻拉动他的身体，可使之立即摆脱此种幻觉状态。恢复正常后，还能描述幻觉内容与内心体验。上述三种睡眠障碍的共同特点是其发作性，从清醒期越过慢波睡眠阶段突然陷入异相睡眠状态，是异相睡眠脑机制的障碍。有人发现这些睡眠障碍有家族遗传因素。苯丙胺、丙咪嗪对这类睡眠障碍有一定疗效，说明脑单胺类神经递质功能的增强能够改善这类睡眠障碍。苯丙胺促进单胺类递质从突触前释放，丙咪嗪抑制突触前成分对单胺神经递质的重摄取，两者均使突触间隙中单胺类递质的浓度增高，从而增强了神经信息的传递功能。两种药物的疗效说明这类睡眠障碍与异相睡眠的脑生化机制障碍有关。

与上述三种睡眠障碍不同，夜尿症、梦游症和夜惊症，均出现于幼儿慢波睡眠第四期。夜尿症病儿常在睡眠的慢波四期尿床；梦游症病儿在睡眠的慢波四期中，从床上起来进行一些刻板动作，事后又回床继续睡眠，次日不能回忆出夜间的异常行为；夜惊症病儿在睡眠的慢波四期出现惊叫、颤抖、手足快速运动等极度恐怖表现，事后对这种体验不能回忆。总之慢波睡眠障碍与异相睡眠障碍不同，患儿肌肉尚保持一定张力，可以进行某些动作，但事后完全不能回忆；异相睡眠障碍不伴有动作表现，且事后对梦境体验能够回忆和叙述。由此可以看出，慢波睡眠和异相睡眠有不同的机制。

三、睡眠的脑机制

（一）巴甫洛夫的睡眠理论

90 多年前，巴甫洛夫在研究动物条件反射的实验室中，发现对狗进行分化抑制的条件反射训练，可使狗陷入睡眠状态。在大量实验资料的基础上，他提出了一套睡眠理论。

1. 睡眠是广泛扩散的内抑制

睡眠的本质是大脑皮层起源的广泛扩散的内抑制，这种抑制在皮层中和向皮层下脑结构扩散过程中存在一定的时相，构成从觉醒到完全睡眠的过渡，即催眠相。梦是由于内、外环境因素的影响，在普遍抑制背景上，大脑皮层细胞群局部的兴奋活动。睡眠和内抑制是同一过程，消退抑制、延缓抑制、条件抑制和分化抑制等诸种内抑制不仅与睡眠可以相互转化和替代，这些抑制的总和也可以导致睡眠。睡眠和内抑制有同样的发展和运动规律，即扩散与集中和相互诱导的规律。小孩在入睡前常出现兴奋增强期，表现为哭闹不止，即为睡眠抑制正诱导现象。睡眠和内抑制也有许多不同之处。内抑制是在觉醒状态下，个别皮层细胞群的抑制，是分散的、局部的抑制过程；睡眠则是广大皮层区、皮层下脑结构，直至脑干的广泛性抑制过程。睡眠时，不能保持直立的姿势，肌肉张力大大降低，说明抑制过程波及到中脑以下运动系统的功能。

2. 睡眠中脑内存在某些易兴奋点

睡眠抑制在脑内并不均匀，常常存在某些易兴奋点在警卫着睡眠。如哺乳期的母亲在熟睡中，不能为雷鸣般的巨大声响所唤醒，却极易为婴儿的啼哭声所唤醒。睡眠中脑抑制的不均匀性还成为梦的基础。在广泛抑制的背景上，某些脑细胞群摆脱抑制而兴奋起来，产生了梦的现象。梦的内容可以反映出内外环境刺激因素的性质，如睡眠时身体不舒适或心肺功能不畅常出现噩梦，膀胱充盈常有到处寻找厕所的梦境等。

3. 催眠相

巴甫洛夫的睡眠理论不仅阐明了睡眠的本质、睡眠的起源和一些常见的睡眠现象如梦等的生理基础，还揭露了从清醒到深睡之间的催眠相，并以此为依据，解释了多种神经精神病的病理机制，提出了睡眠的保护性医疗作用。

在正常清醒状态下，条件反射的强弱与刺激强度间存在着一定的关系；但从清醒到睡眠的过渡期内，这种强度关系发生了变化。根据强度关系的不同，巴甫洛夫将催眠相分为正常相、均等相、反常相、超反常相和抑制相等 5 个时相。强刺激引出强反应，弱刺激引出弱反应，阴性刺激不引起反应，这是正常相的强度规律；强刺激和弱刺激引出同样的反应，阴性刺激不引起反应是均等相的强度规律；在反常相中，强刺激引出弱反应，弱刺激引出强反应，阴性刺激不引起反应；在超反常相中，无论是强刺激还是弱刺激均不引起反应，相反，阴性刺激却引起反应；在抑制相中，各种刺激均不引起机体的反应，机体进入完全睡眠状态。正常人的睡眠过程，从正常相到抑制相的各催眠相发展是很快的，有些催眠相很难观察到，特别是从睡眠到清醒的过渡时，催眠相更难以观察。但是，在许多病理条件下，大脑停滞在某一催眠相可达数月或数年之久。例如，精神分裂症紧张状态的病人存在着违拗症状，让其伸手而缩回，反之，让其缩回手则伸出，类似于超反常相。

巴甫洛夫的睡眠理论形成于 20 世纪一二十年代，虽然他概括出睡眠发展过程中脑的宏观生理机制，并解释了许多与睡眠有关的日常性和病理性现象，然而由于历史的局限性，他不可能从神经细胞水平和分子水平上进一步揭露睡眠的本质。20 世纪 60 年代确立的现代神经生理学，用电生理技术揭露了皮层下脑干网状结构在睡眠起源中的重要作用，使人类对睡眠与觉醒机制的认识前进了一大步。

（二）脑干网状结构理论

1937 年著名生理学家布雷默（Bremer）建立了猫的孤立脑（isolated brain）

标本和孤立头（isolated head）标本。前者在中脑四叠体的上丘和下丘之间横断猫脑，此后猫陷入永久睡眠状态；后者在脊髓和延脑之间横断猫脑，则猫保持正常的睡眠与觉醒周期。他以此证明在延脑至中脑的脑干中，存在着调节睡眠与觉醒的脑中枢。1949 年意大利著名电生理学家莫鲁齐（Moruzzi）和美国解剖学家马古恩（Magoun）发现，电刺激脑干网状结构引起动物的觉醒反应。此后大量实验研究表明，无论是各种外部刺激还是感觉通路的电刺激，均沿传入通路的侧支引起脑干网状结构的兴奋，然后再引起大脑皮层广泛区域的觉醒反应。因此，把脑干上部的网状结构称为上行网状激活系统（ascending reticular activating system）。微电极电生理学技术的应用也积累了许多科学事实，证明脑干上行网状激活系统的神经元单位活动可受多种刺激的影响，从而提高其发放频率。行为的觉醒水平、脑电图觉醒反应与脑干网状上行激活系统的神经元单位发放频率之间存在着确定的一致关系。这些事实证明脑干网状结构在睡眠与觉醒的机制中具有重要作用。这种认识从 20 世纪 50 年代起成为一直公认的理论；然而，到 20 世纪 80 年代初，一些实验研究却提出了一些相反的事实，表明在自由活动状态下，脑干网状结构的细胞单位活动与唤醒水平或觉醒与睡眠周期之间并无直接关系。脑干网状结构的许多神经元分别与眼、耳、脸、头、躯体和四肢的局部运动有关。在过去的实验研究中，由于动物处于固定或约束的体位，又有麻醉剂的作用，个别单位活动与运动间的特异关系无法揭露出来。此外，传统研究多以细胞外电极记录出许多神经元单位活动的总和，从而使个别神经元反应特异性受到掩盖。尽管有这些相反的研究报道，迄今仍将脑干上部的网状上行激活系统看成是维持觉醒的重要脑结构。

关于脑干网状结构在睡眠与觉醒中重要作用的研究，在 20 世纪 50 年代末又取得了新的进展。发现猫在桥脑中部横断脑后，绝大部分时间内（每日的 70%—90% 时间）处于觉醒状态，这说明桥脑中部以下的脑干网状结构对睡眠具有重要作用。麦格尼（Magni）等人将脑干上部和下部的脑血供应分离开，给脑干上部注入麻醉剂引起动物陷入睡眠状态；但将麻醉药注入脑干下部，则使睡眠的动物很快觉醒。这说明脑干下部正常对睡眠是重要的。当用麻醉剂使其活动减弱，动物的睡眠就会中止；相反将脑干上部的上行激活系统麻醉之后，由于脑干下部功能亢进，动物就会睡眠。正常状态下，脑干上部和下部之间对睡眠与觉醒的变化有相反的作用。

脑干以上横断脑（孤立脑标本），动物陷入永久睡眠状态；脑干中间横断脑（桥脑中部横断），动物 70%—90% 时间处于觉醒状态；脑干下位横断脑（孤立头标本），动物维持正常的睡眠与觉醒周期。脑干上部的网状上行激活系统对维持觉醒状态起重要作用；桥脑下部的网状结构对睡眠起重要作用；脑干上部与下部的网状结构相互作用维持正常的睡眠与觉醒周期。这就是 20 世纪 60 年代对睡眠机制的认识水平。

（三）睡眠的神经生物学机制

睡眠的神经生物学研究包括三方面内容，一是在特定的神经通路中，神经信息传递机制在睡眠和觉醒中的变化，二是生物钟和睡眠节律，三是特异的睡眠肽和体液调节机制。

1. 睡眠中的关键性脑结构及其功能

20 世纪 70 年代以来对睡眠机制的研究已经积累了相当多的科学事实，证明脑内存在着一些关键性结构，其生理、生化过程的维持与转换对睡眠具有重要作用。对于慢波睡眠来说，关键性脑结构是缝际核、孤束核和视前区、前脑基底部；对于异相睡眠来说，关键性脑结构是桥脑大细胞区、蓝斑中小细胞、外侧膝状体神经元和延脑网状大细胞核等许多脑结构。

弱安定剂如安定等具有轻微的镇静安眠作用。对这类药物作用机制的研究发现，它们是通过 γ-氨基丁酸（GABA）类神经递质受体而发生作用的。将 GABA 受体用药物阻断后，安定等药物就失去了镇静安眠作用。GABA 受体是大分子蛋白质，因此，除了单胺类、肽类物质外，大分子的蛋白质可能也与慢波睡眠有关。

异相睡眠的脑机制比慢波睡眠更复杂，这是由于它包含的生理心理成分较多，如眼动、PGO 波、肌张力完全丧失，心率呼吸改变和生动的梦境体验等。一般说，脑高位的一些关键性结构与脑电去同步化快波的呈现、PGO 波发放和眼动有关；脑干低位的一些下部关键性结构与异相睡眠中的肌张力变化有关。

桥脑大细胞区散于桥脑网状结构之中，最大的神经细胞体直径可达 75 微米，非异相睡眠时没有单位发放，一旦动物进入异相睡眠状态，桥脑大细胞开始活动并逐渐增加单位发放频率，最高发放每次可达 200 个—300 个神经冲动。每一串单位发放都伴随眼动和 PGO 波发放。此时大脑电活动去同步化，出现低幅快波，肌肉张力完全消失。因此，把桥脑大细胞视为异相睡眠的开关细胞（the cellular on-switch for dreaming sleep）。与此相反，在脑干背部的蓝斑（locus coerleus）内存在许多很小的去甲肾上腺素能神经元，产生低频的单一频率发放，在慢波睡眠时，它们的单位发放频率逐渐变慢，一旦进入异相睡眠，它们的单位发放立即停止或迅速降低。因此，将蓝斑中这种小细胞称为异相睡眠的“闭细胞”（off cells）。这种闭细胞以去甲肾上腺素作为神经递质，当动物进入睡眠时，蓝斑闭细胞的去甲肾上腺素含量逐渐下降，在异相睡眠阶段含量最低；但是将动物从异相睡眠中惊醒时，蓝斑小细胞的去甲肾上腺素却突然增高。除了蓝斑内的闭细胞，在蓝斑核内和它的四周还存在一种乙酰胆碱能神经元，异相睡眠时，其细胞单位发放率增加，由它们发出轴突达延脑网状结构的下行抑制细胞，引起其活动，从而产生下行性抑制效应，使异相睡眠时肌肉张力完全消失。延脑网状大细胞核（nucleus reticularis magnocellularis in the medulla）在异相睡眠时变得更活跃，并与 PGO 波和快速眼动现象同时发生。这种细胞的轴突达脊髓运动神经元，与之形成抑制性突触。所以在异相睡眠时，这种细胞的兴奋引起肌肉张力消失。记录外侧膝状体在异相睡眠中的 PGO 波时发现，与眼动方向同侧的膝状体 PGO 波大于对侧膝状体的波幅。如果两眼向右运动时，右侧的膝状体内 PGO 波大于左侧膝状体的 PGO 波。进一步分析发现，膝状体 PGO 波的差异尚在眼球运动之前即可表现出来。因此，记录左右外侧膝状体内 PGO 波的差异，可以很快预测异相睡眠时眼动的方向。据此认为，外侧膝状体具有异相睡眠眼动的命令功能，实现着眼动方向读出的神经信息编码功能。

综上所述，间脑水平的膝状体和桥脑网状大细胞与异相睡眠的启动、眼动方向和 PGO 波发放有关；蓝斑小细胞与异相睡眠停止有关；蓝斑内及其周围的乙酰胆碱能神经元和延脑网状大细胞核与异相睡眠时肌张力的消失有关。在与异相睡眠有关的结构中，发挥作用的化学物质有去甲肾上腺素、乙酰胆碱，还可能有γ-氨基丁酸。与慢波睡眠关系更为密切的化学物质是 5-羟色胺，但 5-羟色胺却不是与睡眠相关的特异性物质，还有许多其他生物功能。

将猫脑缝际核 80%—90% 神经元损毁，则使之数日内处于不眠状态，几日后虽有睡眠，但睡眠时间非常短。用对氯苯丙氨酸（*p*-arachlorophenylalanine，PCPA）抑制脑内 5-羟色胺（5-HT）的合成过程，动物也不再睡眠。由此可见，无论是破坏缝际核还是抑制缝际核 5-羟色胺神经元合成 5-羟色胺的生化过程，均导致不眠状态，证明缝际核的 5-羟色胺神经元在慢波睡眠中具有重要作用。

孤束核位于延脑，是味觉和内脏感觉神经核，低频电刺激孤束核，引起猫脑电活动的同步化，出现低频高幅波，并伴有睡眠的行为表现。刺激内脏或迷走神经也引起脑电活动的同步化。饱食之后，胃内过度充食易导致睡眠，这可能就是由于胃刺激沿迷走神经传入，引起孤束核兴奋的结果。

2. 生物钟与睡眠周期

尽管当代神经科学对睡眠机制的认识已经有了较快的进展，但动物和人为什么会有睡眠和睡眠的周期性变化，至今仍未能得到准确的答案。生物钟本身就是悬而未决的巨大课题。人类夜间睡眠中每个周期大约为 90 分钟—100 分钟，猫的睡眠周期约为 25 分钟—40 分钟，大白鼠的睡眠周期为 6 分钟—10 分钟。这种关系说明随脑的大小和神经元多少，睡眠周期按比例地发生变化，可能与神经系统活动的生物节律有关。一种假设认为异相睡眠的开细胞和闭细胞之间某些特殊物质的传输时间与睡眠周期有关。猫脑内异相睡眠开细胞和闭细胞间距离约 25

毫米，计算两者之间蛋白质传输时约为 36 分钟，恰与猫睡眠周期相似。但是，这种设想还需要更多的实验证据。

最近 30 年对于睡眠与觉醒周期的生物钟的研究已取得较大的成果，认识到下丘脑的视交叉上核（suprachiasmatic nucleus）起着重要的作用。大白鼠的视交叉上核由约 1 万个直径 5—15 微米的小神经元构成，总体积为 0. 05 立方毫米，它接受视网膜发出的部分传入纤维，也接受从大脑视皮质来的传出纤维，光暗信息由这些纤维传至视交叉上核以及邻近的下丘脑视前区。该核的传出纤维主要是传到下丘脑—垂体结构，以调节神经内分泌的周期变化；该核的传出纤维也止于脑干和脊髓，以调节多种生理功能的周期性变化，它调节多种内分泌功能的周期变化，如性激素、肾上腺皮质激素、生长激素、促甲状腺激素等，还调节体温的周期变化、饮食行为周期性变化和觉醒与睡眠周期的变化。破坏双侧视交叉上核后的几周内，大白鼠 24 小时睡眠总量不变；但觉醒与睡眠周期却发生了明显的变化。也有人发现视交叉上核的损毁对睡眠周期的影响，主要表现为慢波睡眠周期破坏，而不影响异相睡眠。异相睡眠周期可能主要决定于桥脑网状大细胞核内的开细胞和蓝斑闭细胞的周期性变化。鲁萨克（B. Rusak）等人发现，电刺激视交叉上核对睡眠的影响，决定于刺激的时间。如果电刺激出现在动物活动期间的前一阶段，则延长动物觉醒的活动期，使睡眠推迟出现；相反，电刺激发生于动物活动期的后一阶段，则缩短活动期，使动物较早进入睡眠状态。

睡眠周期无疑是生物节律的组成部分。正如人类对生物节律的认识一样，对睡眠周期的认识仍不很完美。上面综述的科学事实表明，视交叉上核作为多种生物节律调节的重要中枢，自然地影响着睡眠与觉醒周期，主要作用于觉醒和慢波睡眠间的节律关系视前区位于下丘脑的视交叉之前的部位，视交叉上核是生物钟的“起搏点”，对慢波睡眠至关重要。损毁视前使动物失眠，数日后陷入昏迷至死亡。

3. 诱异睡眠肽（PSIP）和体液调节机制

许多生理学家在研究慢波睡眠的关键性脑结构的同时，致力于寻找脑内的特异性睡眠物质。哈佛大学医学院的蓓本海姆（Pappenheimer）等人报道，从睡眠剥夺的山羊脑脊液中提取一种睡眠因子（sleep factor），将其注入大白鼠脑室内，导致大白鼠活动减少，睡眠增加。20 世纪 70 年代末，一些实验室分别从睡眠 48 小时以上的山羊、绵羊、兔和小牛等动物的脑脊液中提取出睡眠因子，将之分别注入大白鼠、猫、兔的脑室里，发现它们的睡眠都增加。睡眠因子注入后，动物慢波睡眠期增加，脑电图出现较多的高幅 δ 波。经化学分析表明，睡眠因子是一种相对分子质量为 350—500 的多肽，其作用持续时间可达 10 小时，发生最大作用的时间是注入脑室后的 2 小时。这个实验室从 4. 5 吨重的人尿中提取 30 毫克睡眠因子，经化学分析表明其成分是二氨基酸，通常是人肠道内细菌代谢的产物。因此，睡眠因子是否是脑内产生的特异性睡眠物质的问题又被重新提了出来。

蒙尼尔等人（1977）在脑化学、电生理学和动物睡眠行为的综合研究过程中，提纯和确定了一种内源性睡眠肽的化学物质及其生理作用，并将之定名为“δ-诱导睡眠肽”（delta sleep inducing peptide，DSIP）。他们用低频电刺激兔的丘脑中线核，使之大脑皮层电活动出现同步化的纺锤波，此时兔脑即会合成较多的DSIP进入血液中。将该兔血液注入另一只兔脑内，就会使后者脑电活动出现同步化纺锤波。他们的研究指出，DSIP是一种9肽，只有肽链第5位天冬氨酸的氨基在α位时，DSIP才具有诱导睡眠效应的功能。我国生理心理学家刘世熠发现DSIP肽链第5位的天冬氨酸为苯丙氨酸所取代，也具有诱导睡眠作用。

第三节　睡眠的生物功能与记忆的巩固

人为什么要睡眠，睡眠有什么功能？不言而喻，休息和从疲劳中恢复是睡眠的重要功能之一。从更积极的意义上理解，睡眠还有促进生长发育、易化学习、巩固记忆等多种功能。睡眠剥夺的实验研究为对睡眠功能的认识提供了许多科学证据，加深了我们对睡眠功能的理解。

一、睡眠的生物功能

睡眠是生物机体的本能行为之一，与饮食行为、性行为和防御攻击行为一样，对维持种族延续和个体生存具有同等重要的意义。人们可以绝食自尽，但却无法有意识地控制自己长期拒绝睡眠。

（一）睡眠剥夺实验的发现

1．睡眠完全剥夺

睡眠完全剥夺200小时，可能会导致人的情感不稳定、易激惹、注意力涣散、记忆减退、思维迟钝和偏执状态。迫使大鼠不停地运动，完全剥夺睡眠5日—23日，会使之变得非常虚弱，运动不协调，甚至死亡。死后解剖发现其肾上腺增大、胃溃疡、肺水肿……另一方面，发现一些参加体育竞赛项目之后的运动员整夜睡眠增加18%—27%。仅仅计算慢波睡眠时间，则竞赛后明显增加至40%—45%。由此可见，睡眠对于解除疲劳、恢复体力是十分必要的。进一步分析表明，如果以脑电图出现高幅δ波为主的活动为指标，则说明睡眠已进入慢波四期（深睡期），此时唤醒被试，使之慢波四期睡眠被选择性剥夺，结果发现四期睡眠的回跃现象（rebound phenomenon），即剥夺慢波四期睡眠之后的正常睡眠过程中，会出现更多的慢波四期睡眠。这说明在体力活动之后的恢复中，慢波睡眠四期可能更为重要。

2. 剥夺异相睡眠

选择性剥夺异相睡眠，即每当出现快速眼动时立即唤醒被试，数日之后常使人们陷入焦虑抑制状态。在异相睡眠剥夺之后，恢复正常睡眠时也会出现异相睡眠的回跃现象，当异相睡眠得到补偿之后，被试的情绪状态也恢复正常。由此可见，异相睡眠对正常情绪状态维持具有重要意义。但是，令人不解的是抗抑郁药和电抽搐治疗虽对治疗抑郁症十分有效，却同时抑制了异相睡眠，这与上述设想相矛盾。因此，近些年异相睡眠与情感活动间的关系又引起人们的怀疑。中国科学院心理所李德明利用小站台水环境技术，对大鼠选择性剥夺异相睡眠，让大白鼠立于小站台上，一旦它们陷入异相睡眠，由于肌张力完全丧失而落入四周的水中，从而又惊醒动物。首先对大鼠进行灯光回避辨别反应模式的训练，然后以不同时间间隔，应用小站台水环境技术剥夺异相睡眠。结果表明，大鼠在学习后立即剥夺异相睡眠 24 小时对记忆巩固明显不利；如果在立即剥夺异相睡眠 24 小时之后，再让其恢复自由睡眠 24 小时，记忆成绩无明显改善；反之，学习后先让动物自由睡眠 24 小时，再行剥夺异相睡眠 24 小时，则记忆不受影响。这一结果证明，异相睡眠对于学习后一段时间内记忆的巩固具有重要意义。他们进一步研究发现，虽然异相睡眠剥夺对回避反应的短时记忆和记忆保持有明显的影响，但对动物回避反应的学习能力则没有影响。国外研究也表明异相睡眠对记忆形成的影响不是“全或无”的，异相睡眠剥夺只能延迟或影响记忆的形成，但不能完全妨碍记忆的形成。此外，给动物较多的学习任务，则随后就会出现较多的异相睡眠，一旦习得行为巩固，则异相睡眠的时间比例也会恢复常态。异相睡眠与记忆形成的这种关系，可能与此时脑蛋白质合成率较高有关。

睡眠过程中脑下垂体分泌的生长激素增高，在整夜睡眠的第一个慢波睡眠四期出现时达高峰，随后生长激素沿血液循环达全身各处发挥生理作用。这恰好处于慢波睡眠四期之后的异相睡眠期。躯体组织各种细胞，特别是儿童骨骼细胞迅速分裂，蛋白质合成率也相应地迅速增加。这说明睡眠有助于未成年机体的生长发育，此外，还有人认为异相睡眠中，蛋白质合成率增加可能与睡眠之前受到各种刺激的信息编码和记忆储存有关。对整夜睡眠的梦分析表明，每夜睡眠中第一、二两次异相睡眠的梦多以重现白天的活动内容为主，似乎对当天经历进行着重新整理和编码；第三、四两次异相睡眠的梦多重现过去的经历甚至是儿时的体验；第五次异相睡眠的梦既有近事记忆又有往事记忆的内容。这些事实似乎支持异相睡眠中蛋白合成增加与信息编码、短时记忆以及长时记忆储存有关。有人认为儿童期接触很多新事物，需要编码和储存的信息较多，睡眠较多；老年人需要学习的内容减少，睡眠也减少。然而，实验研究发现，在 4 岁以下的幼儿和许多老年人的睡眠中，在慢波四期和异相睡眠期，生长激素的分泌与蛋白质合成率并未增多。所以，异相睡眠与学习记忆和脑代谢的关系尚需进一步深入研究。

比较心理学家们考察了各种动物的睡眠规律，认为睡眠是一种生态适应性反应，使有机体在漫长黑夜无法觅食时能安静地睡在一处以减少体力消耗和避免敌人发现。这种假说不能很好地解释人类睡眠的意义和功能。从灵长类进化为人类经历了几十万年，人类能制造食物和建筑房屋，但睡眠规律并未发生重要变化。所以，这种假说未必可靠。

二、睡眠对儿童和青少年心身发展和学习记忆的影响

德瓦尔德（Dewald）等（2010）在《睡眠医学评论》杂志上发表了题为《睡眠质量和睡眠时间对学生在校学习成绩和心理健康的影响》的综述性文章。他们在对相关国际文献的分析中指出，对睡眠质量（16 篇文献，13 631 名学生）、睡眠时间（17 篇文献，15 199 名学生）和贪睡（17 篇文献，19 530 名学生）与在校学习成绩间的关系，分别进行了元分析。性别、年龄和参数估计与在校成绩的关系表明，贪睡与在校学习成绩间有较强的相关性（$r = -0.133$），睡眠质量与学习成绩间相关系数 $r = 0.096$，睡眠时间与在校成绩间相关系数 $r = 0.069$。进一步因素分析表明，最大的因素负荷因子是少年儿童早期脑前额叶功能变化。年龄因素和性别因素交互作用明显，说明青春期发育的性别、年龄差异具有重要作用。入睡困难和睡眠持续时间短，是睡眠质量差的常见问题（11%—47%的案例）。少年儿童的睡眠时间应在每夜 9 小时，45%案例报告每夜少于 8 小时。睡眠时间不足可能有内在原因，如青春期体内不平衡的变化；也可能是外在因素，如过早入学读书，社会压力和学校作业负担过重等，导致晚间上床时间晚，早晨又必须按时起床。据统计，约 20%—50%的少年儿童称白天困倦和嗜睡。

睡眠对儿童和青少年的学习、记忆过程和在校学习成绩，都是十分重要的影响因素。研究表明，较差睡眠、间断增多的睡眠、晚睡、早醒都严重影响学习能力、在校学习成绩和神经行为功能。以前的研究很多，但研究方法不同，因此难以对不同的结果进行比较。

【建议参考资料】

1. 沈政. 意识及其在五维超立体脑空间中的动态模块［M］// 汪云九，杨玉芳，等. 意识与大脑. 北京：人民出版社，2003：124－134.

2. 沈政，林庶芝. 生理心理学［M］. 北京：北京大学出版社，2007：141－151.

3. DEWALD J F，MEIJER A M，OORT F J，et al. The influence of sleep quality，sleep duration and sleepiness on school performance in children and adolescents：a meta-analytic review［J］. Sleep

Medicine Review, 2010, 14: 179 - 189.

4. PALAGINI L, ROSENLICHT N. Sleep, dreaming, and mental health: a review of historical and neurobiological perspectives [J]. Sleep Medicine Review, 2010, 14 : 1 - 8.

5. RUDOY J D, VOSS J L, WESTERBERG C E, PALLER K A. Strengthening individual memories by reactivating them during sleep [J]. Science, 2009, 326: 1079.

6. WAMSLEY E J, TUCKER M, PAYNE J D, et al. Dreaming of a learning task is associated with enhanced sleep-dependent memory consolidation [J]. Current Biology, 2010, 20: 850 - 855.

【问题与思考】

1. 人类个体意识有哪些基本属性？如何以当代生理心理学的知识理解这些属性的科学基础？

2. 自从20世纪60年代以来，脑科学揭示出哪些人类睡眠的周期性和阶段性？在不同睡眠阶段中，梦的特点有何不同？

3. 有哪些科学事实可以证明睡眠过程有利于记忆的巩固？

4. 从生理心理学的角度，试论意识的物质基础。

第五章 知觉和注意的生理学基础

【本章提要】

知觉是人脑对外部客体各种属性的整体性综合反映，注意是心理活动的指向性、选择性和集中性以及警觉的维持过程，两者是彼此紧密联系的基本的心理活动。本章介绍了大脑皮层超级功能柱和多模式感知细胞，以此作为知觉的细胞生理学基础；通过无创性脑成像的认知实验和失认症病人的临床研究，总结出大脑皮层内的特异性知觉区。随后讨论了这些细胞和皮层知觉区是如何组成知觉回路的。对注意的讨论，是从非随意注意到选择性注意过程，从其脑网络到其信息加工的信息流分析。无论是知觉回路还是注意回路，短距离不超过 150 毫秒时程的信息流都是无意识的知觉或注意过程；超过 150 毫秒以上的大范围循环信息流，则伴随着意识知觉或选择性注意过程。

【学习重点】

1. 大脑皮层的高级知觉通路，皮层背、腹侧两个高级知觉通路，实现人类知觉类别的信息加工，包括空间关系和运动知觉，物体和面孔知觉等。
2. 知觉信息流，分为底—顶信息流、自上而下信息流和循环信息流。
3. 注意的脑机制概括为三个功能网络：定向网络、执行网络和警觉网络。
4. 意识知觉、选择注意和工作记忆的神经基础。

【重要术语】

背侧通路　腹侧通路　循环信息流　注意　朝向反射理论

知觉是人脑对外部客体各种属性的整体性综合反映，或者说是对与该客体相关的各种感觉信息的整体性综合反映，是人对外部世界感性认识的一种最基本的心理活动。知觉往往带有认知主体的主观性、经验性和情绪色彩，又制约于主体当时的心境和注意状态。注意是心理活动的指向性、选择性和集中性以及警觉的维持过程。由此可见，在变化多端的大千世界中，我们对外界的知觉受到注意过程的影响；相反，注意焦点的变化又制约于我们的知觉目标和知觉过程。本章先讨论知觉的生理心理学问题，随后讨论注意的生理心理学问题。

第一节　知觉的生理学基础

人的知觉是外部客体的主观映像，包含着客体是什么、在哪里、有何特性、有何用途、于我有何关系等信息。生理心理学研究知觉的生理基础，通过电生理学技术，发现了知觉的神经细胞学基础；通过脑损伤病人的神经心理学检查和脑成像技术，总结出不同知觉的脑结构基础；近年又通过认知神经科学实验，进一步发现知觉的神经过程是底—顶、上—下和循环信息流的复杂加工过程。本节将逐一介绍这些知觉的生理心理学基础知识。

一、知觉的细胞生理学基础

关于知觉的细胞生理学基础认识，由两个研究领域多年积累的科学事实所组成。20 世纪 50 年代—80 年代间，以胡伯尔（Hubel）和维塞尔（Wiesel）为代表的众多学者，以原始简单视觉功能为起点，利用微电极技术在蛙、猫、猴等多种动物标本中，都证明了大脑视中枢内存在着许多视觉特征检测细胞。在大脑视觉皮层中，具有相同感受野的多种特征检测细胞聚集在一起，形成了对各种视觉属性综合反应的基本单元——超柱。在另一个领域，格罗斯（Gross）利用细胞微电极记录技术，于 1972 年首先发现了猴脑颞下回具有复杂视觉功能。20 世纪 80 年代以来，英国牛津大学的罗尔（Roll）等人又发现杏仁核、颞下回、颞上沟等处存在着面孔识别细胞。许多研究报告都证明，在颞、顶、枕区之间的联络皮层和额叶联络区皮层中，都存在着多模式感知细胞，对多种信息发生反应，实现着多种感觉的综合反应过程。这些多模式感知细胞，可能是知觉的细胞生理学基础。

（一）超柱

视觉特征提取理论认为，视觉皮层的超柱是由许多不同特征提取的功能柱所组成的。每种功能柱内的细胞不但感受野相同，其功能也相同。根据功能不同，将之分为方位柱、眼优势柱和颜色柱等。利用微电极技术或 14C-2-脱氧葡萄糖（2-DG）同位素标记法均可证明这些功能柱的存在。方位柱不仅存在于初级视皮层（17 区），也存在于次级视皮层中。它们对视觉刺激在视野中出现的位置和方向的特征进行提取。方位柱宽约 1 毫米，由简单型，复杂型和超复杂型细胞组成，对边界线、边角的位置，以及对其出现的方向与运动方向均能进行特征提取。每个神经元只能对线条/边缘处在适宜的方位角并按一定的方向移动时，才表现出最大兴奋。在方位柱内，细胞的排列与各细胞对线条/边缘的方位角最大敏感性之间总是规则地按顺时针或反时针方向依次排列。在超柱中，往往与方位柱呈 90 度的方向上还规则地排列着左右眼优势柱（图 5－1）。左眼优势柱与右眼优势柱各为 0.5 毫米宽，左、右相间规则性地排列着。

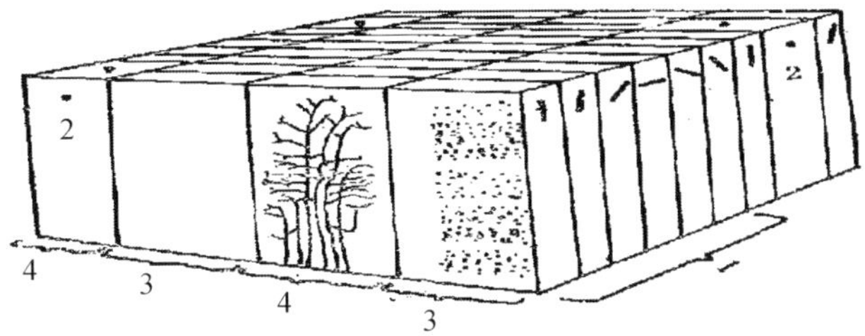

图 5－1　视皮层功能超柱结构示意图

1. 方位柱，2. 颜色柱，3. 左眼优势柱，4. 右眼优势柱

每个柱内的细胞均对同一只眼所看到的图像给予最大反应。在眼优势柱之内偶尔尚可见到插入的一些小颜色柱，其圆形柱的直径为 0.1 毫米—0.15 毫米。同一柱内所有细胞有相同的光谱特性。颜色特异性的变化与方位变化互不相关，说明方位柱与颜色柱是两套相互独立的机能单位，但颜色柱与眼优势柱发生重叠关系。在超柱中，方位柱、眼优势柱和颜色柱共同对同一感受野的图像进行特征提取，并行处理，从而产生主观视觉。虽然可以说超柱是视觉信息译码的机能单位，但它无法说明客观生理心理过程究竟怎样产生主观的视觉映像的重大难题。

（二）颞下回皮层的多模式感知细胞

美国普林斯顿大学教授格罗斯（1972）首先报告了猴颞下回皮层的多模式感知细胞（polymodal neurons）与物体的复杂知觉有关。他们利用微电极技术记录清醒猴颞下回细胞对各种视觉刺激物的反应。结果发现，引起神经元最大反应的刺激物是猴爪和瓶刷；对简单的几何图形，颞下回神经元不予以反应或反应极小。两半球颞下回的损伤使猴不能识别现实刺激物，它们看见蛇也视而不见，失去了正常猴所具有的那种恐惧反应能力。因而将颞下回损伤造成的这种认知障碍称为精神盲（psychic blindness）。这些事实使格罗斯教授认为，由生活经验而形成的复杂刺激物识别或认知过程发生在颞下回。大量研究进一步发现，颞下回的一些神经元不仅对复杂视刺激物单位发放率增加且发生最大的反应，而且对多种其他感觉刺激，如躯体觉、运动觉、食物嗅觉与味觉等刺激，均可引起其单位发放率的变化。因此，这类神经元称为多模式感知神经元。另外，在颞上沟，顶叶 5、7 区，额叶的 8、9 和 46 区内都发现了这类多模式感知神经元。细胞生理学和组织化学方法相结合的研究发现，这种多模式感知神经元接受来自许多皮层感觉中枢发来的联络纤维，并将多种感觉信息聚合起来，对之发生综合反应。顶叶联络皮层 5 区的多模式感知细胞接受额叶皮层和边缘皮层发出的联络纤维，所以当动物出现主动性运动反应，特别是操作反应和探究反应时，这些神经元的单位发放明显增强。顶叶 7 区的多模式感知神经元接受来自听皮层、视皮层、躯体感觉皮层和味、嗅觉皮层神经元发出的联络纤维，并与皮层运动区发生侧支联系。所以，顶叶 7 区多模式感知神经元的单位发放可因各种感觉与运动信息变化而发生灵敏性改变，具有精细协调各种感觉和运动功能的作用。颞下回皮层的20、37区和颞上沟的多模式感知细胞与视、听、体觉皮层，额叶运动区皮层、边缘皮层和海马、杏仁核等皮层下中枢间都有着复杂的神经联系。所以，颞下回和颞上沟的这类多模式感知神经元具有多种知觉功能，如图形细节、面孔照片、立体知觉、知觉线索、语义分类和上下文关联等。额叶8、9区和46区接受来自顶叶7区和颞叶后部的纤维，与时间、空间综合知觉和运动知觉有关。

总之，皮层中的超柱和联络区皮层多模式感知细胞在知觉形成中具有重要作用，并可能是知觉的结构和功能单元。超柱仅实现同一种感觉模式中各种属性的综合反应，形成简单的知觉；联络区皮层的多模式感知细胞，则将多种模式的感觉信息综合为复杂的知觉。

二、特异性皮层知觉区

最近十几年采用无创性脑成像技术，对正常人类被试知觉过程进行了大量精细的实验研究，先后发现一些客体识别的脑功能区，每当计算机屏幕上出现该客体的图片，相应的脑区激活。

（一）枕外侧复合区（lateral occipital complex，LOC）

1995年，马拉克（Malach）等人报道，被试在观察日常生活用品的照片时，能引起枕外侧复合区的激活，该区位于梭状回（fusiform gyrus）外侧，延伸到它的背侧面。此后的五、六年间，一批研究进一步证明，枕外侧复合区始于枕叶外侧区向前侧和腹侧延伸至后颞区皮层，该区选择性地受到有清楚形状含义的物体照片的强烈激活，无明确形状含义的对照物则不引起这样强烈的激活。那么，该区究竟对物体的轮廓还是形状发生反应呢？2000年，库特基（Kourtzi）等人巧妙地设计了分离形状和轮廓特征的功能性磁共振实验方案，通过实验证明，枕外侧复合区对物体的形状有选择性激活的特性。

（二）梭状回面孔知觉区（fusiform face area，FFA）

1997年，美国麻省理工学院的堪维舍（Kanwisher）首先在《神经科学》杂志上报道了梭状回面孔知觉区。他们采用不同物体图片和面孔图片，在被试识别这些图片的同时进行功能性磁共振扫描，对不同脑激活区脑血氧水平相关的信号强度比较后发现，面孔图片在梭状回引出脑血氧水平相关的信号强度，高于其他物体图片引出脑血氧水平相关的信号两倍以上。根据这一科学事实，提出了梭状回面孔知觉区的概念。随后在1998年—2005年间，一批实验室重复了他们的结果，证明梭状回面孔知觉区的激活确实是对面孔的特异反应，并存在知觉旋转效应，也就是正位面孔图片比倒立脸能给出更强的脑激活效应。

（三）旁海马回位置知觉区（parahippocampal place area，PPA）

2000年，爱普斯坦（Epstein）等人发现旁海马回位置知觉区可受空屋子或场地照片激活，当被试头脑中想象一个地方时，此区也会受到激活。但没有地面和墙壁，仅有家具，却不能激活，动物和植物照片也不能激活该区。2001 年，唐宁（Downing）利用功能性磁共振发现人类外侧枕颞皮层区存在人体图像知觉的特异区。

（四）纹外视皮层身体识别区（exltra-striatal body area，EBA）

2005 年，施瓦茨洛泽（Schwarzlose）等人也利用功能性核磁共振成像（fMRI）技术发现在梭状回面孔知觉区的附近，有对身体图像发生反应的区域，与梭状回面孔知觉区互不重叠，这一区就是纹外视皮层的身体识别区。同年，皮恩士（Pinsh）等人利用 fMRI 研究了恒河猴颞叶皮层对面孔、手、身体的选择性反应。结果证明：在颞上沟前部和后部存在着范畴特异的选择性反应。后部的面孔反应区在右半球比在左半球的相应区反应强度大。在面孔反应区邻近的身体反应区，两半球可同时激活，强度相等。这说明，对面孔知觉和对身体知觉的皮层代表区功能特性不同，是两个彼此独立的皮层知觉区。

综上所述，利用当代脑成像技术发现了上述四个特异性知觉区，但却无法回答主观意识上知觉产生的机制。因为知觉信息加工过程包含着复杂的信息流，既有自底而顶的信息流，又有自上而下的信息流，还有循环性知觉信息流。

三、失认症与知觉的脑结构

失认症（agnosia）是一类神经心理障碍，患者意识清晰，注意力适度，感觉系统与简单感觉功能正常无恙，但却不能通过该感觉系统识别或再认物体，对物体不能形成正常知觉。失认症患者的感官、感觉神经、感觉通路和皮层初级感觉区的结构和功能完全正常，但次级感觉皮层或联络区皮层存在着局部的器质性损伤。根据脑损伤的部位和程度，可出现不同类型的失认症：视觉失认症、听觉失认症和躯体失认症。现对几种常见失认症的类型及脑损伤部位简述如下：

（一）视觉失认症（visual agnosia）

视觉失认症常见的类型有统觉性失认症、联想性失认症、颜色失认症和面孔失认症。患者的初级视皮层 17 区、外侧膝状体、视觉通路、视神经和眼的功能和结构正常无损；脑局灶损伤可分别在第 2—4 视觉皮层区（V2，V3，V4）或颞下回、颞中回、颞上沟，也常见枕—颞间的联络纤维受损。

1. 统觉性失认症（apperceptive agnosia）

这类患者对一种复杂事物只能认知其个别属性，但不能同时认知事物的全部属性，故又称同时性视觉失认症。这种失认症可能是 V2 区皮层，以及视皮层与支配眼动的皮层结构间联系受损，如与中脑的四叠体上丘或顶盖前区眼动中枢的联系遭到破坏，不能通过眼动机制连续获得外界复杂物体的多种信息。

2. 联想性失认症（associative agnosia）

患者可对复杂物体的各种属性分别得到感觉信息，也可将这些信息综合认知，很好地完成复杂物体间的匹配任务，并能将物体的形状、颜色等正确地描述在纸上；但患者却不知物体的意义、用途，无法称呼物体的名称。这类患者大多数是由于颞下回或枕—颞间联系受损而致。这是视觉及其记忆功能和语言之间的功能解体所造成的。

3. 颜色失认症（color agnosia）

患者不能对所见颜色命名，同时也不能根据别人口头提示的颜色，指出相应颜色的物体。根据脑损伤的部位不同，颜色失认症患者的色知觉，可分别出现全色盲性失认症（achromatopsia）、颜色命名性失认症（color anomia）和特殊颜色失语症（specific color aphasia）。全色盲失认症患者不能认知物体的颜色，只能把五光十色的外部事物看成黑白或灰色的世界。这种失认症主要是两侧或单侧的大脑皮层枕区腹内侧，包括舌回和梭状回，大体相当于 V4 区皮层损伤所致。颜色命名性失认症实际上是一种失语症，患者对五光十色的物体形成知觉，能按要求把两个相同颜色的物体匹配起来，但却说不出颜色性质和名称。这类患者大多数是左颞叶或左额叶皮层语言区，或视觉和语言区皮层之间的联系受损伤所致。特殊颜色失语症与颜色命名失认症十分相似，其差异在于此类患者不仅丧失颜色视觉和语言功能之间的联系，而且关于颜色的听觉表象能力也丧失，可能是 V4 色觉皮层更广泛的损伤所致。

4. 面孔失认症（prosopagnosia）

1867 年意大利医生最早报道了面孔失认症的病例，此后其他国家均发现类似的病人。直至 1947 年，这种疾病的诊断名称才被确定下来。20 世纪 60 年代—70 年代，进一步把面孔认知障碍分为两种类型：熟人面孔失认症（prosopagnosia）和陌生人面孔分辨障碍。前者对站在面前的两个陌生人可知觉或分辨，也能根据单人面孔照片，指出该人在集体照片中的位置。但病人不能单凭面孔确认亲人，却可凭借熟人的语声或熟悉的衣着加以确认。这类病人大多数是双侧或右内侧枕—颞叶皮层之间的联系受损。与此不同，陌生人面孔分辨障碍的患者，对熟人确认正确无误，但对面前的陌生人却无法分辨。对患者来说，周围的陌生人都是一副面孔。所以，他们也不能根据单人面孔的照片，指出此人在集体照片中的位置。这类患者大多数为两侧枕叶或右侧顶叶皮层受损。

（二）听觉失认症（auditory agnosia）

听觉失认症的患者，大脑初级听皮层（颞横回的 41 区）、内侧膝状体、听觉通路、听神经和耳的结构与功能无异常，但却不能根据语音形成语词知觉（word deafness）或不能分辨乐音的音调（amusia），也有些患者不能区别说话人的嗓音（phonagnosia）。词聋患者大多数左颞叶 22 区或 42 区次级听觉皮层损伤；乐音失认症患者，多为右颞 22 区、42 区次级听皮层受损所致。嗓音识别障碍又可分为两种类型，陌生人嗓音分辨障碍多见于两侧颞叶次级听皮层（22 区、42 区）同时损伤。对患者来说，所有的陌生人都用一副腔调讲话。熟人嗓音失认症（phonagnosia）患者对熟人嗓音确认能力丧失，但尚能分辨陌生人说话的嗓音差异。熟人嗓音失认症多因右半球外侧下顶叶受损所致。

（三）体觉失认症（somatosensory agnosia）

顶叶皮层的中央后回（3-1-2 区）躯体感觉区结构与功能基本正常，但此区与记忆力功能和语言功能的脑结构间联系受损，则引起皮层性触觉失认症（cortical tactile disorders）、实体觉失认症（astereognosia）等多种类型的体觉失认症。实体觉失认症多为右半球顶叶感觉区与记忆中枢间的联系障碍，引起左手触觉失认症状。将患者眼睛遮起来，令其用手触摸一些小物体，如笔、剪刀、锁等，患者不能确知是何物。左半球受损所致的右手实体觉失认症并不多见，但亦时而有之。如果某一半球次级感觉皮层与记忆中枢的联系受阻，则常出现双手实体觉失认症。皮层触觉失认症比实体觉失认症更为严重，对触摸物体的空间关系也无法确认。很多学者认为是中央后回感觉皮层与中央前回运动皮层间的联系障碍所致。本体觉失认症的患者，表现为对自身不同部位的存在丧失知觉能力。如自体部位失认症（autotopsia）、手指失认症（finger agnosia）等，多因皮层感觉与记忆中枢或语言中枢之间的联络受阻所致。

从上述多种类型的失认症中可得出这样一种印象，失认症是知觉障碍，不是因该感觉系统的损伤，而是由高层次脑中枢间的联络障碍所致。从而证明知觉是许多脑结构和多种脑中枢共同活动的结果。即使是以其中一种感觉系统为主的知觉，无论是视知觉、听知觉还是躯体知觉，都是这些感觉系统与注意、记忆、语言中枢共同活动的产物。神经心理学所提供的这些科学事实，只能在大体解剖学基础上说明知觉的神经基础，为了更深入了解知觉机制，还必须对这些与知觉相关的脑结构进行细胞生理学研究。

四、知觉信息流

通过局部脑损伤病人知觉障碍和脑损伤部位的关系，正常人类被试通过不同知觉范式的无创性脑成像研究，以及灵长类动物的细胞电生理研究，揭示出了一些脑知觉区之间如何相互作用，知觉信息如何加工，在哪一阶段上产生主体的知觉体验和清晰的知觉意识等。在这方面研究中的一个基本概念称为信息流（information stream）。关于知觉信息流在脑内是怎样传递与加工的，已有大量科学事实支持自底而顶的信息流和自上而下的信息流。近年又发展出一个新的概念称为循环信息流（recurrent stream）。无论是哪种信息流的传递方式，都可分为串行（serial processing）和并行（parallel processing）两类。前者是主要耗费时间资源和心理资源的加工方式，后者是主要耗费较多脑网络空间资源的加工方式。

（一）底—顶加工的信息流

神经解剖学发现的各种感觉通路，是底—顶信息流传递和加工赖以实现的结构基础。但是感觉通路只能作为产生各种感觉的基础；对于知觉过程还有更复杂的脑结构基础。在各类知觉中，对视知觉的研究较为精细。视知觉信息流，通过初级和高级两个层次的知觉通路顺序自底而顶地传递加工。

1. 初级知觉通路

初级知觉通路是由皮层下和皮层两级通路组成。皮层下知觉通路是来自视网膜神经节细胞的纤维，与外侧膝状体中的大细胞、小细胞和颗粒细胞发生联系，这三类细胞的纤维投射至视觉初级皮层，在这种投射过程中形成三条通路，大细胞通路（M 通路）占全部投射纤维的 10%，小细胞通路（P 通路）占全部投射纤维的 80% 和颗粒细胞通路（K 通路）占全部投射纤维的 10%。皮层知觉通路是来自初级视皮层的纤维向次级视皮层投射过程中重新组合成的三条通路，大细胞优势通路（MD）的主要信息来自于皮层下的 M 通路，颜色优势通路（BD）和色柱间优势通路（ID）的信息主要来源于皮层下的 P 通路和 K 通路。

皮层的三条知觉通路与皮层下的三条知觉通路不是简单的一对一的关系，而是重新交叉组合，实现对外部世界物理属性向客体综合知觉属性过渡的初级知觉功能。一种理论认为物理属性作为产生知觉的线索，分别是方位、光谱成分、双眼视差和速度。这四种知觉线索引发的知觉成分分别是形状、颜色、深度（立体感）和运动知觉。MD 通路具有深度知觉、运动知觉和空间关系的选择性知觉功能；BD 通路具有颜色知觉和空间关系的调协知觉功能；ID 通路具有方位选择性、深度知觉、颜色视觉和空间关系知觉功能。由此可见，三条皮层通路与三条皮层下通路，无论在结构上还是功能上都不是一一对应的，而是彼此互补的关系。

就皮层初级通路与下面所讲的高级知觉通路之间，也并非是一一对应承接和重叠的关系，这是知觉功能冗余性的生理基础。MD 通路提供有关眼动和其他运动信息，参与顶叶皮层空间关系和运动视觉功能，主要承接至背侧高级知觉通路；BD 和 ID 通路承接至腹侧高级知觉通路，与图形模式、颜色和形状识别功能有关。

2. 大脑皮层的高级知觉通路

如果说皮层下初级知觉通路对外部世界或客体的物理属性，作为知觉线索的编码，而皮层初级知觉通路则实现由物理属性向知觉特征的过渡；那么皮层背、腹侧两个高级知觉通路，则实现人类知觉类别的信息加工，包括空间关系和运动知觉、物体和面孔知觉等。背侧通路的信息流，实现了“这是哪里”的知觉；腹侧通路的信息流，实现了“这是什么”的知觉。

（1）空间知觉的背侧通路

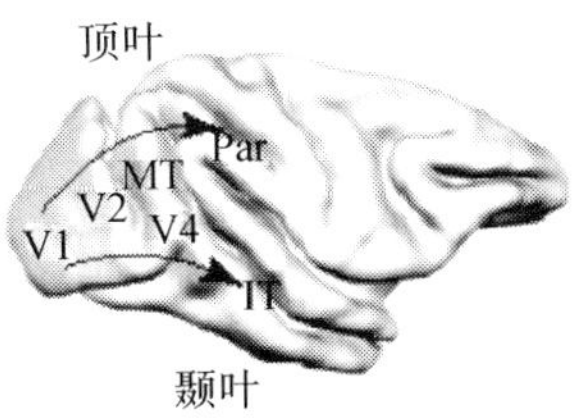

(a)

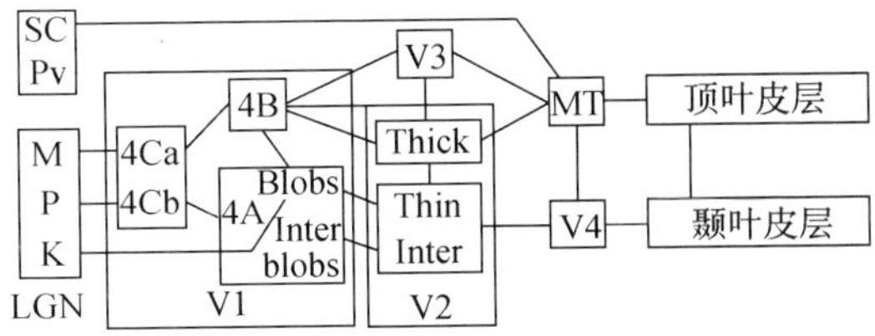

(b)

图 5－2 猴皮层视知觉的背侧通路和腹侧通路

(a) V1. 17 区初级视皮层 V2. 18 区次级视皮层 V4. 第四级视皮层 MT. 颞中回 IT. 颞下回 Par. 顶叶

(b) SC. 上丘 PV. 枕核 M. 大细胞 P. 小细胞 K. 颗粒细胞 LGN. 外侧膝状核 4Ca，4Cb. 17 区皮层第 4 层 a，b 亚层 4A，4B. 17 区皮层 A，B 亚层细胞 Blobs. 17 区色柱细胞区 Inter blobs. 17 区色柱之间的细胞区 V3. 19 区第三级视皮层 Thick. 18 区内的厚带细胞区 Thin. 18 区内的薄带细胞区 Inter. 厚薄带间区

来自初级视皮层 V1 区（17 区）的信息，经 V2 区（18 区）和 V3 区（19 区）到达颞上沟的尾侧后沿和底附近的颞中回（MT 区）。MT 区的神经元按照与视野对应的空间拓扑关系排列着。它除了从 V3 区接受逐层传来的信息外，还直接接收 V1 区的 4B 层神经元和 V2 区厚带内的两眼视差敏感神经元传来的信息。MT 区神经元的感受野比 V1 区神经元大 60 倍—100 倍。因此，MT 区神经元对物体在空间中的相对位置关系，给出大视野反应；对视野各成分的向量和，发生总体反应。此外，MT 区每个神经元的感受野周围都存在一个抑制区，这使得每个神经元对与背景运动方向相反的刺激物最敏感。所以，MT 区不仅对视野中物体相对空间关系形成知觉，还对图形背景反向运动最为敏感，产生物体运动知觉。颞中回将空间知觉和物体运动信息加工后继续传向颞上沟内沿（MST 区）和颞上沟底（FST 区）的神经元，MST 区和 FST 区神经元的感受野比 MT 区神经元感受野还大，故对更大视野范围的物体空间关系和相对运动产生知觉，且可将三维空间关系转换为二维图像进行信息压缩。MST 区和 FST 区的神经元受损，使眼对运动物体平滑性追踪运动能力丧失。MST 区和 FST 区的神经元将空间和运动知觉信息继续传至顶叶的下顶区和顶内沟外侧沿的神经元，即物体运动知觉和空间知觉的高级知觉中枢。这里神经元的感受野比 MST 区和 FST 区神经元的感受野更大，不仅对物体和背景相对运动产生最灵敏反应，还对由远及近或由近及远的物体运动发生反应。此外，下顶叶神经元是一些多模式知觉神经元，除接受视觉信息外，还同时接受从前额叶、扣带回和颞上沟深部多模式神经元传来的信息。因此，下顶叶作为空间知觉和物体运动知觉中枢，同时还整合了视觉以外的信息，形成复杂的综合知觉，并在完成视觉引导的行为反应中发生重要作用。

（2）物体知觉的腹侧通路

对物体及其细节产生完整而精细视知觉的神经通路，在猴皮层中沿着 V1 区→V2 区→V3 区→V4 区的方向，实现着物体方位、长度、宽度、空间频率和色调等信息加工过程。尽管 V4 区 神经元的感受野比 V1 区神经元大 20 倍—100 倍，但两者的本质区别却在于 V4 区神经元感受野周围存在着较大的抑制性“安静带”。这种生理特点赋予 V4 区神经元以物体及其背景分离的功能。V4 区的颜色敏感神经元的感受野也具有周边抑制区的生理特性，便于将物体及其背景的色调分离开。因为神经元对其视野内物体色调的波长发生最大兴奋时，对其背景上相同波长的光却出现最大的抑制效应。即使物体的颜色与背景颜色相似，也可以产生边界或轮廓清楚的物体知觉。V4 区的信息主要传至颞下回（IT 区），对物体细微结构进行更精细的加工和识别。IT 区可分为结构和机能特性不同的两个区：靠近枕叶部分的后区（TEO 区）和颞下回前部的前区（TE 区）。前区神经元的感受野大于后区，后区对同类物体的细微差异可以较灵敏地加以鉴别；前区对熟悉物体可较快给出确认反应，说明前区与物体的记忆功能有密切关系。

（二）自上而下加工的信息流

知觉信息流流动于非常复杂的皮层—皮层网络之中，以视知觉功能而言，猴 32 个视皮层区之间，每个区平均有 10 个特异的传入和传出信息流。目前已有实验研究报道的皮层—皮层间视功能联系三百多条，只占理论值的三分之一。这些功能联系并非都是实现底—顶加工的信息流，其中很多实现的是自上而下加工的信息流。按着自上而下的信息流距离，可分为短、中和长三类反馈联系。

1. 短距反馈联系

一般而言，相互作用的皮层区之间具有双向联系，例如 V1 区投射至 V2 区是底—顶信息流。同时也伴有 V2 区反馈至 V1 区的自上而下的信息流。这类两层间的下行信息流是短距自上而下的信息流。

2. 中距反馈联系

在背侧通路中，V3 区甚至颞中回的 V5 区向 V1 区的反馈通路，终止于 V1 区的 4B 层，参与不同空间尺度上或以不同速度运动的物体产生的空间运动知觉。这类跨过三个区以上的是中距离的自上而下的信息流。

3. 长距反馈联系

1999 年考斯林（Kosslyn）利用正电子发射断层扫描（ PET）和透颅磁刺激（ rTMS）相结合的技术，令被试闭目想象一些长度不同的条纹时，V1 区视皮层出现了激活。当用透颅磁刺激枕叶内侧 V1 区，使之功能受到抑制时，则被试不能完成想象任务。这些事实证明，即使是发自视觉系统以外更高层次的自上而下的知觉想象，初级视皮层也是必要的参与者。从而证明，从最高层次到低层次初级视皮层信息流存在的重要作用。

（三）循环信息流

自跨入 21 世纪以来，对知觉信息加工过程的研究已从定性的描述进入精细定量分析。2001 年初，索普（Thorpe）等人总结大量研究报告，将猴对物体图片分类的视知觉反应中，在脑内信息加工的时间进程，归纳为一张信息流程图（图 5－3）。在从知觉信息的传入到传出的过程中，分类知觉反应总时间大约是 180 毫秒—260 毫秒，时间长短取决于知觉客体的复杂程度。物体呈现在猴的眼前，大约 20 毫秒—40 毫秒时视网膜神经节细胞就会出现神经脉冲发放的变化。30 毫秒—50 毫秒在外侧膝状体，40 毫秒—60 毫秒在初级视皮层，50 毫秒—70 毫秒在 V2 区，60 毫秒—80 毫秒在 V4 区，70 毫秒—90 毫秒在颞下回后区，80 毫秒—100 毫秒在颞下回前区形成明确的分类视知觉反应。100 毫秒—130 毫秒时在前额叶皮层形成知觉反应决策。140 毫秒—190 毫秒时在中央前回运动区产生反应的指令，沿锥体束传出。160 毫秒—220 毫秒时脊髓运动中枢兴奋，180 毫秒—260 毫秒之间猴前肢运动，作出分类知觉反应。这种知觉信息流程实际上是底—顶信息流程。人脑的细胞层次和神经网络比猴复杂得多，因此，人类物体分类视知觉的信息流程时间可能比猴长几十毫秒。

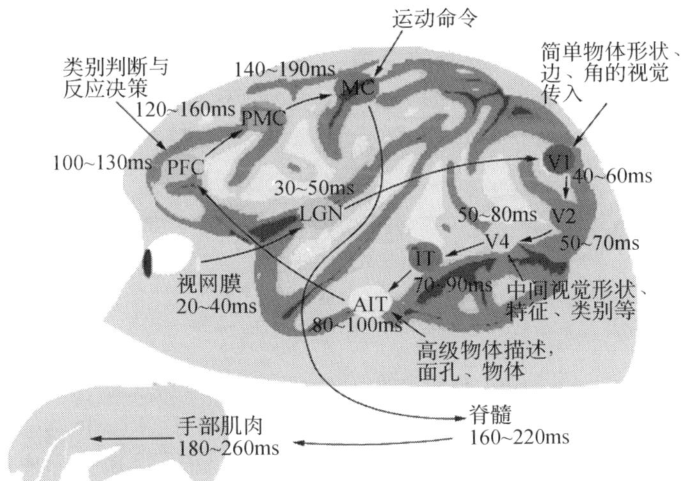

图 5－3　猴视知觉反应的信息加工时程

（引自：Science，2001，291：260－263.）

拉莫（Lamme）和罗夫塞马（Roelfsema）于 2000 年底提出另外一种知觉信息流程。他们认为不仅有底—顶信息流，而且还有皮层之间的横向信息流，以及距离不等的自上而下的反馈信息流参与物体分类视知觉过程。他们按照大量研究报告提供的数据，把知觉信息在脑内流程的延迟分为三种不同的性质：前馈信息流（feedforward）、反馈信息流（feedback）和循环信息流（recurrent）。他们认为物体呈现 100 毫秒之内视觉信息流是底—顶的快速传递，其速度很快，称为前向快扫描（feedforward sweep），是无意识的知觉过程，并且是前注意水平的信息流（图5－4）。反馈信息流和循环信息流的参与才会伴有主体的知觉觉知（awareness）和主体的意识知觉。存在循环信息流的证据有三点：首先，各级视知觉皮层神经元对相应知觉刺激的反应不是恒定的，当刺激物呈现于眼前不变时，各级知觉神经元神经脉冲发放的频率却不时变化，这种可变性是各层次知觉细胞相互作用不断协调的结果；其次，在知觉过程中，刺激客体的物理特性不断变化时，皮层知觉神经元的兴奋水平变化不完全符合经典感受野的规律，这说明皮层神经元的兴奋水平，受来自高层次或同层次其他皮层神经元循环信息流的影响；再次，底顶信息流在100毫秒之内即可传递完毕，但许多复杂知觉任务需要200毫秒—300毫秒，细胞知觉反应有较长的潜伏期，这是循环信息流作用的结果。循环信息流是知觉觉知、注意，以及主体意识知觉的生理基础。拉莫在2003年又将循环信息流分为两类：一类是各层次视知觉皮层之间的循环信息流，参与现实物体的模糊性觉知，这类信息流大约发生在100毫秒—150毫秒的时程上，实现无意识的知觉。另一类循环信息流则大大超出物体视知觉皮层，是在额叶、顶叶和颞叶很多皮层区之间的循环信息流。实际上，人们对物体产生清晰的意识知觉，离不开人们头脑中的经验和记忆，大范围循环信息流是产生意识知觉的基础，与记忆网络间存在着复杂的信息流，这类信息流大约发生在200毫秒—300毫秒的时程上（图5－4）。

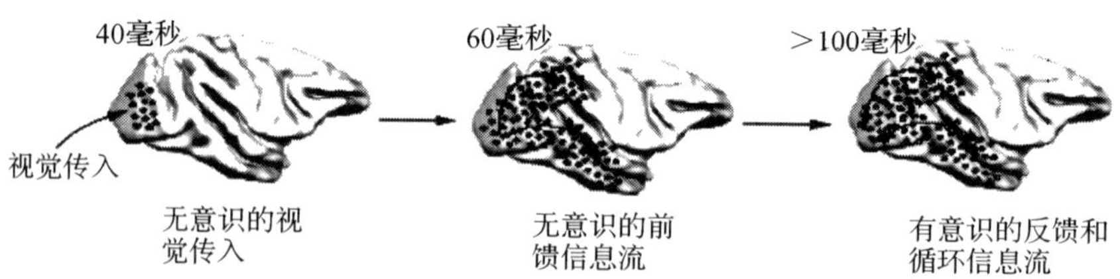

图5－4　视知觉的前馈、反馈和循环信息流

［引自：Trends in Cognitive Science，2003，7（1）：15.］

本节从底—顶、自上而下和循环信息流三个方面说明知觉形成的脑机制。随着当代脑科学的发展，不断出现新的科学事实，深化了我们对知觉脑机制的认识。例如黄等人（Huang et al，2005）采用基于分类器的读出技术，对猴颞下回少于100个神经元的细胞群的知觉编码进行场电位分析，结果表明，猴颞下回一些神经元群的场电位能以12.5毫秒的时间尺度，对外部知觉物体的位置、尺寸、类别等特征发生反应。这一事实对高级知觉通路信息加工的背、腹通路理论，以及循环信息流的理论提出了质疑。人类对脑的认识总是在各种挑战中不断深化不断发展着。

第二节 注意过程、脑网络和多重信息流

当代心理学将多种无创性脑成像技术和有创性动物细胞电生理学记录方法相结合，对注意的脑机制进行了多方面研究。首先，把注意作为一种心理过程，认为由非随意注意、选择性注意和注意保持三个环节组成为统一的注意过程。其次，注意过程由许多层次不同的脑结构参与，形成了多种脑功能网络作为其结构基础。第三，在这些网络中，进行着由底至顶、自上而下、循环和大范围交互的信息流，实现着注意对意识的导向作用、保持适度警觉和决策执行等三项功能。

一、注意过程

作为一种心理过程，注意是由非随意注意、选择性注意和注意保持三个环节组成的。

（一）非随意注意过程

20 世纪 50 年代—60 年代，经典神经生理学以新异强刺激引起的朝向反应作为非随意注意的模型，进行了广泛的研究，导致非联想性注意理论的形成；与此同时，在朝向反射深入研究的基础上，又形成了联想性模式比较的注意理论。这两种经典的理论虽以共同的实验模式为起点，但导致不同的结论。一个强调非特异性传入通路和非选择性外抑制的神经机制；另一个强调经验或期望中的感知模式与现实刺激模式之间的比较。

1. 朝向反射理论

这种理论沿袭着巴甫洛夫经典神经生理学关于外抑制的理论和 20 世纪 50 年代神经生理学关于网状非特异系统生理特点的理论路线，认为非随意注意并没有感觉通道的特异性，不论是视、听、躯体感觉还是化学的感受刺激，只要具备新异性的强刺激特性，就会引起外抑制的机制，即网状非特异系统的强烈激活。当新异刺激重复发生，由于非联想性习惯化学习机制，使其形成消退抑制或网状非特异系统唤醒水平的降低，使朝向反射消退，这就是从注意到不注意的转化过程。按着这种非联想注意理论的方向，许多实验室系统地研究了朝向反应的各种生理参数的变化，包括心率、血压、血容量、呼吸、瞳孔和皮肤电等自主神经功能参数，肌张力和肌电等外周运动神经功能参数，以及脑电活动的中枢功能参数。新异刺激引起瞳孔放大，皮肤电导迅速增强等交感神经的兴奋效应；头颈肌肉与眼外肌肉收缩使头眼转向刺激源；脑电图出现弥散性去同步化反应，皮质的兴奋性水平提高。全部这些朝向反应的生理变化，对于各种新异性刺激的性质是非特异性的。无论是声、光刺激或温度刺激，还是痛刺激，只要它对机体是新异的，都会引起这些生理变化。此外，刺激量的差异对朝向反应的生理变化也是非特异的。例如，刺激接通或撤除，都会同样地引起这些朝向反应的生理变化。朝

向反应生理变化的这种非特异性使之与适应反应和防御反应显著不同。温刺激引起外周血管和脑血管的扩张，而冷刺激则使它们收缩。这就是说，适应反应随刺激性质的不同而异，在有害刺激引起的防御反应中，无论是外周血管还是脑血管都发生收缩。这种收缩反应，在重复应用有害刺激的过程中并不会减弱，说明它与朝向反应的成分不同，不易消退。总之，朝向反应的多种生理指标变化不同于适应反应和防御反应，其特点在于对不同性质刺激或一定范围强度的刺激，均给出非特异性反应。重复应用同一模式的刺激，朝向反应消退；变换刺激模式，则再次呈现朝向反应。所以，刺激模式在朝向反应中具有重要意义。

20 世纪 60 年代—80 年代，对朝向反应各种生理变化进行精细分析后发现，各种生理变化出现的时间和稳定性不同，其生理心理学意义也各不相同。20 世纪 60 年代，生理心理学家们普遍认为皮肤电反应是朝向反射最稳定的重要生理指标。然而，对新异刺激的皮肤电变化的潜伏期大约为 1 秒，达到波峰约需 3 秒，恢复到基线约需 7 秒。所以，为了引出朝向反应的皮肤电变化，最适宜的重复刺激间隔至少 10 秒钟。几次重复以后，皮肤电的朝向反应就会消退。

维巴坦（Verbaten，1983）报道，在朝向反应中，眼动变化的潜伏期仅为 150 毫秒—200 毫秒，比皮肤电变化快 5 倍，可能与朝向反应早期的信息收集有关。眼动变化的习惯过程也较快，但与刺激的复杂程度和不确定性有关。刺激的信息含量多、不确定性大时，习惯化过程较慢。皮肤电反应的习惯化过程则不受刺激复杂程度的影响。所以，眼动和皮肤电在朝向反应中的变化规则和机能意义并不完全相同。此外，在朝向反应中，皮肤电反应、血管运动反应和脑电 α 阻抑反应也都有不同的变化规律。重复刺激时，首先消退的是皮肤电反应；随后消退的是血管运动反应；脑电 α 阻抑反应并不完全消退，只是从弥散的阻抑反应逐渐缩小，仅在某一皮层区出现局限性反应。在头皮上记录平均诱发电位时发现，重复呈现刺激 36 次以上，其 P3 波仍未消退；而皮肤电反应在 10 次—20 次重复刺激时完全消退。这些事实说明，在朝向反应中，外周生理变化与中枢神经系统的生理变化有不同的规律和机能意义。

2. 朝向反射的联想性模式匹配理论

在朝向反应研究中发现，不仅刺激的强度和新异性可以引起注意的心理生理变化，而且刺激强度或模式的变化也会引起朝向反应。俄国心理学家索科洛夫根据这一发现，把朝向反应分为两种类型：初次应用新异刺激引起的初始性朝向反应和消退之后刺激模式变化引起的变化性朝向反应。在此基础上，进一步提出两类朝向反应的共同基础，这就是现实刺激模式与经验中或期望中的模式比较中的不匹配性。因此，他认为现实和经验之间的联想性比较是注意的生理学基础。由于这种联想不匹配总是短暂的、易变的，所以非随意注意也是不持久的。具体地讲，这种机制发生在对刺激信息反应的传出神经元中，在这里将感觉神经元传入的信息模式和中间神经元保存的以前刺激痕迹的模式加以匹配。如果两个模式完全匹配，传出神经元不再发生反应；两种模式不匹配就会导致传出神经元从不反应状态转变为反应状态。进一步实验分析表明，不匹配机制引起神经系统反应性增加的效应可以发生在中枢神经系统的许多结构和功能环节上，其结果是大大提高对外部刺激的分析能力或反应能力。

既然朝向反应是短暂的反应过程，那么随着刺激的重复或刺激的延长，朝后反应就会消退。采用精细的分析和记录手段对这一过程进行时相性分析是十分必要的，事件相关电位的记录和分析是一种较为理想的手段。一些研究者发现，初次应用新异刺激引起的初始性朝向反应，与消退之后刺激模式变化引起的变化性朝向反应不同：两者的脑事件相关电位变化不一，神经机制也不相似。在变化性朝向反应中存在着特异性脑事件相关电位波——不匹配负波（mismatch negativity，MMN）；而在初始性朝向反应中存在着较大的顶负波，这两种负波的潜伏期均在 150 毫秒—250 毫秒之间，是 N200 波的不同成分。

顶负波是初始性朝向反应的恒定成分，在初次应用新异刺激时出现于顶颞区，是潜伏期约 200 毫秒的负波，简称 N200 波。有时 N200 波分为两个波峰，分别称 N2a 和 N2b。N2b 波是在 N2a 波的基础上进一步加大而形成的。当 N2b 波下降以后形成的正相波称 P3a，N2b-P3a 构成一个复合波。N2a 则常常是不匹配负波，而 N2b-P3a 复合波是不匹配负波的后继成分。

不匹配负波对各种物理性质不同和心理学意义不同的刺激均给出相似的反应。它只反映出刺激模式的变化，不论是声、光或电刺激，只要这种模式在重复应用时发生一定的变化，就能有效地引起不匹配负波的出现。但是不匹配负波出现的潜伏期和持续时间则与刺激强度变化的幅度有关。外部刺激强度变化的幅度越大，不匹配负波出现的潜伏期越短，持续时间也越短，但负波峰值较高。反之，外部刺激强度变化越小，不匹配负波出现的潜伏期越长，持续时间也越长，负波峰值较低。一般而言，从刺激变化时起，不匹配负波达到峰值所需的潜伏期约 200 毫秒—300 毫秒。潜伏期短则峰值高；潜伏期长则峰值低。不匹配负波常常出现于额区或额中央区。当不匹配负波之后伴随一个正波或负正双相复合波 N2b-P3a 时，就会出现朝向反应；相反，如果由刺激模式变化引起的不匹配负波之后，不伴有 N2b-P3a 波或一个正波，就不会出现朝向反应。事件相关电位的这些变化说明了大脑皮层在注意中的复杂作用。

（二）选择性注意过程

20 世纪 60 年代—70 年代，在认知心理学发展的初期，认知心理学家花了较大的力量研究注意的理论问题。他们先后采用了滤波实验范式（filtering paradigm）、双重刺激范式（double-stimulation paradigm）、选择集范式（selective set paradigm）等，进行了系统研究。在此基础上，先后提出了两类加工过程和两类注意过程的理论、探照灯理论、基于空间和基于物体的视觉搜索理论以及特征整合理论。就选择注意而言，又有注意的早选择和晚选择两种不同观点，是注意时序性研究的重要理论问题。除了这些认知心理学的理论概念外，认知心理生理学家们还创造了许多适于研究注意与事件相关电位时序性的实验范式，分别用于研究视、听、躯体感觉相关的选择性注意的生理机制。其中通过事件相关电位的时间特性为两种选择作用时间问题提供了科学证据。

1. 选择性注意与听觉事件相关电位的时序性

希利亚德（Hillyard）等最早将 GO/NO-GO 实验范式引入选择注意的电信号研究。通常有四个属性不同的刺激，其中两个属性可以进行快速鉴别，另两个属性进行慢鉴别。要求被试集中注意力鉴别四类属性中的一种作为目标，一旦目标出现尽快按键（GO 反应），其他属性出现不按键（NO-GO 反应）。希利亚德最初使用的刺激，是将持续时间不同的长信号（D^+）和短信号（D^-）作为两个慢鉴别的信号，将声音在左、右耳（L，R）中出现作为快速鉴别的两个属性。首先要求被试鉴别其中的两个信号，然后再要求被试对两个信号的组合进行鉴别。例如，只对左耳出现的长持续音（L-D^+）作出按键反应，对左耳出现的短音（L-D^-）、右耳出现的长音（R-D^+）或右耳出现的短音（R-D^-）均不反应。他们利用这种实验模式研究发现：听觉选择性注意伴随 N1 成分的幅值增高。N1 成分的变化与注意的选择集模式完全相符，即上述不同刺激集的性质制约其快鉴别或慢鉴别的物理属性。后来将这种由于刺激物理属性制约所引起的 N1 成分变化，称为外源性脑事件相关电位成分。对刺激的注意反应在脑事件相关电位中除了 N1 成分外，还有内源性加工负波，虽然该成分的潜伏期也在 100 毫秒左右，但其波持续时间较外源性 N1 成分长些，只有当被试理解了两种属性组合的刺激中含有 GO 反应的意义而作出正确率较高的反应时，才会出现加工负波的 N1 成分。它反映了被试对现时刺激与以前刺激在头脑中的表象加以比较的过程。通过实验分析发现，选择性注意的加工负波 N1 可能含有三个成分：内源性成分发源于颞上回皮层；接近颞上回皮层的方向性偶极子，导致产生正—负双向波，由潜伏期为 100 毫秒的正波和随后约 150 毫秒的负波组成；颅顶的感觉通道非特异性成分波幅最高，常称之为顶负波。哈克利等人（Hackley et al，1990）利用声、光刺激相结合的方法，证明正—负双向波主要出现在颞上回。

格雷厄姆等人（Graham et al，1991）在总结听觉选择注意的脑事件相关电位的研究资料基础上指出，在注意的心理生理学过程中，存在着三个层次的自动加工机制。首先是强自动加工机制，短潜伏期的事件相关电位成分无论是有意识的随意注意还是不随意注意，均不影响这一加工机制，它的事件相关电位成分不发生改变，只决定于刺激的物理性，相当于外源性事件相关电位成分；其次是部分自动加工机制，以中脑结构功能为基础的脑事件相关电位，为 250 毫秒以前的成分，这种注意的事件相关电位可受随意注意的调节提早出现（潜伏期缩短）或延迟出现，它既受外部刺激的影响，又受意识状态的影响，称为中源性事件相关电位成分（mesogenous potentials），是一种特异性事件相关电位；最后是控制加工机制，脑事件相关电位表现为 P3b 波，是一种容量有限的注意机制，称内源性事件相关电位成分，受认知和行为过程的控制。

2. 早选择的电生理学证据

1991 年—1993 年间，美国加州大学圣地亚哥分校的希利亚德通过对听觉平均诱发电位的中成分的分析，发现在双耳分听实验范式中，被试选择注意的纯音刺激比忽视的纯音刺激，诱发出高幅值的正波，其潜伏期在 20 毫秒—50 毫秒之间。通过脑磁图的定位研究，证明 P50 成分发源于初级听觉皮层。视觉平均诱发电位的研究也发现选择注意诱发出高幅成分，其潜伏期约 100 毫秒。这两项事实似乎有利于支持早选择的理论观点。外界刺激信息在达到相应感觉通道的皮层特异区产生高幅值诱发反应，说明选择性发生在知觉信息传递的早期。这一结论在背侧额叶皮层受损的病人研究中进一步得到证实。

背侧额叶皮层受损的病人，其听觉平均诱发反应 P50 和体感刺激的平均诱发反应 P50 均比正常人显著增高；而听觉和体觉初级皮层受损的病人，分别只出现与受损皮层相应的诱发电位的中成分选择性幅值降低。这说明背侧额叶皮层受损不能向丘脑网状核发出兴奋冲动，丘脑网状核无法对脑干网状结构发挥抑制作用。当然也不排除背侧额叶皮层直接抑制各种初级感觉皮层对干扰项的反应。总之，无论是对正常人的平均诱发电位的中成分分析，还是对脑损伤病人的中成分分析，乃至对动物的实验研究，都说明选择注意的选择作用发生在潜伏期短于 100 毫秒的早期阶段。

3. 视觉注意及脑事件相关电位的时序性

视觉注意可人为地分为物体属性视觉的注意和空间位置的视觉注意。前者较为简单，后者较为复杂。

（1）基于物体的视觉注意

汉森和希利亚德（Hansen & Hillyard，1983）提出一种类似听觉注意心理生理学实验的范式。刺激由垂直的棒状条图在视野中呈现的三维特性加以表征，即出现在视野的部位（location，L）、棒状条图的颜色（color，C）和棒状图的高度（height，H）。作为目标刺激的这三种特性可分别单一出现，也可以二维特性或三维特性组合出现。对目标刺激注意引起的脑事件相关电位的反应，随目标刺激的属性不同而异，定位属性的鉴别最快，颜色反应居中，棒状条的高低是最后反应的特性。研究发现，定位属性引出外源性事件相关电位成分，分别是 P120，N170，N250 三种外源性成分，简称 P1，N1，N2，在视野对侧的大脑半球枕叶出现；对颜色属性的注意在中央区、顶区和枕区引出广泛的内源性负波成分（潜伏期 150 毫秒— 350 毫秒之间）和正波成分（潜伏期 350 毫秒—500 毫秒之间）；棒状条图的大小和位置的属性，可在额区引出 P2 波（潜伏期 150 毫秒—350 毫秒之间）。

脑事件相关电位的这种研究表明，随物体属性的复杂和精细程度的不同，参与对其注意的脑机制复杂程度也不同。与枕叶、颞叶和额叶的参与相随而行的脑事件相关电位，从外源性成分到内源性成分，从短潜伏期到长潜伏期的成分也在增多。

（2）基于空间的视觉注意

空间注意是对自然和生活环境某一空间范围的总体及其包容物体布局进行视觉搜索和空间线索的变焦检测过程。认知心理学家们设计一些实验，比较注意范围内外物体或视觉线索的位置变换的反应时和正确率，以此研究空间注意的特性，包括变焦检测焦距大小、变换速度、注意资源的分配等。在过去的 20 年中，空间线索实验范式和视觉搜索实验范式是认知心理学研究空间注意的两大实验技术。

拉克等人（Luck et al，1993）报道了视觉空间搜索中的局部性选择注意时脑事件相关电位的特点。搜索空间为荧光屏上的 16 个“T”形图组成的矩阵，其中 14 个 T 是红色的，随机分布在屏幕的 11 ×11 度视角空间内，其余 2 个 T 分别是蓝色和绿色的，左、右分布。搜索矩阵每次呈现 700 毫秒，随后消失，屏幕空白间隔时间为 650 毫秒—850 毫秒，此时只见屏幕上的注视点。探测刺激为1. 6 × 1. 6 度的方框，对屏幕没有掩蔽效应，不影响对蓝或绿色 T 的观察。搜索矩阵和探测刺激间相继 250 毫秒—400 毫秒非同步呈现（SOA），探测刺激仅持续 50 毫秒。判断蓝或绿 T 形处于正位还是倒位，分别用拇指或食指按电键。记录被试对蓝或绿目标刺激的注意，并对其特征结合进行识别时的脑事件相关电位。结果发现，搜索矩阵与探索刺激相隔 250 毫秒相继出现时，感觉诱发电位中，潜伏期为 75 毫秒—200 毫秒的成分显著增加，包括前后两个负波和中间的一个 P1 波。P1 波的潜伏期为 75 毫秒—125 毫秒，在对侧枕叶和后颞叶明显增高；前面的 N1 波潜伏期为 95 毫秒，后面的 N1 波潜伏期为 135 毫秒，两者在同侧半球各脑区内幅值均明显增高。在讨论这一结果的意义时，作者指出这一结果与他们以前的发现一致地表明，在视觉搜索的早期阶段上，注意过程影响感觉信息加工，并且在不同的实验范式中证明了注意作用具有同一神经机制。

格雷厄姆和哈克利（1991）总结了视觉注意的脑事件相关电位的科学事实认为，已有的研究表明无论是简单的选择性注意还是复杂的视觉空间搜索，主要改变的是脑事件相关电位成分中潜伏期为 250 毫秒以前的成分，反映视皮层和纹外视皮层的功能变化。因此，这些脑事件相关电位的生理参数有利于认知心理学关于注意的选择理论。

威杰斯等人（Wijers et al，1987）对注意集中与注意分散条件下，注意颜色刺激空间分布属性时的脑事件相关电位生理参数的变化规律进行了深入研究。他们使用的刺激为呈现在屏幕上的8个彩色方块（红、蓝各4个），以屏幕底线中间的注视点为中心，呈弧状分布（左、右视野各4个），形成以注视点为中心的半圆，持续约60毫秒。刺激间隔期间屏幕上仅显示注视点，持续500毫秒—700毫秒。每次刺激呈现之前，有一个红或蓝色箭头作为注意线索，指示被试应注意的视野方向和刺激的颜色。呈现在屏幕指示视野上的刺激，如果只有一个方块与指示的颜色相同时，为注意集中；如果4个方块都为指示的颜色时，则为注意分散。根据屏幕上呈现的条件，要求被试给出相应反应。在这种认知条件下记录脑事件相关电位。结果表明，注意时诱发出潜伏期约100毫秒—175毫秒的P1波，随后出现175毫秒—350毫秒的负波（N2b）和正波（P3b）。Pl波在注意分散时经常出现，且主要呈现在视野同侧的枕叶；N2b和P3b波主要在注意集中时出现，最明显地出现在颅顶（Cz）记录部位上。这一结果使作者认为，注意集中和注意分散具有不同的脑机制，并不是一个空间注意过程的两个阶段，因为P1波加工与N2b和P3b并不发生在同一部位，而且引出注意的条件不同。

4．选择注意、知觉与记忆

20世纪80年代，特雷斯特曼（Treisman）等人提出特征整合理论，将注意和知觉过程关联起来。约十多年之后，邓肯（Duncan）等人主张的注意约定理论（attention engagement）将注意和记忆关联起来。又隔十多年，循环信息流的分析将三者联结在一起。上述事实说明对选择注意脑机制的认识不断取得新的进展。1980年，美国心理学家特雷斯特曼在视觉搜索的实验研究中提出了注意的特征整合理论，将注意过程分为两个阶段：前注意阶段和选择注意阶段。她认为前注意阶段对视野中各种特征进行并行加工，是一种非意识活动。随后一些特征整合起来形成客体知觉，选择注意正是在从并行到串行的特征整合中发挥作用的。也就是说，选择注意的选择发生在知觉形成之中。这个理论最初建立在底—顶信息加工概念的基础上，在以后的十年之中又不断吸收自上而下的信息加工概念，逐渐强调高层次知觉经验在特征整合中的作用，并认为在刺激呈现的几百毫秒内，选择注意对潜在靶子的强化和对潜在干扰的抑制是同时进行的，这就是选择注意的控制机制。1990年，邓肯等人提出选择注意介入之前，个别特征结合为知觉的过程已经完成，选择注意的作用在于把知觉信息与工作记忆约定起来，完成明确的意识知觉，这两种选择注意的理论概念仅限于认知心理学实验中的事实，并未涉及脑功能基础。最近几年，基于无创性脑成像和灵长类动物神经细胞电生理的科学事实，拉莫等人提出循环信息流的概念。

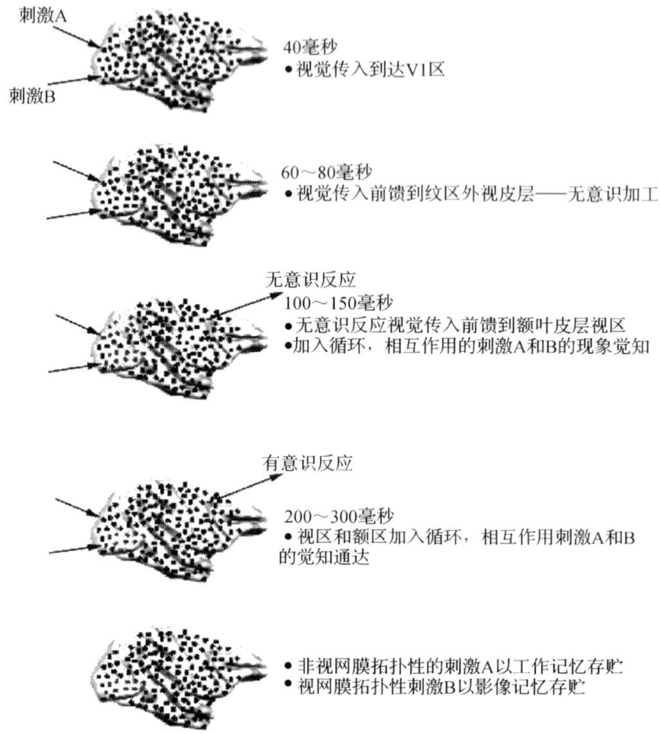

图5－5　视觉注意的大范围循环信息流

［引自：Trends in Cognitive Science，2003，7（1）：16.］

如图5－5，外界的多种刺激用刺激A和刺激B代表，它们在呈现后的40毫秒已经映射到初级视皮层，60毫秒—80毫秒时，视觉信息可以前馈到纹区外视皮层进行无意识的信息加工，约100毫秒—150毫秒时视觉信息已前馈至额叶皮层，同时视觉皮层开始加入循环流的相互作用之中，这时主体出现对刺激的无意识反应。200毫秒—300毫秒时视皮层和额叶皮层同时加入循环信息流的相互作用中，产生了主体的意识知觉，即使现实刺激消逝，也会保存在工作记忆之中。也就是说，刺激呈现后大约100毫秒—150毫秒，刚刚形成的视区和额叶间的循环信息流所出现的主体无意识反应大体与感觉记忆相关；200毫秒—300毫秒完全形成循环信息流，使额叶与视皮层之间产生相互作用，这不仅是意识知觉形成的基础，也是选择注意和工作记忆的神经基础。

（三）注意的保持过程

日常生活中离不开注意保持功能，无论是读书写字还是完成一件日常生活琐事，都需要我们在或长或短的某段时间内安心注意地完成这件事。集中注意就必须不断忽视周围的各种刺激或发生的其他事件，克服脑内出现的可能引起分心的概念或表象。研究注意保持的脑机制实验范式很多，脑事件相关电位研究领域中的伴随性负电位（contingent negative variation，CNV）实验范式是较为典型的研究方法。CNV 实验范式由两个刺激组成，第一个刺激 S_1 作为第二个刺激 S_2 的警告信号，S_2 是命令信号，两者的时间间隔是 1 秒— 3 秒。要求被试在 S_1 呈现时开始准备，一旦 S_2 呈现立即尽快按下手边的按键，为了准确无误地做出命令要求的动作，被试得到警告信号之后必然保持注意，等待命令信号的呈现。伴随注意保持的警觉状态，头皮上的前额叶皮层可以记录到 S_1 与 S_2 之间逐渐增高的负慢电位。S_2 呈现，被试作出反应后，CNV 波消失。通过前额叶皮层损伤的病例研究，证明 CNV 波起源于前额叶皮层。所以，注意的保持过程主要是由前额叶皮层实现的。

二、注意过程的脑机制——注意网络

注意过程由许多层次不同的脑结构参与，形成了多种脑功能网络作为其结构基础。注意的功能在这些网络中进行着由底至顶、自上而下、循环和大范围交互的信息流。著名学者波斯纳（Posner）在 1995 年出版的《认知神经科学》一书中，根据人类无创性脑成像研究和灵长类动物细胞电生理研究所发现的科学事实，将注意的脑机制概括为三个功能网络：定向网络、执行网络和警觉网络。这三个网络构成脑内统一的注意系统，它们不同于那些只能被动接受传入冲动和信号的其他脑结构，它们以不同的作用参与注意过程。2000 年作者又进一步补充和细化了三个注意网络的内涵。

（一）定向网络

猴细胞电活动的证据以及脑损伤病人的研究表明，后顶叶皮层、上丘和丘脑枕核参与感觉刺激和空间位置的定向功能。不随意注意和选择注意过程伴随眼动和内隐朝向反应，这些脑结构的细胞发放活动增强。这些脑结构损伤，就会导致不随意注意和注意转移的障碍，当无效线索提示与靶子呈现不一致，注意必须从原有的位置上解除，再转向新位置时，还需要颞—顶联络区皮层的参与。

（二）执行网络

执行网络实现选择注意的执行，包括对目标和靶子的搜索和觉察，对干扰项的忽视、错误检测处理，无效提示线索引起的冲突和反应抑制等进行调控。主要脑结构是中额叶皮层，包括前扣带回和辅助运动区，有时基底神经节也参与这一功能网络。

（三）警觉网络

警觉网络实现注意保持和持久维持的调节功能，因此相应的脑结构应该能维持注意所需的高唤醒和警觉状态。中脑蓝斑的去甲肾上腺能神经元的活动，可以保持较高的警觉状态和唤醒水平。大脑皮层右顶叶和右前额叶参与注意持久维持的调节功能。

三、注意过程的多重动态信息流

尽管15年前通过事件相关电位的时程分析，为注意的早期选择理论提供了证据；但是注意晚期选择理论也从未退出历史舞台。按照探照灯的比喻注意本身就蕴涵着发生在执行环节的中期选择。视觉注意研究，从未放松眼动调节中枢机制的研究（McDowell et al，2008）。随意眼动引起许多脑区的激活，如图5－6所示，有额叶眼区、辅助眼区、下顶沟、楔前核、前扣带回、纹状体、丘脑、楔状核和中枕回等，其中额叶眼区是最高中枢。2008年—2009年将猴细胞微电极记录技术和功能性磁共振成像技术相结合的研究报告，为注意过程中多重动态信息流的理论观点提供了新的科学证据。具体地说，在眼动的多级中枢调节中，以较高层次的额叶眼区（FEF）为代表，以初级视皮层（V1）作为初级视中枢的代表，发现两者间不仅存在着由底至顶的信息流和自上而下的信息流，以及循环信息流，还存在着FEF和V1区之间的大范围信息交流的机制。

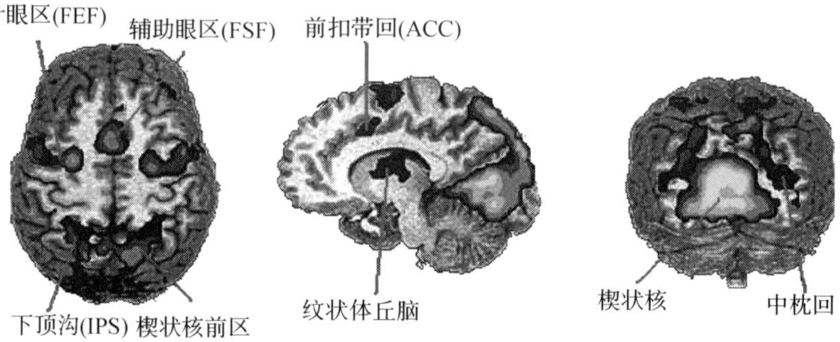

图5－6　随意眼动激活的脑区

（引自：Brain and Cognition，2008.）

埃克斯托姆等（Ekstrom et al，2008）在两只猴脑中埋置了微电极，以弱电流刺激额叶眼区。在功能性磁共振实验室中，首先测定能引发猴眼动的额叶眼区刺激阈值，并测出眼动的范围（movement feild），训练猴学会注视固定目标。在正式实验中，比较通过埋藏微电极对额叶眼区有刺激和无刺激时，全脑激活区分布的差异。随后再进行视觉刺激（注视不同光对比度下的目标）并同时给予微电极电刺激额叶眼区（用阈下刺激，不引发眼动的刺激强度），比较全脑激活区的分布。结果发现，没有视觉刺激，仅有额叶眼区的电刺激时，只在一些高级视觉区如V4区等引起激活水平的增强，对V1区不发生影响；相反，当同时给予视觉刺激和微电极电刺激时，V1区出现抑制效应。额叶眼区的这种调节效应决定于视野中刺激的对比度和干扰刺激的存在。基于这一些发现，作者认为高层次视觉功能区（额叶眼区）对初级视皮层自上而下的调节作用，需要有自下而上的激活信息；反之，自上而下的调节作用强度决定了选择注意的刺激突显程度，换言之，额叶高级调节信号依赖于底—顶信息的门控因素。

凯亚特等人（Khayat et al，2009）利用细胞外微电极记录技术，在两只成年猴曲线轨迹追踪的眼动实验中，分析了猴额叶眼区和初级视皮层场电位发放间的时间关系。训练猴保持两眼注视点于视屏正中 1 度视角的方窗内，维持视角变化在窗内中心的 0.2 度视角范围之内。刺激由两条白色曲线组成，每条曲线末端有一个红色小圆圈。其中一条曲线的末端红圈搭在屏幕中央的注视点，作为靶刺激，另一条曲线末端的红圈与注视点不连接，作为干扰刺激。训练猴眼动跟踪靶曲线，通过微电极记录两只猴的额叶眼区（FEF）的细胞电活动，其中一只猴还单独记录初级视皮层 V1 区的场电位，记录电极的阻抗为 2 兆欧姆。记录电极插入额叶眼区，通过它导入 400 赫兹双相脉冲，串长 70 毫秒的电刺激。如果刺激电流在 100 微安以下（通常为 50 微安）就能引发眼动，则认为电极位于额叶眼区。主要结果如图 5-7 所示，无论是视觉刺激出现时相，还是对靶刺激的选择注意时相，初级视皮层（V1 区）和额叶眼区（FEF 区）细胞电活动潜伏期相近，没有显著差异。所以，作者认为视觉信息从视网膜到 V1 区和 FEF 区是并行的且几乎同时发生的（41ms ∶ 50ms）；选择注意时相，V1 区和 FEF 区反应潜伏期也没有显著差异（144 ms ∶ 147ms）。他们最后得出结论，选择注意中，高层次皮层和低层次皮层形成统一的系统，彼此不断大范围地交流信息。

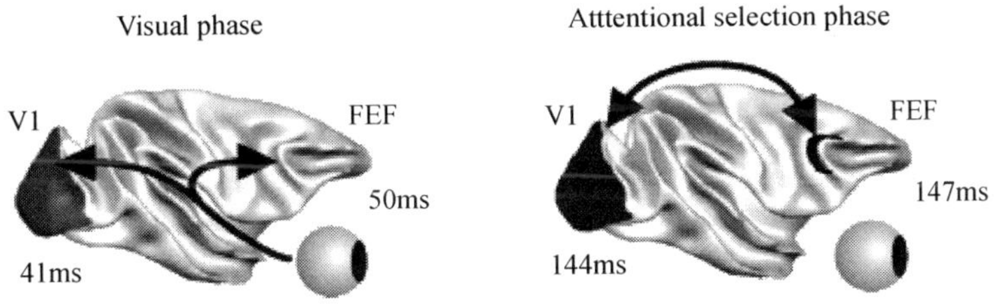

图 5 -7　猴曲线追踪过程初级视皮层（V1）和额叶眼区（FEF）细胞电活动潜伏期的比较
（引自：Neurophysiology，2009，101：1813 -1822.）

在拉莫（Lamme，2000）的综述中，也引证了 4—5 篇关于在视觉掩盖效应中，初级视皮层（V1）和额叶眼区（FEF）之间的细胞电活动潜伏期仅相差 10 毫秒的研究报告，并给出了如图 5 -8 所表达的结果。V1 区潜伏期 40—80ms，FEF 区潜伏期 50—90ms，颞下回（ITG）的潜伏期 80—150ms。

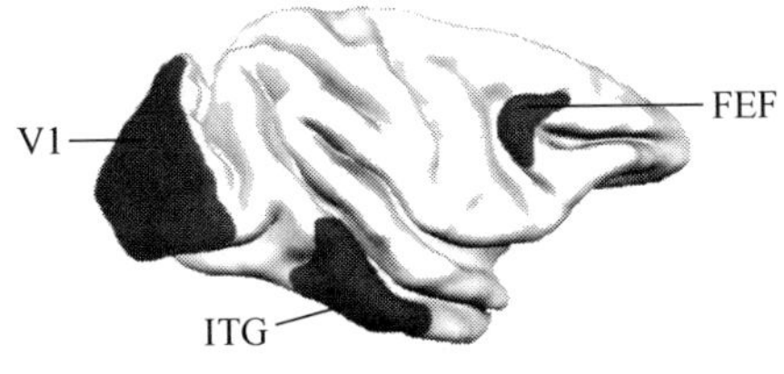

图 5 -8　V1 区和 FEF 区 细胞电活动潜伏期的比较
（引自：Trends Neuroscience，2000，23：571 -579.）

【建议参考资料】

1. 沈政，林庶芝. 生理心理学［M］. 北京：北京大学出版社，2007：58－83.

2. 沈政，方方，杨炯炯，等，认知神经科学导论［M］. 北京：北京大学出版社，2010：49－84.

3. KHAYAT P S，POORESMAEILI A，ROELFSERMA P R. Time course of attentional modulation in the frontal eye field during curve training［J］. Neurophysiology，2009，101：1813－1822.

4. LAMME V A F，ROELFSERMA P R. The distinct modes of vision offered by feedforward and recurrent processing［J］. Trends in Neuroscience，2000，23：571－579.

【问题与思考】

1. 知觉和感觉的心理现象学和脑功能基础方面有哪些不同？
2. 物体视知觉的背侧和腹侧通路，它们的结构和功能有何不同？
3. 注意由哪三个过程组成？其脑结构基础是什么？
4. 什么是注意过程的多重动态信息流？
5. 试论注意、知觉和意识三者之间的关系及其脑功能基础。

第六章　学习和记忆的生理心理学

【本章提要】

20 世纪 60 年代—70 年代之前，生理心理学致力于寻求一种通用的学习记忆机制，有一个特异的脑中枢以及特异的细胞和分子，专司学习记忆。直到 80 年代，才发现学习和记忆是所有神经细胞的普遍特性，学习和记忆的行为模式不同，其关键的脑结构不同，参与的细胞也不同，但确实存在着普遍的分子生物学机制。本章前两节分别介绍学习记忆的行为模式及其生物心理学理论，第三节专门介绍了通用的分子生物学机制。换言之，当代生理心理学认为，学习记忆的内容、方式、情节和性质不同，参与的脑结构和脑细胞不同，但所有的脑结构和细胞都是按相似的分子生物学反应路径实现学习记忆机制，即神经递质和受体的结合，打开了离子通道，造成大量钙离子流入，同时激活了细胞内信号转导系统，最终激活细胞核内的基因调节蛋白，基因表达合成新蛋白质和新突触，完成了基因和突触之间的对话。本章最后一节介绍近几年受到格外重视的睡眠对记忆的巩固效应。

【学习重点】

1. 联想学习、非联想学习和认知学习。
2. 工作记忆和长时记忆。
3. 记忆的分子生物学机制。

【重要术语】

经典条件反射　操作条件反射　神经信息的慢传递过程　短时记忆　长时记忆

生理心理学在过去的 100 多年间，通过手术切除动物脑的某些结构，或刺激一些脑结构，观察对动物学习记忆的影响，试图用这种方法找到学习或记忆的脑中枢。医学家也不断地积累许多病例，说明了脑损伤部位与学习或记忆障碍之间的关系。1954 年，一位因顽固性癫痫而不得不进行内侧颞叶、海马和杏仁核切除的病人，在术后出现了典型的顺行性遗忘症，揭示了海马结构与记忆的关系。因此，20 世纪 50—80 年代，海马被认为是记忆中枢。生理心理学家在大脑皮层中寻求学习中枢，随后则在不同脑结构间加以比较。这些研究并未能发现脑内存在着一个特异的学习或记忆中枢；相反，不同性质的学习、记忆，或不同行为模式的学习，记忆发生关键作用的脑结构不同。因此，到21世纪初，普遍接受的理论观点是：学习记忆是脑组织的普遍功能，不同的行为模式，其学习、记忆的脑功能回路不同。由于生物化学和分子生物学的发展，以及最近十多年功能性脑成像技术的迅速发展，为学习、记忆的细胞学和分子生物学基础以及认知神经科学机制的研究提供了新的方法学基础。与传统脑损伤和刺激法不同，功能性脑成像技术可以在正常人类受试中进行无损伤的脑功能动态研究，有利于揭示逼近现实生活中学习、记忆活动的生理心理学机理。所以，现在已经认识到细胞核中的基因和神经元的突触之间的对话是学习和记忆机制的核心。换言之，在脑的不同神经回路中，遗传信息和神经信息之间的沟通，是人们学习记忆的本质。本章首先着重论述学习、记忆的行为模式及其与脑功能回路的关系；然后将侧重说明神经细胞和分子生物学的机理以及各类失忆症；最后介绍近十余年关于学习、记忆的细胞和分子生物学研究进展，以及睡眠对记忆的巩固作用。

第一节　学习和记忆的行为模式

学习和记忆能力是人们智力水平的重要基础。广义地说，学习是发现或把握外界事物变化和发展规律的过程，也是经验获得过程；记忆则是已获得经验的积累，以及在应用时从头脑中提取的过程。学习和记忆是人类智慧活动的重要组成部分，是心理学、医学的共同研究命题，但各自的侧重点不同。医学界关注学习记忆障碍的生物医学基础及其防治办法，心理学则关注人类学习记忆的各种心理学特点、规律以及与脑功能的关系。随着科学的发展，对学习和记忆的跨学科研究还吸引了计算机科学家，他们希望从人脑的学习和记忆功能中，找到研制智能化机器的启迪，形成了人工智能和人工神经网络的研究领域。20世纪80年代，人工神经网络研究的著名学者霍普菲尔德（Hopfield，1982）从数学上概括出学习和记忆之间互为逆过程的人工神经网络新算法，称之为学习、记忆Hopfield模型。这一模型将学习过程利用神经元之间联结权重函数加以表达，记忆则是用状态函数加以表征。

一、学习模式

人类和动物的学习行为，由于环境条件的不同、学习面对的任务不同和学习的规则不同，可分为许多学习模式。最常见的是由于外部事物重复呈现，在个体经验基础上所进行的学习过程，可称为经验式学习；与之对应的是一次性观察、洞察或模仿而形成的认知学习，并不依赖于多次重复的个体经验，这种学习模式在人类和高等灵长类动物中最发达；还有一种常见的学习模式，就是与个体生存或种族延续直接相关的因素所引起的情绪性学习。本节将详细讨论各种学习模式的特点和研究方法，这也是本章的重要基础知识。

（一）联想式学习

联想式学习是指由两种或两种以上刺激所引起的，脑内两个以上的中枢兴奋之间形成联结而实现的学习过程。根据外部条件和实验研究方法不同，可将联想式学习再分为三种类型：尝试与错误学习、经典条件反射和操作式条件反射。

1. 尝试与错误式学习

美国心理学家桑代克（Thorndike）首先用问题箱和迷宫的实验装置研究动物学习规律。迷宫和问题箱是一种联想式学习的工具。学习行为形成的指标是动物通过尝试与错误的经验积累，使正确反应所需要的时间逐渐缩短。T 形与 Y 形迷宫是最常用的实验装置，在 T 形迷宫中起始箱与两个鉴别反应臂之间呈 90°，两个鉴别臂成一直线，动物运动方向相反。因此，在 T 形迷宫实验中，每次需将动物放在起始箱，起始箱与另一臂的灯光同时亮，约 5 秒后有灯光的两臂均有电击，动物跑向无灯光的一臂才避开电击。经过训练后，每当灯光一出现，动物就立即跑向无灯光的安全区，则表明习得行为建成。Y 形迷宫中，两臂间夹角可以改变，夹角越小，鉴别学习的难度越大，其用法与 T 形迷宫基本相似。桑代克在动物迷宫和问题箱学习实验基础上，发展了哲学中三条联想律的传统观念，提出了效果律和练习律。在人与动物的许多反应中，那些伴有满足效果的或最终导致满足的反应容易巩固下来。简言之，在尝试与错误式学习中，具有生物学或社会强化效果的联想能较快形成与巩固，这就是效果律。对某一类情境的各种反应中，只有那些与情境多次重复发生的行为才能得到巩固和加强，这就是练习律。两条学习规律结合起来表明，重复发生并得到强化的行为才能巩固下来。强化与练习是尝试与错误式学习的基本规则。

2. 经典条件反射（classical conditioning）

20 世纪初，年过半百的俄国生理学家巴甫洛夫在消化腺生理学研究取得巨大成果之后，研究了狗的心理性唾液分泌现象，并很快建立了经典条件反射理论。狗吃食物分泌唾液是一种天生固有的生理反应，他称之为非条件反射（unconditioned reflex，UR），食物为非条件刺激物（unconditioned stimulus，US）。当狗看到食物还没吃就流口水的现象，他称之为心理性唾液分泌反应。这是由食物的形状、颜色或气味引起的唾液分泌反应，是一种自然条件反射（conditioned reflex，CR），食物的形状、颜色或气味是条件刺激物（conditioned stimulus，CS）。可见，食物的属性构成条件刺激，是因为它们总是伴随食物而出现，而且是在吃到食物之前就已感受到的刺激。由此可以看出，建立人工条件反射的基本方法与规则，与食物无关的刺激——铃声本来是无关动因，可是多次与食物同时出现，就成为食物的信号或条件刺激。从铃声出现到食物达到口内的短暂时间内，狗所分泌的唾液就是条件反射。条件刺激和非条件刺激相隔短暂的时间，顺序地多次重复呈现，是建立经典条件反射的基本学习规则。如果条件刺激和非条件刺激呈现的顺序颠倒或间隔时间太久，则不能建立经典条件反射。按着条件刺激和非条件刺激呈现的顺序和一定限度的间隔期，多次重复呈现，建成条件反射后，在巩固的条件反射基础上，可逐渐延长条件刺激和非条件刺激的间隔时间，建成延缓或痕迹条件反射。如果没有巩固的条件反射为基础，则不能建成延缓条件反射。由此可见，经典条件反射的学习规则比尝试与错误式学习规则更为严格、具体，受到各国学者的普遍重视，并称之为经典条件反射。近年计算机神经科学也对这种学习模式，进行了大量的数学模拟研究。

3. 操作条件反射（operant conditioning）

斯金纳（Skinner，1938）在他的专著中系统地总结了操作条件反射的动物学习模式和学习规则。这种学习模式形成的基本要点是刺激（stimulus，S）与反应（response，R）之间的联结，即S-R联结，并在脑内伴随着联想的出现。操作反应箱本身就是一种外部刺激，反应箱中的食盘也是一种外部刺激；动物机体的躯力，如饥、渴等，则是引起反应的内部刺激。动物作出按杠杆等类操作反应，就会得到奖励或强化，则操作行为就能建立起来。

尝试与错误式学习、经典条件反射和操作条件反射三者共同的特点，是环境条件中那些变化着的动因在时间和空间上的接近性，造成脑内两个或多个中枢兴奋的同时变化，从而形成脑内中枢的暂时联系。因此，这三种学习模式统称为联想式学习，包含着外部动因（CS和US）间的联结、刺激—反应（S与R）联结和脑内中枢间的联结（暂时联系）。与三种学习模式相对应的是非联想式学习。

（二）非联想式学习

虽然苏联学者们对单一刺激重复呈现引起的朝向反射消退现象作了大量系统的研究，并在20世纪60年代形成了以索可洛夫为代表的朝向反射理论，但把单一刺激重复呈现引起的行为变化作为一种学习模式，却是美国学者肯特尔（Kandel，1976）的贡献。他选择海生软体动物海兔为对象，系统研究了单一刺激重复呈现引起的行为变化规律，并记录其神经元的单位发放。在这类实验研究的基础上，他总结出两种非联想式学习模式：习惯化与敏感化。之所以称为非联想式学习，是因为行为变化仅由单一模式的刺激重复呈现引起，与之相应在脑内引起单一感受系统的兴奋变化。

1. 习惯化学习

肯特尔利用一个轻微触刺激作用于海兔体表，开始仅引起它的缩腮反应，但重复应用几十次后，则发现反应逐渐减弱，直至消失。这种习惯化现象持续几十分钟，甚至一小时之久。如再重复这种刺激，可延长习惯化持续的时间达数日乃至数周之久。

2. 敏感化学习

对海兔头部用一个能引起痛或损伤性的强刺激，不但立即引起缩腮反应，而且对已经习惯化的轻触刺激，也会引起敏感的缩腮反应。痛觉与其他感觉相比有许多特点，不仅伴有情绪化成分、植物性神经反应成分、运动成分，而且缺乏适应性。重复刺激不但感觉阈值不再增高，反而有所下降，这就是敏感化。

对同一刺激重复呈现引起的感受性变化，也是动物和人类适应外部环境的重要机制，是在个体经验基础上实现的一种习得行为。两种非联想式学习模式的区别，在于习惯化刺激是由生物学意义不明确的无关刺激重复作用而引起；敏感化则由具有显著生物学意义的刺激，例如痛觉刺激重复作用所造成。

（三）程序性学习或熟练与技巧性学习

无论是联想式学习还是非联想式学习，经过多次训练可以达到非常熟练的程度。这时的学习模式出现了新的特点——短潜伏期自动化行为模式的出现。近年研究发现，这种短潜伏期的快速反应是一种新的学习模式，其脑机制中最必要的中枢是小脑深部核。在生理心理学研究中，以兔瞬眼条件反射为其典型代表。

（四）认知学习

与上述经验式学习不同，高等灵长类和人类的许多学习过程并不总是建立在重复的个体经验基础之上，往往一次性观察或模仿就会完成。克勒（Kohler，1935）报道了他对猿类模仿学习的观察，并将这类学习称为“顿悟式学习”。普里布拉姆（Pribram）认为，猴通过观察把握了外部事件的前后关系，所以将之称为前后关联式学习。班杜拉（Bandura，1977）在对青少年攻击行为形成的研究中发现，观察与模仿是青少年得到这种行为类型的主要学习方式。因此，他提出了社会学习理论，实际上也是一种非经验式的观察模仿学习模式。这种学习模式建立在视觉认知过程的基础之上，又可称之为认知学习。

（五）情绪性学习

给实验箱底的栅栏通电，使动物足底受到电击，为非条件刺激，可引起动物的疼痛与痛苦体验。在此基础上，以光和声为条件刺激，建立动物躲避条件反应。这是生理心理学研究中最常用的阴性情绪行为模式。根据实验条件不同，又可分为主动性躲避反应（active avoidance response）和被动性躲避反应（passive avoidance response）。当声或光刺激呈现后，动物必须停留在实验箱内的一定部位（如一个小跳台上），才能躲避随后的电击；反之，当声、光信号呈现时动物逃离这个部位，就会受到电击。由于动物必须被动地保持在某处不动时，才能避免电击，故称为被动躲避反应。声、光刺激呈现后，动物必须尽快跑向动物箱的另一端，才能避免随后的电击，这种行为模式称主动性躲避反应。一个长度为50厘米—60厘米的动物箱，其一端总是作为实验程序起始时动物所在的部位，这种动物行为模式称单程主动躲避反应。在连续多次实验过程中，必须每次将动物放在起始部位，才可进行下次实验。与此同时，在双程躲避反应程序中，动物在实验箱的任一端均可，当呈现声、光刺激，只要它越过箱的中间跑向另一端，即可避免电击或使电击立即停止。

冲突性情绪行为模式，是在实验程序中同时引起动物的阳性情绪和阴性情绪，使之产生冲突。将饥饿的动物放在动物箱的一端，每当光或声呈现时，在箱的另一端呈现食物，动物在跑去吃食物的途中又会遇到足底电击。这样，食物阳性情绪与足底电击的阴性情绪间就会产生冲突，由此对比哪一种情绪行为占优势。电击强度和动物食物运动反应的反应时间是这类实验的行为参数。

（六）味—厌恶式学习

味—厌恶式学习行为与一般情绪性行为模式相比具有许多新特点，因而近30多年受到很大重视。加西亚（Garcia）以这种行为模式研究中的杰出贡献，获得了美国科学院院士的荣誉头衔。他发现味觉刺激发生后1小时，再给厌恶刺激（如X线照射或其他厌恶的味觉物质，如锂盐）仍可形成条件反射，说明味觉刺激具有长时间延缓的学习效应。他还发现，对大白鼠的味觉刺激更易与毒物间形成联系，而声或光刺激则容易与足底或皮肤电击刺激间形成联系。换言之，味觉刺激与毒物间的学习效应强度大于味觉与皮肤痛刺激间的学习效应。正因为这些特点，使味—厌恶学习行为模式既具有联想式学习的特点，也具有非联想式学习（味觉—毒物间的学习效应）的特点。对于味—厌恶式学习模式，仍存在许多问题尚待研究。

（七）印记式学习

在鸟类和低等哺乳类动物中，还存在另一种特殊的习得行为模式，即印记学习（imprinting learning）。它仅仅发生于出生后的早期阶段，例如鸡的印记学习发生在孵出的第一周内，这时两侧大脑半球间的联系尚未完全形成，大脑两半球不对称性也未完全确立。这类习得行为的特征是，在母—幼关系中，母亲的行为类型对子代产生深刻印记式影响，以致它的作用可持续终生；此外对子代的性偏好及求偶行为也产生深刻影响。例如白色羽毛的鸟，在其刚孵出时，就送给另一彩色羽毛母鸟寄养，则这只白色羽毛的小鸟成年以后，选择与寄养母鸟羽毛颜色一样的鸟作为配偶，而不选择白色羽毛的鸟。

二、记忆的行为模式

正如临床医学家对各类遗忘症进行观察和描述一样，心理学家们首先从日常生活记忆与遗忘的关系中着手对记忆进行心理行为方面的研究。最著名的经典研究是德国心理学家艾宾浩斯（Ebbinghaus，1885）所进行的遗忘曲线研究。从科学心理学诞生的1879年至20世纪50年代初，实验心理学主要研究了记忆过程，并逐渐过渡到对短时记忆的研究。20世纪50年代—80年代，认知心理学以信息加工的理论概念继承了实验心理学对记忆过程的研究成果，并开拓了短时记忆和瞬时记忆的研究领域，总结出许多记忆模型和记忆理论。20 世纪 90 年代以来，认知心理学、神经心理学和无创性脑成像技术的运用，在跨学科研究所发现的事实基础上，发展了认知神经科学的理论，通过实验分离出多种记忆模式，认知神经科学的多重记忆系统理论取代了统一的记忆理论，把记忆分为功能和性质不同的多重记忆系统，特别是开拓了无意识记忆和内隐记忆的新研究领域。

（一）短时记忆

沃和诺曼（Waugh &Norman，1965）首先提出短时记忆（short term memory）是感知觉信息短暂保持 15 秒—30 秒之间的记忆，它是一种容量有限的信息加工器和缓冲器。短时记忆的内容通过复述进入长时记忆。所以，他们认为短时记忆和长时记忆是两种记忆。

1. 短时记忆的容量

1956 年，米勒（Miller）以《神奇的数字 7 ±2》为题目的理论文章成为研究短时记忆容量的经典名著。他提出组块（chunk）是短时记忆容量的基本单元。提高组块水平、优化组块方式是提高短时记忆水平的必要条件。随着人们知识经验的不同和拟记忆材料的性质不同，制约短时记忆的组块所含信息量不同。因此，每个人短时记忆的容量虽然都是 7 ±2 个组块，但实际上短时记忆水平可以相差很大。

2. 感觉记忆

斯珀林（Sperling，1960）利用速示器以 50 毫秒的速度快速呈现给被试 12 个字母，分 3 行显示，每行 4 个字母；随后再呈现一张空白卡片。要求被试回忆出所看到的 12 个字母（4 ×3），结果大多数正常被试只能记住 4 个—5 个字母。为了弄清是由于记忆的容量有限性，还是由于呈现时间太短，或知觉条件不足所造成的记忆效果较差，他设计了部分报告法。具体地说是把 3 行分别对应高、中和低音调的声音作为部分报告的附加信号；每当 12 个字母呈现之后，立即出现一个音刺激，每次分别请被试只报告其中高调指示的一行字母。结果表明对每行 4 个字母，被试都能报告出 3 个字母，也就是该被试在看 12 个字母时，实际上记住了其中 9 个字母。随后他进一步控制字母呈现与声音出现之间的间隔时间，发现随着间隔时间从 0. 15 秒到 0. 3 秒的变化，声音提示的时间延长，部分报告成绩迅速降低，当再延长到 1 秒时，部分报告法的成绩已与全部报告法一样，平均只能记住 4. 5 个字母。从而证明这种对快速呈现字母的记忆与短时记忆不同，它的容量大于 7；但记忆消失得很快，大约 0. 3 秒（300 毫秒）后即消失。为了区别于短时记忆，将这类以毫秒计量的记忆称为图像记忆（iconic memory）。另一些实验研究了对快速呈现的听觉刺激的记忆，称为声像记忆（echoic memory）。结果发现声像记忆的容量小于图像记忆，不是 9，而是 5 个项目；但声像记忆可维持 1 秒—4 秒。将图像记忆和声像记忆统称为感觉记忆，是一类比短时记忆更短的记忆类型。

（二）工作记忆

巴德利和希区（Baddeley & Hitch，1971）在总结短时记忆、感觉记忆和长时记忆的关系时提出了工作记忆（working memory）的概念，他认为工作记忆由三个部分组成：视觉扫描器、听觉环路和中央执行器。工作记忆是一种高级记忆系统，它把短时记忆、知觉、注意和多种形态长时记忆活动融为一体，在人们完成当前面对的智能任务中发挥重要作用。所以，把工作记忆的品质作为一个人智力的重要基础。

1. 中央执行器

中央执行器是工作记忆的核心，负责短时记忆、感觉记忆和长时记忆之间的联系，以及注意资源的管理和策略的选择与计划。工作记忆的中央执行器功能是协调、转换策略、选择注意和注意资源分配与控制等四项。

2. 视觉扫描器

人们在记忆过程中，常常体验到物体的形象和空间关系有助于记忆的形成和巩固，人们在回忆或找寻一件物品时，也常在头脑中闪现一种表象，这便是视觉扫描器的功能。它不仅在形成记忆或回忆中发挥重要作用，还可以经过训练参加非形象加工的任务，特别是在一些专业技术人员或专家的职业工作中，为完成推理或计算工作任务，也常有视觉扫描器参与工作。

3. 听觉回路

各种听觉信息，特别是语言信息，常在头脑中形成回音，这是工作记忆形成的重要组成部分，也是在头脑中对这些信息复述，以便进行深加工和形成长时记忆的重要途径。

（三）长时记忆

保持在头脑中 1 分钟以上的记忆，统称为长时记忆（long term memory），包括数分钟、数小时、数日、数月、数年，乃至终生的记忆。临床医学家常用近事记忆和远事记忆的述语描述病人的记忆能力。

1. 长时记忆的模型

当代认知神经科学家把人类的记忆看成性质不同的许多记忆系统，按其意识参与的程度，分为内隐记忆（或非陈述性记忆）和外显记忆（或陈述性记忆）；按记忆内容及记忆表达的方式不同，将外显的陈述性记忆分为语义记忆和情景记忆，将内隐的非陈述性记忆分为程序性记忆和知觉表征；程序性记忆又分为运动技能记忆和简单条件反射等。日本学者宫下（Miyashita）引证著名心理学家斯奎尔（Squire，2004）的理论文章，再度将长时记忆进行分类，见图 6－1。

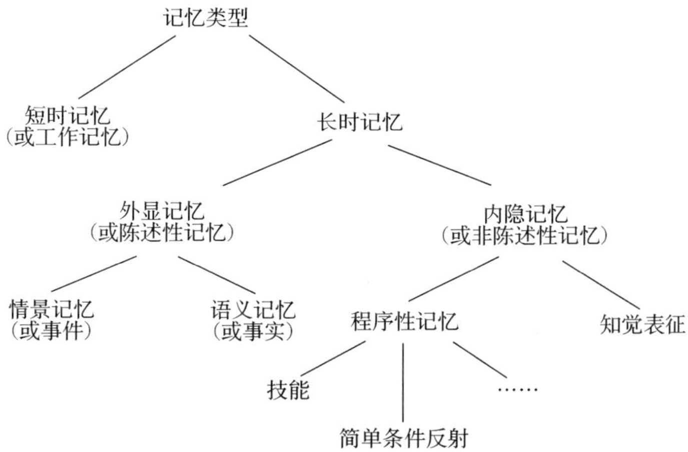

图 6－1　记忆类型

［引自：Science，2004，306（5695）：436.］

2．记忆系统的分离

正如一套计算机及所控制的自动系统，记忆系统也由多重功能组块接插起来，每个组块的功能不同，在正常人类记忆活动中彼此互相补充。研究者一方面利用脑损伤病人的各种记忆异常表现，另一方面设计精细的记忆实验，才可能揭示这些功能组块的特点。前面我们介绍的几种遗忘症及其脑损伤部位的关系已经粗略地告诉我们，记忆的功能组块和脑结构间存在一定的相关性。正常人的记忆，既有编码和存贮信息的过程，又有回忆或提取信息的过程。海马损伤的病人只能回忆和提取信息，不能形成新的长时记忆；此外一些脑外伤的病人在伤后的一段时间里可以形成新的记忆，却不能回忆起伤前的近事。这些都说明，记忆可以分离为不同过程。这种双重分离现象能最可靠地证明编码、存贮和提取是三个不同的记忆过程。

双重分离技术和双重任务法是多重记忆系统研究的重要途径。比如，请被试看一封信，并告诉他看完后要详细讲出信中的内容。在被试看信的同时，室内放音乐。当被试讲完信的内容时，顺便问他对听到的音乐的看法。这时，这个人实际上完成了双重记忆任务。一个主要任务是理解和记忆信的内容，另一个次要任务是记住听到了什么音乐。这种实验称为双重任务法。在双重任务的记忆研究中，次要任务大多数都不事先告诉被试。采用双分离技术和双重任务实验方案，在脑损伤病人和正常人中发现多种形态的记忆系统。一大类记忆是可以用口头或笔头表述的，与这对应的是难以言传的非表述性记忆。前者称陈述性记忆或外显记忆（declarative or explicit）；后者称非陈述记忆或内隐记忆（nondeclarative or implicit）。当你向别人讲述昨天参加的朋友婚礼时，你脑海里会浮现出婚礼的一幕幕情景，这就是情景性或情节性陈述记忆（episodic memory）；假如你帮助同学补数学课，这是一种语义性陈述记忆（sementic memory）。一些人形象性的情景记忆能力很强，讲起过去的事来活灵活现，但对于干巴巴的哲学理论或数学问题的陈述能力就差一些。我们说此人情景性记忆力强，语义记忆较差。一些思维型个性特征的人，语义记忆能力强，情景性记忆稍差些。可见，两种记忆系统是可以分离开的。非陈述记忆有更多的表现形态，包括程序性记忆、习惯性记忆、间接性事物的联想记忆和内隐性记忆等。随着熟练程度的提高，使一个个孤立的动作变成连续的、协调的、自动化的动作旋律，例如跳舞、体操等熟练技巧的记忆，就是非程序性记忆。单一刺激重复出现，仅引起脑内单一中枢的适应性反应的记忆，称为习惯性记忆，如一些婴儿只吃自己母亲的奶，不吃其他人的奶，就是由于母乳和母体的特殊味道在味觉中枢发生的习惯性记忆所致。与这种记忆相并行的还有一种联想性记忆，指两个无关的事几乎总是同时发生，重复次数多了，这两件事在脑子里就形成了稳定的联系，其中一件事一出现，自然就想起另一件事。最后一种非陈述性记忆是内隐性记忆，指本人并未觉得已经记住的事，经过测查证明在脑内留下了深刻印象。比如，要求被试记住计算机屏幕中央的汉字，同时这个字的周围还出现一些带“扌”偏旁的字，如“打”、“扒”、“挂”等随机呈现，并没要求被试注意这些字。事后，除了请被试复述屏幕中央呈现的字外，给被试一些缺笔画的字和偏旁，如“十”、“丁”等，要求他补上几笔，成为完整的字。结果发现，被试写出的是“挂”、“打”等字，很少写成“博”、“顶”等字。这就证明了随机呈现的字在被试脑内形成了内隐记忆。这种潜在性记忆对补笔测验发生的影响称之为启动效应。

（四）记忆过程

无论是哪一种记忆，都有其发生和形成的过程，经典实验心理学将记忆过程划分为识记、保持、再认和回忆四个过程；认知心理学则将这一过程划分为编码、存贮、部分提取和主动提取等相应的四个过程。

1. 编码

人们面对一项记忆任务，首先通过知觉和注意过程认真对要求记忆的材料进行加工，按不同特性组织这些材料，这就是编码过程。例如，将不连贯的无意义数字组织成具有特殊含义的一组数字，在头脑中短暂地保持，重新从另一个角度编码，这就是编码过程。编码深度直接影响记忆的维持时间和记忆质量。

2. 存贮

对经过编码的记忆信息在头脑中保存的过程，根据存贮时间的长度不同，分别将之称为寄存或感觉登记、短时存贮和长时存贮，分别对应于感觉记忆、短时记忆和长时记忆。

3. 记忆信息的部分提取

记忆信息的部分提取又称为再认。警察拿出几个人的照片，要求证人或犯罪现场目击者识别这些照片，请其确认哪张照片是行凶者，这时证人或目击者完成的记忆作业就是典型的再认或者凶犯信息的部分提取。

4. 主动提取

对记忆内容的全部回忆，记忆者根据当前任务要求尝试进行的主动性回忆，是记忆的最高级过程。

我们从记忆的时程上将记忆分为短时记忆、长时记忆和工作记忆；从记忆过程上将记忆分为编码、存贮和信息提取；根据意识参与水平又将记忆划分为陈述性记忆（意识的或外显记忆）和非陈述性记忆（内隐的或无意识记忆）；根据记忆内容和性质可将陈述性记忆分为语义记忆和情景记忆；将非陈述记忆分为技能记忆、简单条件反射和知觉表征等。所以，记忆是人脑功能的复杂表现形式，与人类文明的发展、科学技术进步息息相关。

三、记忆障碍

在几个世纪以前，内科学、神经病学、精神病学和神经外科学一直密切关注着各种疾病中人类记忆及其障碍的多种表现形式。直到 1887 年，俄国精神病学家柯萨可夫（Korsakoff）才第一次系统而精细地描述因慢性酒精中毒而产生的记忆障碍。20 世纪 40 年代—50 年代，加拿大蒙特利尔学派在癫痫与人脑机能解剖学的研究中，积累了关于记忆障碍及其脑解剖学基础的许多有益资料。从 20 世纪 50 年代起，神经病学家们对一些脑手术病人进行了长期随访性研究，直到 20 世纪 70 年代，确立了现代神经心理学体系；20 世纪 80 年代中期以后，认知神经心理学的发展，为人类记忆及其障碍提供了坚实的科学基础。

（一）柯萨可夫式遗忘症

1887 年，俄国精神病学家柯萨可夫将长期酗酒而造成的记忆障碍特点归结为遗忘加虚构。慢性酒精中毒者最初出现轻微的顺行性遗忘（anterograde amnesia），即对刚刚发生的事不能形成新的记忆；随后又出现逆行性遗忘（retrograde amnesia），即对病前近期发生的事选择性遗忘，对早年的事情仍保持良好记忆。由于他们既不能形成新的记忆，又丧失了对某些往事的记忆，而且对自己记忆力的这种严重变化缺乏自知之明，面对别人提问时，竟不自觉编造谎言以虚构内容填补记忆空白。一般而言，这些谎言大都是他们过去的记忆内容，即与其以往的经验相联系。病情继续恶化的人，脑子里的记忆几乎成了空白，连自己过去经历的重大事件也忘得一干二净。最后病人变得情感淡漠，对周围发生的事置若罔闻、麻木不仁。现代心理学将人们对自己记忆力的自知之明，称为元记忆（metamemory）。所以，嗜酒说谎癖者还发生元记忆障碍。

（二）顺行性遗忘症

下面介绍一例被医生们随访研究达 35 年之久的病例，对此曾做了多项神经心理测试，为记忆的脑机制和遗忘症发展变化规律提供了新的科学事实，这在人类心理学研究中是十分难得的病例。

病人 H. M. 因顽固性癫痫发作，经大量抗癫痫药物治疗后，不但无效，发作反而更加频繁。为了终止癫痫发作，1953 年 8 月 23 日为病人实施手术，切除了大脑两半球的内侧颞叶和海马。术后该人智力测验成绩正常（韦氏智力测验的智商为 118 分）；对手术前的近事和远事记忆良好；衣着整洁，能与人交谈，虽然说话的语调平淡，但词汇的使用、句子的表达和发音都很正常；对别人的话，甚至笑话都能正常理解。这位病人智能正常，也没有知觉障碍，最突出的问题是难以形成新的长时记忆。对他来说，每天的每件事情都与过去无关。例如，让他阅读一段惊险故事，每天重复读一遍，他都感到格外新奇；每天重复做一件游艺活动，也总是兴致勃勃，觉得十分好玩，并总说过去从未玩过；对一些重大事情必须经过多次重复，方可形成一种似是而非的记忆。在术后的 13 年中，母亲形影不离地照料他的生活。1966 年母亲因病住院治疗，其父连续多次带他去医院看望母亲。事后问他为什么母亲不照料其生活时，他竟说不清原因，把去医院看望母亲的事忘得一干二净。经再三追问，他才说可能母亲发生了什么事了，否则不会不在自己身边。1967 年他的父亲突然去世，当时他很悲哀，但两个月后再问起他的父亲，他首先感到奇怪，自言自语地说："是啊！父亲哪去了？好像是病故了吧?!"可见，即使对重大事件也不能形成明确而巩固的长时记忆。这就是海马和内侧颞叶损伤所形成的顺行性遗忘症。

海马对记忆的重要性在于从短时记忆向长时记忆的过渡中发挥重要作用。这是由于海马同其他几个与记忆功能有关的脑结构，存在着直接或间接的神经联系，既接收一些脑结构的传人信息，又将短时记忆的信息传向颞叶内嗅区皮层、间脑、杏仁核和其他前脑基部的结构形成长时记忆。应该指出，海马除了记忆功能之外，在注意、学习、运动和情绪等功能中，也有一定的作用，所以说海马并不是专管记忆的特异性脑结构。

（三）逆行性遗忘症

脑震荡以后，首先出现短时期的逆行性遗忘症，无法回忆受伤的原因和经过，但几天后这种逆行性遗忘症状就会缓解，也有些人，逆行性遗忘症还没有缓解，又出现顺行性遗忘现象。大约 10% 的病人，这种顺行性遗忘现象在一周之内就会自动缓解；30% 的病人，需经过 2 周—3 周之后，顺行性遗忘症突然消失；其余 60% 的病人，顺行性遗忘症可持续 3 周以上。无论顺行性遗忘症持续的时间长或短，一般都可在一觉醒来时突然发现记忆完全恢复。所以，脑震荡后患有遗忘症的人不必过分担忧，只要好好休息，总会突然好起来。还应该说明，脑震荡后的记忆问题几乎不会出现远事记忆障碍，对自己的童年或经历不会丧失回忆能力；即使在外伤后出现顺行性遗忘状态时，也不会像海马损伤那么严重，仍可形成某些孤立性的、新的长时记忆，特别是对这段时间发生的不寻常事情，仍可形成新的记忆。所以说，脑震荡的遗忘症并不可怕。

（四）短时记忆障碍——老年退行性痴呆的先兆

老年退行性痴呆又称阿尔采莫氏症（Alzheimer's disease，AD），是对人类危害很大的神经退行性疾病，其缓慢进行性恶化的疾病过程可迁延十多年。脑神经细胞内的蛋白质发生淀粉样变性，从而形成神经炎性斑块，神经纤维发生缠结，是其病理学基础。作为蛋白质淀粉样变性的可测定生化指标，称为Aβ42肽，即42肽链在β位发生淀粉样变化的病理性产物，其含量大于3nmol/g脑组织，即可确诊为AD；其含量高达10nmol/g即可导致死亡。向血液中注入放射性同位素标记的淀粉样变性配体，经正电子发射层描技术（PET）所做的脑成像研究发现，AD病人顶叶和额叶皮层，特别是后扣带回皮层淀粉样变性的Aβ42肽含量显著增高。近年研究发现，Aβ42肽随老化过程在脑内含量有所增高，但正常老人脑内存在清除机制。由于早老基因（presenilin1或presenilin2）的突变，或由于其他因素，如免疫力下降或感染引起Aβ42肽清除机制的受损造成其累积。特别是在边缘皮层和联络皮层的累积，导致细胞间突触传递效能的降低，对短时记忆功能产生明显的影响。这种行为水平的精细变化可持续多年。Aβ42肽进一步累积才会形成神经炎斑块。因此，短时记忆障碍是淀粉样变性产生神经炎斑块的先兆。如果在这一阶段发现病人的其他病理变化，包括海马的明显萎缩和阿朴脂蛋白APOE4的免疫反应阳性，应采取早期预防措施；增强免疫力、抗炎治疗和功能训练等可以有效延缓神经炎斑块的形成。如果在作出AD临床诊断之前一年采取这些干预措施，就可以延缓病程10%—15%；临床诊断之前三年干预，可延缓50%的进程，可使遗传基因突变而注定发生AD的患者将疾病推迟5—10年出现，这也是病人及其家属的莫大福音。然而，目前关于AD对短时记忆的哪类记忆特性或工作记忆哪一环节影响最大的文献报道却很少。本书作者的研究所正在对此问题进行系统研究，希望能得到AD等神经退行性疾病在临床诊断前进行早期预测的新方法。

（五）心因性和原因不明的遗忘症

所谓心因性遗忘症，其含义比较广，包括不良的个性特点、重大精神创伤、心理暗示作用和赔偿心态等多种心理因素造成的遗忘症。这些心理因素可能同时发生作用，也可能仅其中一个发生作用，造成一段时间或一时性遗忘状态。不良的个性是指歇斯底里发作的特性，内心充满矛盾和痛苦的情况下容易导致遗忘状态，以摆脱内心的苦闷。这种遗忘在医学上称之为癔病性遗忘症。与此对应的是反应性遗忘症，是指在精神上受到重大创伤后产生的遗忘症状。这种反应性遗忘状态持续的时间与周围环境因素有关，如改变环境减弱精神创伤的作用，可使遗忘症早日缓解。某些人易受暗示作用影响，过分相信命运、天意、神灵启示，最易因暗示作用出现心因性遗忘症。对任何一种心因性遗忘症，都必须谨慎对待，只有排除器质性脑病之后才可确认为是心因性遗忘症。即使排除了脑器质性病变，也还有一种原因不明的短暂性全面遗忘症，应注意与心因性遗忘症加以区别。

自 1958 年费希尔（Fisher）和亚当斯（Adams）医生报道了第一例原因不明的短暂全面性遗忘症以来，许多国家的医生都报道了一些病例。这些人没有任何心理上和脑疾病因素，突然丧失记忆能力，不能从近事记忆和远事记忆中提取所需的信息，也不能形成新的长时记忆。既有顺行性遗忘也有逆行性遗忘症的症状，一时间脑子成了空白，茫茫然不记得自己的身份和经历，忘记刚刚办完的事，别人告诉他的事当时似乎明白，可一转身就忘了……好在这种完全性遗忘持续时间短，很快会恢复正常。这种遗忘在脑中未留下印象，所以病人察觉不到自己的记忆有过问题。只是发作后，在场的人讲给病人听，他才知道自己的记忆出现了故障。

人类记忆障碍的复杂性与多样性自然会使人意识到，仅仅用单一记忆过程的概念是无法理解这种多姿多态的记忆活动的。因此，多重记忆系统和多重编码理论为当代心理学所广泛接受。

第二节　学习和记忆的生物心理学理论

古典心理学认为，学习和记忆是一种联想形成与保持过程，称为联想论。20 世纪初，俄国生理学家巴甫洛夫认为大脑皮层神经中枢之间的暂时联系是学习过程的基础。20 世纪 80 年代在计算机理论科学界兴起的联结理论，则将神经单元之间联接权重的变化看成是学习过程的本质；记忆则是对系统联结状态的提取。

一、关于学习的生理心理学理论

三四十年前，生理心理学家们还在努力寻求脑内的学习中枢和一些专门负责学习的神经细胞，可是大量的科学事实表明，参与学习过程是所有脑细胞的普遍功能，学习的行为模式不同，参与学习神经回路的脑结构不同。下面针对六种学习行为模式，分别讨论参与学习的脑回路及其细胞和分子生物学基础。

（一）联想式学习理论

既然联想式学习是指由两种或两种以上刺激所引起的脑内两个以上的中枢兴奋之间形成联结而实现的学习过程，那么关于它的理论，就是围绕着哪些细胞或中枢之间易建立联系，中枢或细胞之间如何建立联系的。前一问题引出了脑等位论与机能定位论之争，后一问题引出异源性突触易化的理论。

1．脑等位论与机能定位论

1917 年，年轻的美国学者拉什利（Lashley）作为行为主义心理学奠基人华生的学生，着手研究动物联想式学习的脑定位问题，以寻求一些脑结构在联想式学习中的作用，即脑的机能定位关系。然而，研究结果使他得出了相反的结论，即大脑的等位性、整体性机能原则。不论损毁或切除的皮层部位有何不同，只要10%—50%的大脑皮层遭到损坏，动物学习行为就会受到影响。动物学习障碍程度与损毁皮层部位的大小成正比。损毁50%皮层就使动物完全丧失学习能力。拉什利的研究方法较为简单，存在许多不足，然而他的脑等位论思想却延续至今。

经典条件反射理论的奠基人巴甫洛夫一直认为，必须有大脑皮层的参与，条件反射才能形成。条件反射赖以形成的暂时联系，是大脑皮层的特殊功能。暂时联系只能发生在皮层—皮层、皮层—皮层下或皮层下—皮层的中枢之间。所以他提出：健康的、功能正常的大脑皮层，是动物建立条件反射的重要前提。然而，20世纪40年代—60年代的大量实验表明，没有大脑皮层的动物，甚至低等软体动物都能建立条件反射。汤普森（Thompson，1986）总结学习记忆的生物学基础时指出，切除大脑的动物仍可建立经典的瞬眼条件反射，这种条件反射建立的重要脑结构是小脑。因此，现在已经公认经典条件反射建立的基础，即暂时联系的接通是神经系统的普遍特性，并不是大脑皮层的特殊功能。简单运动条件反射最必要的中枢位于小脑；简单空间辨别学习的中枢位于海马；伴有植物性神经系统功能变化的快速条件反射形成的中枢位于杏仁核；复杂空间关系或视觉认知学习，由下颞叶或颞顶枕联络区皮层实现；复杂的时间空间综合学习由前额叶皮层完成。由此可见，尽管暂时联系的形成是神经系统的普遍功能，符合脑等位论思想，但因学习类型和复杂程度不同，完成学习过程的脑区域也就有所不同，这又符合机能定位的思想。脑机能的整体性和等位性与机能定位性同时存在于学习过程，是脑功能对立统一的两个方面。

2. 暂时联系和异源性突触易化

以上已经讨论了一些脑结构参与条件反射的问题，但这些结构怎样构成了条件反射的生理基础呢？巴甫洛夫认为，条件反射建立的基础是条件刺激和非条件刺激在脑内引起的兴奋灶间形成了暂时联系。最初，无关动因在相应脑结构（如听觉中枢）中引起较弱的兴奋灶，而随后出现的非条件刺激（食物）由于其较强的生物学意义，在脑内食物中枢引起较强的兴奋灶，强兴奋灶对弱兴奋灶的吸引是暂时联系形成的机制。这是由于兴奋和抑制作为两种对立的基本神经过程，一经产生就按着扩散、集中和相互诱导的规律不停地运动。巴甫洛夫通过生理学实验数据的分析证明，大脑皮层中神经过程的运动使其具备很强的分析综合能力，对兴奋灶之间的强度十分敏感，总是以强兴奋灶对弱兴奋灶的吸引实现暂时联系的接通。20世纪50年代—60年代，细胞电生理学研究与电子显微镜的超显微结构研究表明，无论是大脑皮层还是其他脑结构中，每个神经元都接受数以千计、来源不同的神经末梢，形成大量异源性突触联系。在一个神经元中，这种来源不同的突触同时兴奋或以较短的时间间隔顺序兴奋，多次重复就会使该神经元把两种刺激聚合在一起形成暂时联系。20 世纪 80 年代末期，脑生物化学研究发现，在一个神经元的突触后膜上分布着多种受体蛋白分子与神经递质或调质进行选择性结合，引起突触后膜的兴奋。如果两种神经递质同时作用于一个神经元，则引起该神经元两类突触后的兴奋，重复几次就会形成联结功能，只要其中一种突触兴奋，就会使另一个突触乃至整个突触后神经元兴奋起来。因此，当代神经科学认识到暂时联系的形成是神经元的普遍机能特性，它的组织形态和生理学基础是大量异性突触间的易化——异源性突触易化。现在已知异源性突触易化至少有两种方式，分别称突触前成分间的活动依存性强化机制和突触前、后间强化机制。前一种机制是条件刺激与非条件刺激的传入神经元发出的突触前成分相互易化，两者互为活动依存性关系，只有两者极短时间相继兴奋，才能最有效地引起突触后条件反射神经元的兴奋，所以称之为活动依存性强化机制，异源性突触易化发生在突触前成分之间。另一种异源性突触易化是两突触前成分共同作用于突触后成分上，异源性易化发生在突触前后之间的强化机制。应该说明，这两类异源性易化的机制是从一些简单生物学习模型中发现的，人类学习的突触变化机制会有更多的形式。学习的分子生物学基础则是在突触后膜上并存的多种受体蛋白，与来源和性质不同的神经递质发生顺序性或并行性的受体结合以及受体蛋白分子的变构作用。

(二) 认知学习与颞、顶、枕联络区皮层

在颞叶、顶叶和枕叶皮层相毗邻的部位，形成了仅次于前额叶的较大的联络区。躯体感觉、听觉和视觉的高级整合功能发生于这一联络区皮层，它是人们复杂认知过程的生理基础。枕叶次级视皮层接受初级视皮层的联络纤维，又发出向顶下回和颞下回的联络纤维。次级视皮层、顶下叶和颞下叶共同构成颞顶枕联络区并与皮层下的杏仁核、海马形成密切的神经联系。识别或再认现实外部刺激物的学习活动和短时记忆活动，是这一联络区皮层及其与海马、杏仁核联系的基本功能。此外，颞下回的前端还与内侧丘脑和尾状核存在着下行性联系，与特殊刺激物的鉴别学习活动有关。

颞顶枕联络区皮层损伤的病人，由于损坏的具体部位不同，可出现多种认知障碍。灵长类动物中这一联络区的损坏也导致对复杂刺激物或三维立体物认知的障碍。进一步的研究表明，颞下回又可分为两部分：远离枕叶的部分与三维物体的认知学习有关；与枕叶距离较近的部分与二维图形鉴别学习有关。米什金（Mishkin，1982）对猴进行了延缓的物体不匹配训练（delayed nonmatching to sample task）。先让猴观察一个圆柱体，当它将圆柱体移开就会发现下面有一小块食物。间隔 10 秒以后，猴的面前出现两个物体，一个是刚刚见过的圆柱体，另一个是未见过的长方体。这时猴移动长方体也会得到一小块食物，如果它移动曾见过的圆柱体，则得不到食物。训练几日，这种行为模式就会得到巩固。然后对猴进行手术，损毁与枕叶相邻的两半球颞下回，手术后则需对之进行 73 次训练才能重新习得这种行为。若是损毁与枕叶远隔部位的颞下回，则训练 1 500 次仍不能重新学会这种行为模式。将行为训练中匹配时间间隔从 10 秒逐渐延长至 120 秒，损毁与枕叶相邻的颞下回，不影响这种逐渐延长的延缓反应；若损毁与枕叶远隔的颞下回，则猴不能学习这种延缓的不匹配行为。根据这一实验结果，认为在认知学习和物体记忆中，远隔枕叶的颞下回具有重要作用。电刺激颞中回和记录颞下回神经元单位发放的实验研究，也证明了颞下回在不同颜色物体匹配学习和延缓记忆中具有重要作用。

颞下回在物体认知学习中的作用，必须以其与枕叶初级视皮层的神经联系为必要前提。如果切断颞下回和初级视皮层之间的神经联系，则动物不能习得延缓的不匹配行为模式。除与视皮层的联系，颞下回与杏仁核和海马的神经联系对认知学习也是必要的条件。切断颞下回与两者的联系，动物的认知学习不能实现；但单独切断颞下回与海马的联系或颞下回与杏仁核的联系则不影响认知学习行为模式的建立。海马、杏仁核不仅参与视觉认知或辨别学习，也参与触觉认知学习过程。切断海马、杏仁核与颞顶枕联络区皮层的联系，就会破坏触觉认知学习过程，动物不能识别刚刚触摸过的物体。

颞下回前端与尾状核和内侧丘脑间的神经联系对于视觉鉴别学习具有重要作用。让猴学习简单图形的鉴别反应，如在正方形和加号之间或字母 N 和 W 之间进行选择性反应，损坏颞下回或颞下回与尾状核、内侧丘脑之间的联系，猴则无法习得这一行为；损毁海马和杏仁核则不影响这一行为模式的建立。由此可见，对复杂物体或现实刺激物的认知学习和对简单图形的鉴别学习是两种不同的过程，以不同的神经联系为基础。前者以颞下回与海马、杏仁核间的联系为基础，后者以颞下回与尾状核、内侧丘脑之间的联系为基础。

（三）时间—空间综合学习与前额叶皮层

前额叶皮层指初级运动皮层和次级运动皮层以外的全部额叶皮层，电刺激前额叶皮层不会引起任何运动反应，故称为非运动额叶区。根据解剖位置和功能特点，可将前额叶皮层分为两部分：背外侧前额皮层（dorsolateral prefrontal area，DL）和眶前额皮层（orbital prefrontal area，ORB）。前额叶皮层与丘脑、尾状核、苍白球、杏仁核和海马之间有着复杂的直接神经联系，再通过这些结构与下丘脑、中脑之间实现着间接的神经联系。这些神经联系是前额叶皮层多种心理生理功能的重要基础。

关于前额叶皮层与学习记忆的关系问题，1935 年雅各布森（Jacobson）的延缓反应实验，一直被誉为经典研究的范例。

让猴观察眼前的两个食盘，其中一盘内有食物，然后先将两食盘盖起来再用幕布将它们遮起来以避免猴盯视食盘。几秒或几分钟后将幕布拿开，观察猴子首先打开哪个食盘盖。如果猴打开原先放好食物的食盘盖，它就会得到食物奖励。对实验程序稍加修改，只有当猴记住前一次获得奖励食盘的位置（左或右），下一次打开另一位置食盘的盖，才能再次得到奖励。这种行为模式称为交替延缓反应。延缓反应和交替延缓反应既是空间辨别学习模式，又是短时记忆的行为模型，是时间—空间相结合的学习模式。

正常猴对于不同延缓时间的延缓反应，甚至是几分钟的延缓反应，也很容易建立起来。但是，对双侧前额叶皮层损伤的猴，即使是建立 1 秒—2 秒的延缓反应也十分困难。前额叶皮层损伤引起短时记忆障碍，是导致延缓反应或交替延缓反应困难的主要原因。仔细分析延缓反应的行为模式，可以将之归纳为两个不同的因素：空间辨别反应和时间延迟反应。只有两个因素同时存在，前额叶皮层损伤行为障碍才能表现出来。如果仅仅要求动物进行空间辨别反应，则前额叶皮层损伤并不影响这种行为模式的训练；对动物仅进行延缓条件反应不伴有空间辨别，这种行为模式也不受前额叶皮层损伤的影响。由此可以认为，前额叶皮层与时间和空间关系的复杂综合功能有关。虽各国教科书仍在引用延缓反应和交替延缓反应的经典实验及其结论，但许多新发现不断冲击这一结论。例如反应镇静药、降低环境温度、降低环境照明、食物剥夺和过度训练等许多措施均可能改善双侧前额叶皮层受损猴的延缓反应。此外，前额叶皮层损伤的动物对新异刺激朝向反射过度亢进且难以消退。因此又有人认为，双侧前额叶皮层受损造成动物注意涣散，是引起延缓反应困难的重要因素。还有许多研究报道，双侧前额叶皮层损伤的动物在手术后早期阶段出现明显的运动功能障碍，表现为活动过度和活动降低交替出现。有时爆发性活动增强，如无目的重复性刻板运动、上下运动或往返运动、节律性的定型活动等。有时连续抓取食物却不能顺利吃，术前建立的食物运动条件反射完全丧失，信号刺激失去意义，动物乱抓食物。这说明前额皮层具有抑制功能，它的损伤引起了抑制的解除。据此认为，前额叶皮层损伤所引起的延缓反应障碍可能与前额叶皮层的抑制解除有关，并不一定表明是对短时记忆和学习过程的直接作用。

前额叶皮层的抑制调节作用不仅与时间和空间综合学习行为有关，还参与运动反应及与之相关的学习行为的调节。将海人酸注入大白鼠的前额叶皮层，破坏前额叶主沟附近的神经元细胞体，利用轴突溃变的组织学方法证明这些前额叶皮层的神经元轴突投射至基底神经节、黑质、中脑网状结构和围导水管灰质；还有少数轴突止于内侧丘脑、下丘脑外侧区和中脑被盖的腹侧部。因此，电刺激前额叶皮层可以易化与运动功能有关的学习行为。大量研究报告指出，在运动学习行为如穿梭箱学习或主动躲避条件反应中，脑内儿茶酚胺系统发生重要作用。腹侧被盖区发出的多巴胺通路向头侧投射正是止于前额叶皮层。前额叶皮层的损伤，不能接受自下而上的儿茶酚胺神经通路的影响，也不能发出下行性冲动，调节这些脑结构的功能。

这里介绍的脑损伤实验、电刺激实验、电生理学和脑化学研究证明了联络区皮层及其与许多皮层下结构的联系，对学习具有重要作用。颞顶枕联络皮层特别是颞下回联络皮层，在知觉学习和短时记忆中具有重要作用；前额叶皮层在运动学习和复杂时间—空间综合学习中具有重要作用。对于更简单运动的学习模型，小脑可能是最基本的必要中枢，而联络区皮层则是高级中枢，使习得的运动反应更精细、更完善。

（四）程序性学习与小脑

20 世纪 80 年代以前，小脑在共济运动、平衡和姿势等运动功能中的调节作用已成为公认的事实。然而，80 年代细胞神经生理学研究却证明小脑是简单运动条件反射和快速 α 条件反射形成中最基本和最必要的脑结构。简言之，小脑在学习行为中也发挥重要作用。这项研究最初由汤姆逊教授主持进行。70 年代末，为研究海马在经典条件反射中的作用，他引用了家兔瞬眼条件反射的学习行为模式，采用金属微电极记录清醒家兔在建立条件反射过程中的海马锥体细胞电活动。结果发现，瞬眼条件反射建立过程与海马锥体细胞的单位发放率之间存在着平行关系；同时也发现，锥体细胞发放率的变化与长时程增强效应（LTP）之间也有一些相似的规律。80 年代初，汤姆逊在探索瞬眼条件反射的通路时却意外地发现了许多证据，表明小脑皮层和中位核是建立这种学习行为的最必要的脑结构。在条件刺激后出现学习行为反应的潜伏期约 100 毫秒，而小脑皮层和中位核单位发放的变化精确的潜伏期为 60 毫秒。损毁大脑皮层、海马等结构并不影响已建成的瞬眼条件反射；但损毁小脑皮层或中位核，则完全不可能建立瞬眼条件反射，已训练好的反射也会消失。因此，瞬眼条件反射建立的早期由海马参与，但高级中枢则是小脑。这种高级中枢内的记忆痕迹对条件反射的传出性影响，是通过小脑上脚到对侧红核，再到脑干和脊髓的运动神经元。对条件刺激（CS）的传入通路，是由耳蜗核神经元通过桥核发出的苔状纤维投射到小脑；非条件刺激（US）是通过下橄榄核，沿小脑下脚—袢缘纤维到达小脑皮层的浦肯野氏细胞。在建成条件反射之前，非条件刺激（吹入眼的气流）通过 US 通路引起小脑浦肯野氏细胞的棘复合波发放。建成条件反射后，条件刺激单独就能引起浦肯野氏细胞的这种发放。20 世纪 80 年代中期以后，许多实验室大量重复经典的生物学阴性条件反射实验，均证明小脑具有重要作用。为了深入理解小脑在经典条件反射中的作用，神经生物学家们研究了小脑的神经联系和分子生物学特征。结果发现，小脑细胞的突触后膜上存在许多受体蛋白分子，可以和单胺类递质、兴奋性氨基酸递质和抑制性 γ-氨基丁酸（GABA）递质发生受体结合反应，是其参与学习过程的重要物质基础。

小脑神经网络关系比大脑皮层简单得多，只有三种传入纤维和一种传出纤维。第一种传入纤维是来自脊髓和桥核的苔状纤维，终止于小脑内的颗粒细胞。此细胞发出大量平行纤维，其末梢以兴奋性谷氨酸神经递质与小脑皮层中的浦肯野氏细胞远端树突形成突触，突触后膜上的受体多为 QA 型。第二种传入纤维是来自下橄榄体等脑干结构中的袢缘纤维，其轴突直接终止于浦肯野氏细胞的近端树突，也以兴奋性谷氨酸或天冬氨酸为神经递质，突触后膜上的受体多为 QA 型或 MNDA 型。第三种传入纤维来自脑干的蓝斑核和缝际核中的单胺类神经元，其末梢终止于浦肯野氏细胞形成单胺能突触，突触后膜存在 β-肾上腺素能受体。小脑唯一的传出纤维来自浦肯野氏细胞，其末梢含有大量的 GABA 抑制性神经递质，终止于小脑深部核和脑干。除此之外，小脑皮层还有三种中间神经元，它们接受颗粒细胞的平行纤维，也直接接受苔状纤维，都是以兴奋性氨基酸递质为中介的兴奋性影响，但传给浦肯野氏细胞的却是抑制性影响，均以 GABA 为递质，突触后膜上有 B 型 GABA 受体。中间神经也有反馈纤维达颗粒细胞形成 GABA 突触，其后膜上以 A 型 GABA 受体为主，这是一种配体门控受体，也是离子通道蛋白，所以作用快，直接调节颗粒细胞膜上的离子通道。由此可见，小脑皮层上唯一有传出功能的浦肯野氏细胞，汇集了多种传入纤维和中间神经元的大量异源性突触，并在突触后膜上分布着多种受体蛋白分子。人类小脑内一个浦肯野氏细胞的胞体和树突上分布着大约 20 万个突触，这样多的突触发生异源性突触易化作用，是小脑完成短潜伏期反应的重要基础。

（五）情绪性学习与边缘系统

伴有情绪体验或情绪反应成分的学习模式不但建立快，而且形成以后也容易巩固。皮肤电击的主动躲避反应、味觉厌恶情绪性条件反应和嗅条件反射，就是这类通过边缘系统而实现的学习行为。

自主反应性条件反射是一类发生呼吸、心率、血压、皮肤电等自主神经功能变化的学习行为。一些研究表明，这类伴有情绪色彩的自主反应性学习行为，以皮层下感觉中枢和边缘系统为其神经网络基础，其生理特点是非特异性信息的快速加工，甚至在条件刺激呈现后 15 毫秒内，在皮层下感觉神经核的神经元中诱发出条件反应性单位发放。在这一基础上形成的全身运动性学习行为——鉴别性主动躲避反应，可作为一般操作式条件反射的典型代表。这时，作为行为变化的神经网络除上述丘脑—边缘系统的神经网络外，还有海马网络。前者快速接受和加工非特异信息，发动躲避反应；后者对不断呈现的刺激和环境条件与短时记忆的内容加以比较。两种功能并行地发生作用是这种学习行为的基础。除了神经生物学的这些新事实之外，加布里（Gabriel）和施玛杰克（Schmajuk）还总结了关于条件反射模拟研究的理论和方法，提出躲避学习的计算神经科学模型，并将之称为边缘系统内相互作用模型（limbic interaction model），即 LI 模型。

他们以兔蹬跑轮主动躲避学习作为行为模型。在行为训练过程中，CS^+ 和 CS^- 是音高不同的 500 毫秒声音信号；CS^+ 之后 5 秒钟给予足底电击作为 US，CS^- 则不伴有 US，并利用细胞微电极记录一些脑边缘结构的细胞电活动。训练后 CS^+ 信号引起兔蹬跑轮以躲避随后出现的电击；CS^- 信号时，兔不必蹬跑轮，因不会出现电击。他们发现，学习行为稳定后，每当 CS^+ 呈现 15 毫秒，即可在丘脑和边缘结构内引出细胞单位活动；70 毫秒可在扣带回引出单位发放；CS^- 则不引起这种变化。此外，他们还切除或损毁海马、海马下脚和扣带回等不同脑结构，观察其后的学习行为和细胞单位发放的变化，积累了一些实验事实，并以此作为学习行为神经网络的生物学基础。他们认为，CS^- 引起的鉴别学习以扣带回为基本中枢，在这里聚集了丘脑—边缘系统和海马的神经信息。海马又感受皮层和内嗅区皮层的精细调节，使学习行为更好地适应刺激信号。

（六）嗅觉与味觉条件反射

仅由嗅球和嗅皮层两极神经元组成的嗅觉神经系统的通路短，信息加工速度快。此外，气味常伴有明显的情绪体验和情绪反应。所以，嗅觉条件反射建立得快，易于巩固。这是由于从嗅球到梨状区和内嗅区皮层的短短距离中，嗅束发出大量侧支达海马和额叶皮层，并由额叶皮层再发出纤维与丘脑背内侧核联系。嗅觉经验不仅对啮齿类动物具有重要意义，人类新生儿在哺乳期对母亲的气味经验，也是早期学习过程的基础。

利用 ^{14}C-2-脱氧葡萄糖组织化学法对新生大鼠的实验研究表明，在出生后的几日内，幼鼠嗅球的葡萄糖吸收率竟高达 64%，而且不同气味可在嗅球和嗅皮层中诱发出葡萄糖吸收率空间分布的不同模式。这种现象在出生后一周龄以上的鼠中却不会发生。因此，研究者认为生命早期嗅觉经验的习得至关重要。现已知早期嗅觉经验的分子生物学基础是嗅觉皮层内大量 NMDA 型谷氨酸受体，因为 NMDA 受体阻断剂完全可以阻断新生鼠的嗅觉经验，所以对嗅脑结构发育也有影响。嗅皮层向皮层下的传出纤维和嗅皮层、岛叶味觉皮层间的联系，在不同层次上实现嗅觉和味觉的协同作用。因此，嗅、味觉反应及其学习模式有共同的脑机制，比皮肤电击的情绪性学习行为如躲避学习，与边缘系统的关系更为密切。学习模式中情绪性成分越多，反应模式建立得越快，维持时间也就越久。

二、记忆理论

无论是记忆的心理学研究，还是记忆的生理心理学研究，在过去的几十年内都取得了较大的进展。因而，关于记忆与记忆的生理心理学理论，发生了重大变迁，从单一记忆理论发展为多重记忆理论，从单一记忆的脑结构——海马，发展为多重脑记忆系统。记忆理论的这种变迁已经被广泛接受，反映在许多新版的国外教科书中，然而20世纪60年代—70年代盛行的记忆痕迹理论和将海马作为主要记忆功能的脑结构观点仍为许多通俗读物所引用。所以，本章仍介绍这些传统理论，但更注重于讨论记忆的新理论和新的科学事实。

（一）记忆的痕迹理论

20世纪60年代—70年代形成的记忆痕迹理论（engram），将人脑内的记忆过程大体分为两类，即短时记忆和长时记忆。前者的脑机制为神经回路中生物电反响振荡；后者的神经生物学基础是生物化学与突触结构形态的变化。那么，记忆的痕迹发生在脑的哪一结构中呢？海马作为记忆功能的脑结构，不仅在当时被广泛接受，而且流传至今。

1. 短时记忆的反响回路

记忆痕迹理论认为短时记忆是脑内神经元回路中，电活动的自我兴奋作用所造成的反响振荡；这种反响振荡可能很快消退，也可能因外界条件促成脑内逐渐发生化学的或结构的变化，从而使短时记忆发展为长时记忆。这一理论必须回答一系列问题：作为短时记忆的反响回路存在于什么脑结构中，有什么特点？长时记忆的化学变化与重要物质是什么？脑形态学改变的含义是什么？从短时记忆向长时记忆过渡的脑内外条件是什么？电活动反响怎样转化为脑化学或结构改变？近二三十年来，生理心理学专家们作了很多努力，对其中一些问题给出了很好的回答，然而绝大多数问题还得不到真正的答案。虽然这个理论仍是生理心理学解释记忆机制的主要传统理论，但20世纪70年代对神经信息传递机制的研究已经显示出记忆痕迹理论的历史局限性。

神经科医生们早就发现，不少患有严重精神分裂症的病人会逐渐出现癫痫症状，此时其精神分裂症状会明显好转。于是他们就试图用引起癫痫发作的方法治疗精神分裂症，终于在20世纪30年代中期先后发明了电休克治疗和胰岛素休克治疗。头部通以电流或静脉内注入一定剂量的胰岛素，均能使病人陷入休克状态；在进入休克过程中又会出现癫痫大发作的全身性抽搐。电休克治疗有许多特点，其中之一就是容易引起病人的逆行性遗忘症。病人对早年发生过的事情仍保持良好的记忆，而对电休克治疗之前发生的事情却完全遗忘，这种仅对最近事情的选择性遗忘称为逆行性遗忘。由以上研究启发，生理心理学家们将电休克对短时记忆的影响，作为研究动物记忆模型的一种手段。首先训练动物完成主动躲避条件反应或被动躲避条件反应，然后对动物进行电休克处理，再检查电抽搐之前习得行为保持的程度。改变习得行为训练和电抽搐处理之间的时间间隔，从数秒钟至数十秒乃至几小时，考察间隔时间不同与短时记忆丧失之间的关系。结果发现，随着两者间隔时间的延长，电抽搐对短时记忆的干扰作用明显变弱，间隔1小时以上则电抽搐已不影响记忆。这种结果成为记忆痕迹理论最初的有力证据。它说明短时记忆很不稳定，易受电抽搐的干扰，经过1小时以后，记忆已经巩固，不再受电抽搐的影响，此时发生了质的变化，从短时记忆变为长时记忆。1小时的时间是短时记忆痕迹转变为长时记忆痕迹所必需的时间。那么电抽搐为什么会干扰短时记忆呢？20世纪70年代以前大多数生理心理学家认为，这是由于短时记忆是神经元反响回路中的电活动，在强烈电抽搐作用以后，这种反响受到阻断或消失，打断了反响回路引起生化改变的过程。反响回路1小时以上的连续振荡引起回路的化学变化，形成稳定的长时记忆痕迹，就不再受电休克的影响。

20世纪70年代发现，海马结构中存在着三突触回路（tri-synapic circuit），在三突触回路中还存在着长时程增强效应（LTP），可能是从短时记忆痕迹转化为长时记忆痕迹的机制之一。在长时程增强效应中，有一系列复杂的生物化学反应参与，而且任何一个突触传递都包括复杂的化学传递机制。所以，就短时记忆痕迹的本质来讲，仅仅把它归结为神经元回路反响的电学活动，是20世纪60年代记忆痕迹理论的历史局限。

2. 长时记忆的生化基础

记忆痕迹理论对长时记忆痕迹本质的设想得到哪些科学事实的支持呢？20世纪60年代记忆痕迹理论形成时，生物化学家们首先想到核糖核酸（RNA）与长时记忆的关系。与此同时，也对蛋白质合成进行了大量研究。信使核糖核酸（mRNA）携带着蛋白质合成密码，其代谢速度较快，几十分钟内即可合成新的mRNA。这与短时记忆痕迹转化为长时记忆痕迹所需时间大体相符。从20世纪60年代至今，生理心理学和神经科学的研究者们一直试图从RNA的研究中找到长时记忆的物质基础。

海登（Hyden，1962）最早报道了关于记忆与RNA关系的实验结果及其理论设想。他提出，动物学习行为巩固后，脑内RNA含量显著增加，而且RNA分子的化学组成也发生改变。他认为，每种长时记忆都对应于脑内一种特殊结构的RNA，当相同记忆内容再现时，神经元中这种RNA分子立即发生反应。他的这种设想从20世纪60年代到70年代中期，激励了许多学者进行记忆物质转移的动物实验。直到70年代末，记忆物质转移实验才冷落下来。但对RNA的分子生物学及其与长时记忆关系的研究仍以更精细的方式进行着。

RNA的重要功能就是合成蛋白质，RNA与长时记忆痕迹的关系问题，自然包含着蛋白质合成与记忆关系的问题。20世纪60年代以来，生理心理学家和生物化学家们通过两种途径探讨长时记忆与蛋白质代谢的关系。一种研究途径是注重蛋白质合成抑制剂干扰蛋白质合成，考察动物的记忆障碍；另一条研究途径是在记忆形成时，分析动物脑内出现了哪些特殊蛋白质，或哪些蛋白质的合成最活跃。通常采用放射免疫法定量分析脑内蛋白质的变化。在动物完成学习任务习得行为模式稳定之后，注入蛋白质合成抑制剂，隔几个小时后检查动物的长期记忆，则发现显著的破坏效果。许多实验研究都表明，随着蛋白合成抑制剂应用的剂量和次数的增加，对长时记忆的破坏作用就增强，脑内蛋白质合成的抑制作用也更明显。这些抑制剂只影响长时记忆，而不影响短时记忆和学习过程。这说明对于长时记忆痕迹的形成，合成新的蛋白质是必需的。那么在长时记忆形成中，合成了哪种蛋白质呢？换言之，哪些蛋白质是长时记忆的物质基础呢？这个问题引起许多生物化学家和神经科学家的浓厚兴趣。他们尽可能采用新的生化分析技术，在动物形成长时记忆之后立即处死，取脑分析。结果发现，一些相对分子质量较小的糖蛋白或酸性蛋白质，如 S100 和 14-3-2 等代谢快、更新快的蛋白质，在记忆痕迹形成中作用最明显。

脑内 S100 酸性蛋白质的含量比其他脏器高万倍左右，特别是海马 CA3 区，在动物出生后 10 天内其含量迅速增加。因此，S100 酸性蛋白与学习记忆的关系引起了一些学者的注意。现已知 S100 蛋白分子含有 α，β 两种亚基。这两种亚基可以组成两种 S100 蛋白分子：一种是 S100 分子，为异源二聚体，即由 α-β 亚基组成；另一种是 S100B 分子，为同源二聚体，即由 β-β 亚基组成。S100 酸性蛋白分子中含有两个能与 Ca^{2+} 结合的部位，称为效应臂。他们与 Ca^{2+} 结合就会引起 S100 蛋白分子变构，暴露其两个疏水基（N 端和 C 端各有一个疏水基），从而使 S100 蛋白吸引附近的效应蛋白，并与之结合，形成具有生物活性的 S100 效应蛋白复合体，并产生生物效应。这种钙依存性变构作用与钙调素十分相似，可能是其参与神经信息传递和记忆过程的基本机制。

3．记忆痕迹的脑形态学基础

传统记忆痕迹理论的最后一个观点，即长时记忆痕迹是突触或细胞的变化。虽然记忆痕迹理论形成时，人们对突触化学传递的知识还很少，但根据当代积累的科学知识，我们可以把这一论断归结为三方面含义：突触前的变化包括神经递质的合成、储存、释放等环节；突触后变化包括受体密度、受体活性、离子通道蛋白和细胞内信使的变化；形态结构变化包括突触的增多或增大。对比生活环境、学习能力和脑结构变化的关系，结果表明：在优越箱中成长的大白鼠大脑发育得好，神经元树突分支多，突触平均尺寸增大，脑内胆碱乙酰化酶和胆碱酯酶量均高。说明乙酰胆碱类神经递质合成代谢与分解代谢均很活跃。这一研究足以说明脑形态结构与功能均具有很大的可塑性，学习记忆能力与脑结构变化有一定关系，但并不能精确说明长时记忆痕迹究竟与哪几项脑结构或突触变化有关。突触前合成、存储和释放介质的功能以及突触后受体的变化虽与学习记忆有一定关系，但对长时记忆痕迹来说也不是特异性的机制。

（二）域特异性的信息存贮和提取

如上所述，以记忆过程和记忆系统为框架，认知神经科学设计了许多研究记忆的实验范式，对其中一些人类实验范式，进行了猴的相应实验研究，并将无创性脑成像技术和猴脑细胞电生理研究所得到的结果加以比较。研究发现，某些脑结构参与多项记忆过程或多种记忆系统，但不同记忆过程和记忆系统的脑功能回路不同。因此，无论是哪种记忆过程或记忆系统都不是由单一脑结构完成的。至今对于记忆的脑功能回路及其相互关系所知甚少，有待今后更多的科学发现加以补充，这里只能总结出各种记忆系统的脑结构基础。

1. 由内侧颞叶的相关脑结构进行情景记忆信息的编码和存贮

欧文（Owen，1998）总结了认知神经科学的文献，认为由内侧颞叶组成的回路实现对情景记忆信息的编码和存贮。长时记忆的个人经历和事件主要存贮在内侧颞叶的相关脑结构。主要包括内嗅区、围嗅区皮层、旁海马回皮层、海马和杏仁核。宫下（Miyashita，2004）认为当有意识地主动回忆这些事件或经历时，额叶皮层触发并激活内侧颞叶中的记忆并加以表征。当自发地想起这些事件或经历时，是以内侧颞叶自动激活并从内向外，从后向前地扩散，从而实现了事件或经历信息的自动提取。这些事件所涉及的物体或空间场景，则是由内侧颞叶向颞下回以及顶叶皮层，自上而下地后向传播所实现的。对知识或事实的语义陈述性记忆，通过相应知觉系统编码后进行分门类别的“域特异性”的物体知识或事实的类别存贮。例如，视知觉的域特异性存贮包括生物类、非生物类；生物类又分为动物、植物、微生物和人类等亚类；在非生物类物体中，又可分为工具、家具、食物等亚类。这种域特异性的记忆信息存贮在相应域特异脑知觉区，例如视觉物体或事实的记忆信息存贮在颞下回和枕颞联络区皮层；与空间知识、概念相关的记忆信息存贮在顶—枕联络区皮层。

2. 由额叶皮层触发存贮信息的主动回忆

知识、事实或物体的主动回忆，是额叶皮层触发和激活的结果。如图 6 – 2 所示，内侧颞叶的单独活动，只能使这些存储的信息自动地活跃起来；只有额叶皮层才能触发对这些存储信息的主动提取。

3. 内隐记忆由许多皮层下脑结构参与

对于多种形式的内隐记忆系统而言，不仅由大脑皮层还由相应皮层下脑结构参与的脑回路来实现。例如，一些职业技能和习惯行为的记忆信息存贮在大脑运动区、前运动区皮层和大脑基底神经节的回路中；运动员的快速运动技能或普通人一些精细快速反应的运动技能的信息，则存贮在大脑和小脑之间的功能回路；复杂的知觉表征性记忆信息是以联络皮层之间自动联想性联结方式存贮；简单的联想性记忆信息贮存在大脑皮层之间的回路。内隐性记忆不存在主动性提取过程，所以由相应脑结构自动激活或兴奋扩散机制参与记忆功能。认知心理学研究中的觉知感（feeling of knowing ，FOK）是激活两侧额叶、左额中回、额极区、前扣带回和辅助运动区的结果。

4. 工作记忆的脑回路

格鲁伯和克拉蒙（Gruber & Cramon，2003）研究发现，视觉空间记忆是从

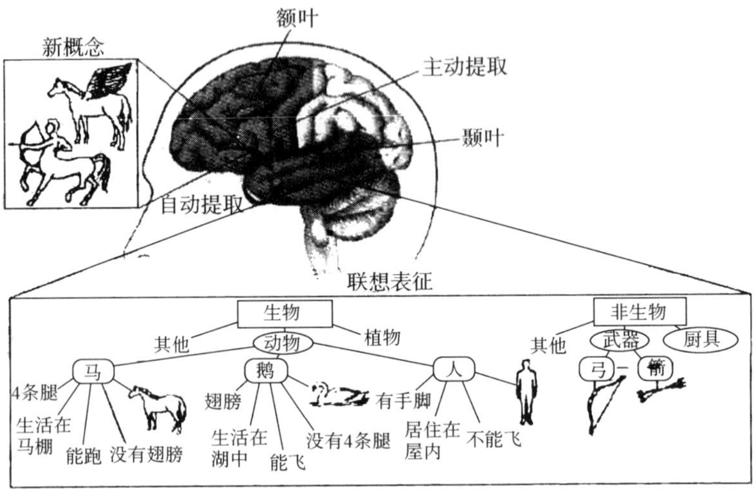

图 6－2　域特异性信息存储与提取

（引自：Science，2004，306：437.）

额上沟后区激活沿顶下沟到视皮层的自上而下的脑信息加工过程；与语言相关的工作记忆是前额叶向下顶叶的自上而下的脑回路活动；如果包括语言复述的工作记忆活动，对右利手的人，首先是左半球前运动区皮层激活再到顶区皮层，两者形成的额—顶皮层回路实现着语言复述的工作记忆功能。工作记忆中的中央执行器由两类脑结构组成。情景缓冲器实现着非域特异性（不分类的）信息缓存功能。对于右利手的人来说，这种情景缓冲器由右侧额中回、辅助运动前区（Pre-SMA）和两半球额叶弓状区和沿顶下沟前部和中部的皮层所形成的复杂功能回路所组成。工作记忆的中枢执行器对于知识和事实的存取，由前额叶皮层激活相应域特异性的语义记忆脑回路加以实现。

第三节　记忆的分子和细胞生物学基础

对外部刺激如何转化为脑内的记忆信息，并如何存贮这些信息的问题，在过去十几年间取得了突破性研究进展。20 世纪 90 年代已证明，从低等动物到高等动物乃至人类的脑，尽管其大小和结构有天壤之别，但记忆的分子和细胞学基本机制，在生物进化中却是相对恒定的。可以概括地讲，短时记忆发生在神经细胞联结的突触之中，主要是突触后膜已有的蛋白大分子的变构作用，包括离子通道蛋白分子的快速反应（数毫秒）和受体蛋白分子的变构作用（数秒至数分钟），都以局部细胞膜及其邻近的细胞质中的生物化学反应为基础。与此同时，长时记忆是整个神经细胞的反应，从细胞膜上的突触到细胞质内的信号转导系统，再到细胞核内的基因表达，其结果是合成新的蛋白质和新突触的生长。如图 6－3 所示，左下角局部变化是短时记忆的基础，全图表达的全部分子生物学变化是长时记忆的基础，本节简要介绍这些关于记忆的分子和细胞学基础知识。

一、短时记忆的分子和细胞生物学

1951 年，卡茨（Katz）和法特（Fatt）报道了神经递质门控的离子通道蛋白，也是氨基酸类递质的受体，在接受神经递质后发生快速突触变化（仅持续几毫秒的短暂变化），后来将其称为神经信息的快传递机制。几十年后，许多实验室都发现突触后膜上有 7 个跨膜的大分子受体蛋白，接受神经递质后发生蛋白变构作用，并导致细胞内第二信使通路的激活，引起持续几分钟的慢突触变化，称为神经信息的慢传递过程。发生在神经细胞的一部分突触后膜及其邻近细胞质的变化，持续时间数毫秒至数分钟的过程，是短时记忆的神经生物学基础，按其时程长短又可分为两类分子变化机制。

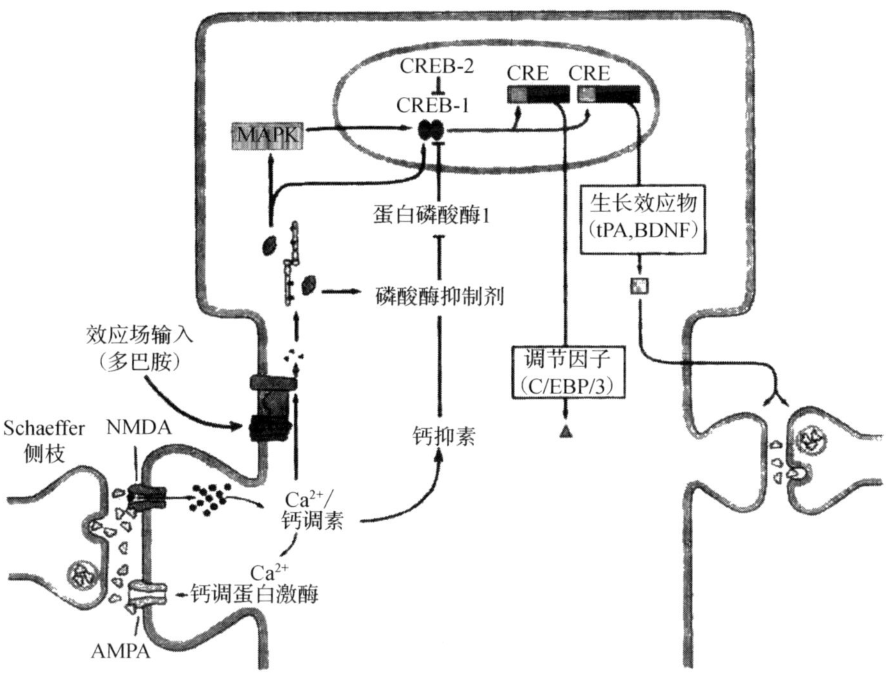

图 6－3 长时记忆的分子生物学基础示意图

（引自：Science，2001，294：1037.）

图示一个神经细胞从其左下角的突触中得到大量神经递质，与突触后膜上的 NMDA 敏感的受体结合，触发了细胞内信号转导系统大量生物活性分子激活，依次传递信息，最终引起细胞核内的基因表达，合成蛋白质，在细胞的右下角形成新突触，使信息得到长时记忆的保存。

（一）离子通道受体蛋白

是镶嵌在突触后膜上，具有 3 个跨膜段的蛋白分子，既是氨基酸类神经递质的受体（如 N-甲基-D-天冬氨酸受体，NMDA），又是钙离子通道蛋白，当接受氨基酸递质（如谷氨酸）后，立即变构使钙离子通道开启，使细胞外的钙离子能够流入细胞内，产生毫秒数量级的突触兴奋性快速变化。

（二）G-蛋白依存受体蛋白

G-蛋白依存受体蛋白是一类蛋白大分子，在突触后膜上有 7 个横跨膜内外的跨膜段，当其接受突触前神经末梢释放的神经递质后，依赖一种称 G-蛋白的小活性蛋白，其活性又依赖于高能磷酸化合物三磷酸鸟苷（GTP）的存在。G-蛋白所运载的高能磷酸键为腺苷酸环化酶（AC）提供能量，使其激活，从而使突触后膜内的三磷酸腺苷（ATP）环化生成第二信使环磷酸腺苷（cAMP），随后 cAMP 激活另一类蛋白激酶分子（如蛋白激酶 A、蛋白激酶 C 等）蛋白激酶可以作用于镶嵌在一定距离的突触后膜上的离子通道蛋白，引起磷酸化，发生变构，开启离子通道，使钙离子进入细胞内，造成局部兴奋效应。此外，蛋白激酶激活后，形成催化亚基，也可以进入细胞核引起基因调节蛋白的激活。

（三）局部膜蛋白变构作用在记忆过程中的意义

2000 年诺贝尔生理学或医学奖得主肯特尔将上述两类短时记忆分子神经生物学基础的突触信号传递概括出三种功能意义。首先，它能激活第二信使转导的蛋白激酶，后者的激活亚基可进入细胞核内，发动长时记忆所需要的突触生长和新蛋白质的合成；其次，它们可以标记邻近的特殊突触，用以捕捉长时记忆过程的形成，并调节局部蛋白分子；第三，中介于注意过程，以便于记忆的形成或回忆。至今，对于第三种功能意义仅是推论性的，其具体的分子生物学过程一无所知。

2007 年，费瑞堤（Ferretti）等报道了 95 只小白鼠的实验研究结果。他们首先将小白鼠进行埋藏套管的头部手术，套管的目标区置于伏隔核，随后利用 Morris 水迷宫进行行为训练。药物处理组小白鼠在第一次行为训练之前 10 分钟，通过 1 微升的微量进样器，以其 9 毫米长的针插入小鼠头部埋置的套管内，用 2 分钟的时间注入药液 0.2 微升，然后再使针芯停留 1 分钟，以保证灌注的药物扩散到伏隔核组织内。灌注的药物分别是 AP-5（NMDA 受体拮抗剂，每侧伏隔核注入 0.1 和 0.15 微克）和 DNQX（AMAP 受体拮抗剂，每侧伏隔核注入 0.005 和 0.01 微克）。集中训练之后就立即进行测试，结果发现：NMDA 受体拮抗剂和 AMPA 受体拮抗剂同时阻断了 NMDA 受体和 AMPA 的作用，使小鼠不能完成水迷宫空间学习任务，证明短时记忆的形成必须有伏隔核内两类谷氨酸能受体的激活。

二、长时记忆的分子生物学基础

仅仅经过2—3年的时光（1990—1993年），世界上许多实验室利用转基因小鼠实验证明了长时记忆的细胞和分子生物学基础是细胞核和突触间的对话。作为长时记忆基础的突触可塑性的持续变化，不仅取决于该突触自身活动的经历（短时记忆活动），还取决于细胞核内基因转录的激活历史，把认知过程的记忆信息和遗传过程中基因负载的信息统一起来。

如图6-3所示，引起短时记忆的刺激，不仅激活细胞内信号转导系统中的第二信使钙—钙调素（Ca^{2+}/calmodulin），随刺激重复会出现三种过程：1. 激活腺苷酸环化酶，从而导致cAMP-依存性蛋白激酶（如PKA）的激活，PKA的四个亚基分离，其中催化亚基携带高能量进入细胞核，使核内的基因调节蛋白（CREB-1）激活；2. PKA的催化亚基还募集分裂素激活的蛋白激酶（mitogen-activated protein kinase，MAPK），与之一道进入细胞核，在激活CREB-1的同时移除CREB-2，CREB-2对CREB-1具有抑制作用，当CREB-1激活后，首先触发即刻早基因表达形成C/EBP，由C/EBP诱导基因晚表达合成新蛋白质，并导致新突触联系的生长；3. 基因表达的抑制作用，包括钙抑素（calcineurin）和磷酸化酶抑制素的作用，后者作用于细胞核内的CREB-2，使其抑制并约束长时记忆过程的形成。由此可见，在长时记忆的分子生物学机制中存在着抑制性的约束机制。CREB-2的激活和移除包含两种环节，一方面，当钙调素过剩时，在细胞质内引起钙抑素形成，导致细胞质磷酸化酶Ⅰ激活，当其移入细胞核内后，不是激活CREB-1的活性，而是激活CREB-2，从而抑制CREB-1的活性；另一方面，PKA与MAPK协同作用于细胞核，不仅激活CREB-1，还移除CREB-2。

三、记忆分子生物学变化的意义

无论是大鼠海马离体脑片的LTP实验，还是转基因小鼠的基因调节蛋白CREB-1的实验研究，都与50年前大鼠电抽搐对学习记忆影响的行为效应十分吻合，说明短时记忆形成巩固的长时记忆需要至少40分钟的时间。例如，在海马离体切片的实验中，如果1秒内给出100赫兹的一串脉冲刺激，引出的LTP不超过2小时；但如果每隔10分钟给一串100赫兹的脉冲刺激，连续4串刺激诱导的LTP长于24小时（Kandel，2003）。

在转基因小鼠中，对基因调节蛋白CREB-1的实验研究发现，从突触前的刺激或神经递质的注入，到突触后细胞核的CREB-1激活，大体也需要40分钟。记忆分子生物学的变化过程支持了40多年前行为实验的发现。但是，有一种结构类似血管收缩素（somatostatin）的18肽分子，可以迅速穿过细胞膜，并直达细胞核激活CREB-1，并不需要40分钟的时间。说明这种神经激素类物质与神经递质的作用不同，并不遵循一般记忆分子生物学的基本规律，它避开了细胞内信号传导系统的一些分子反应过程。

2006 年 3 月 14 日，狄奎凡和帕纳约托普洛斯（De Quervain & Papassotiropoulos）在《美国科学院院刊》发表的一篇研究报告报道了对 336 名正常人的研究结果。他们利用与记忆分子生物学过程相关的上述生物活性物质，如谷氨酸递质的 N-甲基-D-天冬氨酸受体、腺苷酸环化酶、蛋白激酶 PKA 和 PKC 等，分离出 47 个基因，测量被试的情景记忆作业成绩并利用情景记忆过程的功能性磁共振成像，特别分析了与记忆相关的海马和旁海马回脑结构激活强度。结果发现与记忆分子生物学过程相关的基因表达、情景记忆成绩和海马与旁海马回的激活强度之间是正相关。这一研究在记忆功能、脑结构和基因表达的分子生物学之间得到了跨学科多层次的研究结果。

第四节　睡眠对记忆的巩固作用

从短时记忆向长时记忆的过度必须有足够的复述或一定的时间是传统的理论知识，但 2007 年 4 月的《科学》杂志上发表了关于记忆快速巩固的评论和研究报告，记忆研究的著名国际专家斯奎尔认为，最近一些实验事实为传统的记忆图式理论增添了新的活力。随后三年的一批研究报告证明，人类睡眠也有助于记忆的巩固。

一、对味觉—空间联想记忆的促进作用

谢等人（Tse，2007）在《科学》杂志上发表的研究报告证明，大鼠在味觉空间定位的联想学习之后，进一步训练使之形成了味觉—空间联想图式，这种组织化的知识结构能够支持单次快速学习形成的新联想，并迅速形成它的巩固记忆。斯奎尔认为海马在学习记忆之后的功能是引导新皮层包括前额叶、颞叶和前扣带回皮层，在新发展的记忆存贮中形成复杂性、分布性和相互连接性。

当人们处于慢波睡眠期，给予入睡之前经历的味觉学习中使用过的味觉刺激物，就可以在无意识状态下隐性再激活入眠前习得的经验，从而使依赖于海马的陈述性记忆得到较好的巩固；但是对于独立于海马的程序性记忆则没有易化或促进巩固的作用。根据这一实验事实，德国几位科学家（Rasch，Buchel，Gais et al，2007）认为，慢波睡眠中的味觉线等可以促进陈述性记忆的巩固。他们的实验研究采用功能性磁共振技术，记录了被试味觉学习之后 45 分钟处于慢波睡眠中，再给予相应的味觉刺激，发现左侧海马前区和后区 BOLD 信号显著增强（$P < 0.005$），以学习之后同样间隔（约 45 分钟）处于清醒状态中同一脑区在受到味觉刺激之后 BOLD 的强度作为对照（如图 6－4）。

二、人类睡眠对记忆巩固的实验证据

鲁多等人（Rudoy et al，2009）通实验证明记忆形成之初比较脆弱，经过巩

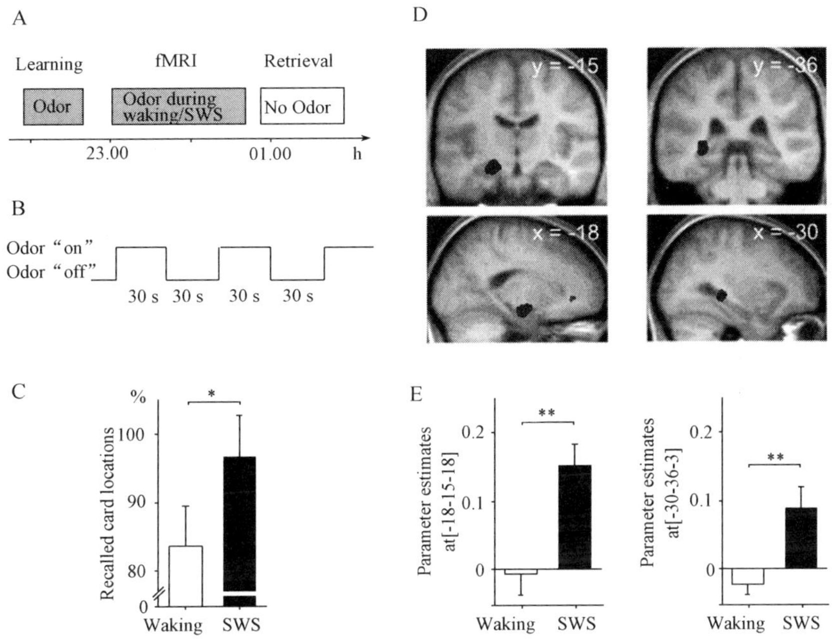

图 6－4　慢波睡眠对记忆的巩固效应

（引自：Science，2007，315：1428.）

A　学习过程或处于慢波睡眠期以及学习之后 45 分钟清醒状态下，味觉刺激呈现的方法。

B　每隔 5.61 秒进行一次功能性磁共振扫描。

C　fMRI 扫描之后，进行记忆内容提取测试，结果表明，对二维物体定位作业任务，睡眠巩固处理的被试成绩显著优先于对照组 $P<0.05$。

D　味觉刺激引起 BOLD 信号（血氧水平相关信号）的变化作为指标，发现左前海马区（左小图）和左后海马区（右小图）激活水平显著增高。

E　对经过慢波睡眠和清醒处理的实验结果进行参数估计表明，左前海马区和左后海马区回归系数显著高于其他脑区（$P<0.01$）。

固后才形成稳定的长时记忆。而在记忆刚形成后就进入睡眠期，并给予与记忆形成相联系的听觉刺激，当醒来之后记忆的巩固程度显著优于未经睡眠者。他们请一些被试在计算机屏幕上看 50 个物体图形，并且分别定位在显示屏不同的部位上，每个物体的图形呈现时，都伴有不同强度的声音与之相结合。随后请被试午睡，当被试在短暂的午睡过程中进入非快速眼动睡眠期时，给予 25 个不同声音刺激，历经 3.5 分钟。醒后请被试看 50 个物体的图片，并请他们回忆在第一次学习时它们呈现的位置。结果发现，在午睡时给予声音刺激的相应物体图片呈现位置的回忆成绩，明显优于未接受声音再刺激的物体。从而说明睡眠中如果呈现记忆形成的某些线索刺激时，对脑功能有再激活作用，这是睡眠中巩固记忆的中介因素。

万斯莱等人（Wamsley et al，2010）系统研究了睡眠相关的记忆巩固作用，认为睡眠中出现与学习任务相关的梦，有记忆巩固作用，而且是与非快速眼动期睡眠中海马的活动有关。他请被试学习虚拟的迷宫导航任务，学习后请他们入睡，5 小时后再请他们重新测试虚拟导航任务。另一组被试学习虚拟的迷宫导航任务后保持清醒，5 小时后重测虚拟迷宫导航任务。比较两组被试的重测成绩发现，睡眠组显著优于未睡眠组，也优于初次学习时的作业成绩，证明睡眠巩固了学习中形成的记忆。

总之，不论动物实验还是人类的实验都一致证明，不论记忆与何种感觉通道有关，睡眠对刚形成的记忆具有巩固作用。如果在睡眠中呈现记忆形成过程中的有关线索，则这种巩固效果更加明显。

【建议参考资料】

1. 沈政，林庶芝. 生理心理学［M］. 北京：北京大学出版社，2007：58－83.

2. 沈政，方方，杨炯炯，等. 认知神经科学导论［M］. 北京：北京大学出版社，2010：85－108.

3. KANDEL E R. The molecular biology of memory storage：a dialogue between genes and synapses［J］. Science，2001，294：1030－1037.

4. WAMSLEY E J，TUCKER M，PAYNE J D，et al. Dreaming of a learning task is associated with enhanced sleep-dependent memory consolidation［J］. Current Biology，2010，20：850－855.

【问题与思考】

1. 从心理现象学和行为学角度，怎样认识和归类学习模式和记忆模式？
2. 怎样认识学习过程的脑结构和功能基础？
3. 人类长时记忆形成的分子神经生物学和细胞生物学基础是什么？
4. 短时和长时记忆的分子神经生物学和细胞生物学基础有何不同？
5. 能否吸收记忆分子神经生物学和细胞生物学基础知识改善教学方法，以便促进学生对关键知识的记忆？

第七章 思维和语言的生理心理学

【本章提要】

本章首先介绍了内隐思维与外显思维以及抽象思维与形象思维的脑机制研究，随后讨论了精神分裂症病人的思维障碍及其遗传内表型的脑结构和功能基础。总之，无论是对正常人还是对有思维障碍病人的研究，都发现思维的脑功能基础总是涉及大脑皮层和皮层下许多结构的复杂功能回路，因为思维、语言是高级认知心理过程，必然以低级心理过程为基础。其中前额叶皮层前端不仅具有执行功能和监控功能，还是动态推理网络的主要结构。有思维障碍的精神分裂症病人颞上回和内侧前额叶以及前扣带回等脑结构中的灰质密度明显降低。对语言理解和语言产出的脑功能研究，更是发现许多皮层下脑结构的参与，如基底神经节、红核和小脑等。这说明语言既是思维的外衣和表达形式，又是人类物种特异性低层次的本能行为。

【学习重点】

1. 内隐思维与外显思维。
2. 抽象思维与形象思维。
3. 语言理解的理论。
4. 语言产出的层次理论。

【重要术语】

内隐思维　外显思维　抽象思维　形象思维　腹侧信息流　背侧信息流

人与动物的本质差异在于思维、语言和高度发达的智力。尽管它们是高级心理过程，但高级心理过程必然以低级心理过程为基础。例如，语言作为一种心理过程，既包括先天遗传的人类种属的本能成分，也包括个体后天习得成分。即使在后天习得成分中，习惯的语言表达方式也是通过内隐学习，无意识积累起来的。因此，无论是语言还是思维，它们的脑功能基础都是多层次的，绝非某一脑结构所能单独完成的功能。思维的表达形式通常是语言，但除了语言表达的思维之外，还有非语言表达的内隐思维活动。对于这类复杂的高级心理过程的研究，认知神经科学虽然取得了较大进展，但存在的问题远远多于已知的科学事实。

第一节 思维

思维是经理解、判断和推理对事物进行信息加工，以表象或概念加以表征，再对表象或概念进行操作，完成高层次的理性认识的过程。人类的思维活动包括思维过程、思维形式和思维内容三个相互制约的方面。思维过程由概念形成、判断推理和问题解决等几个阶段构成，其中问题解决是最普遍的思维过程，它是在概念形成和判断推理过程基础上进行的。思维内容是思维过程的结果或产物，概念、观念、思想都是具体的思维内容，这些内容用书面或口头语言表达出来，就是思维形式。正常人的思维活动是思维过程、思维内容和思维形式三者的统一体。在精神分裂症的多层次“分裂”中，思维的分裂最为突出和核心，表现为多种形式的思维过程、思维内容和思维形式三者的分裂以及思维和外界环境的分裂。本节先从内隐和外显思维谈起，再讨论形象和抽象思维，最后介绍精神分裂症的思维破裂及其脑功能异常。

一、内隐思维与外显思维

内隐思维和外显思维在问题解决或创造性思维过程中的作用，不仅是心理学的研究课题，也是教育学所关注的问题。20 世纪 80 年代以来，心理学特别是认知心理学所揭示的内隐思维和外显思维两种思维过程，及其在问题解决中的作用，对心理学的发展具有重要的历史意义。

（一）内隐思维与外显思维的比较

内隐思维（implicit thinking）是不受意识控制的自发的思维过程。它以反身推理为主，往往难以用语言和逻辑关系加以表达。内隐思维以内隐学习记忆和内隐知觉为基础，常常使人对问题的理解或问题解决豁然开朗，达到“顿悟”的境界。内隐知觉、内隐学习、内隐记忆和内隐思维等内隐认知（implicit cognition）所积累的知识称内隐知识。外显思维（explicit thinking）利用和操作外显知识（explicit knowledge）进行判断、推理和解决问题。通过对两类思维的比较可以发现，内隐认知系统比外显认知系统具有更强的鲁棒性（robust），不易受脑损伤、疾病或其他障碍所影响；内隐认知系统没有外显认知系统的年龄差异，与智力水平无关，内隐认知系统在人种之间和个体之间的差异较小；内隐认知是人类与其他高等动物共存的认知过程；对内隐认知的这些特点，雷伯（Reber，1992）进行了详细论述，并引用了一批实验证据。内隐思维与外显思维在人类与环境的关系上各有不同的功能。外显思维帮助我们去改造和改变外部环境，使环境适应我们；内隐思维使我们适应外环境的微小变化。在创造性思维过程中，外显思维和内隐思维均不可缺少。外显思维往往会使我们豁然开朗，创造性灵感油然而生。关于内隐思维的研究为时尚短，许多问题有待于认知心理学通过精细的实验分析与验证，这是当代心理学的前沿研究课题。

（二）内侧前额叶在内隐认知中的功能

有研究者（Reverberi et al，2009）总结了思维推理过程的两大理论观点，即心理逻辑理论和心理模式理论。前者认为推理过程借助心理逻辑规则，例如经典的三段论法规则，从前提条件得到结论的过程。因此推理的思维过程借助语言的外显过程。心理模式理论认为推理过程是对现实事物的镜像模拟构建，并不一定需要逻辑规则的操作，两个人之间谈话内容的彼此理解，故事情节的理解，首先是一种自动和自发的模仿映射过程，随后才通过努力推论其深层含义。他们在脑损伤病人中进行了神经心理学研究，通过实验证明，日常生活中基本的初级演绎推理，既含有外显思维活动，也含有内隐思维活动，还必然有工作记忆的参与。他们将日常生活中演绎推理能力分解成三种认知成分：运用推理规则构建证据的成分，证据构建的监控成分和执行证据构建所必需的中间表征。他们的实验数据证明，内侧前额叶和工作记忆机制是实现基本演绎推理的重要环节。帕尔曼和曼吉内利（Pallmann & Manginelli，2009）总结了有关前额叶皮层参与高级认知过程的研究报告，指出它不仅参与执行过程的监控，还支持内部思维过程，以及外部驱动因素和内部心理过程之间的整合，特别是直接参与视空间特征三段论法的形象推理任务，使奇异的目标瞬时突现出来。在这一认识的基础上，设计了对视觉目标和干扰刺激的实验控制并采用 fMRI 技术，证明前额叶皮层前端不仅具有执行功能和监控功能，还对刺激呈现过程中某些精细特征变化进行内隐的检测。所以，内侧前额叶在内隐认知中的功能也是其参与基本演绎推理过程的重要基础。

（三）外显的演绎推理过程及其脑机制

罗德里格斯·莫雷纳和赫希（Rodriguez Morena & Hirsch，2009）利用功能性磁共振成像技术研究了正常被试外显的演绎推理过程及其脑机制。将逻辑学上经典的三段论法中的两个前提，先后依序呈现给被试，请他们作出推论，然后再给出结论，回答下面的推理结论是对还是错。作为线索提示的句子呈现 4 秒，随后屏幕上出现 4 秒钟的黑十字，下面两个前提句各重现 4 秒。前提句 1：“每个警察都收集马路上的玻璃瓶”，紧跟着出现第 2 个前提句：“收集玻璃瓶的人都爱护野生小动物”，接下来出现一个黑十字，4 秒后出现结论句子：“每个警察都爱护野生小动物”。这个句子之后出现一个黑十字 2 秒钟，接着单词“下雨”呈现 2 秒，然后又是一个黑十字（2 秒），被试选择按键反应，判断结论是对或错。这个例子应该选择“对”键。下面例子应选择“错”键，线索提示：“请判断下面的推理结论是对还是错！”前提句 1：“一些成年人做雪人”；前提句 2：“做雪人的人喜欢滑雪”；推理结论句：“成年人不喜欢滑雪”；后插入单词：“世界”。两组对照任务如下，指示语（4 秒）：“请对单词是否出现作选择按键反应，单词出现按‘是’键；单词不出现按‘不’键”。前提句子1：“各国的语言都有一个共同的起源”；前提句子2：“这个班的孩子做集邮”；句子3：“所有的警察都受训2年”，单词：“孩子们”。指示语：“请注意单词是否出现，单词不出现作‘不’按键反应”。句子1：“母亲喜欢打扫房间”；句子2：“一些建筑需要爱心维护”；句子3：“调味器影响孩子的健康”；单词：“诗人”。两组对照任务均由三个彼此无关的句子组成，因此不存在推理过程，被试按指示语做，只注意最后的单词是否出现。对每个被试的fMRI采样数据进行推理，对照任务间五段对比，分析：1. 线索句子（指示语呈现期），2. 前提句子1，3. 前提句子2，4. 结论句子，5. 反应。以最小聚类体元为40的SPM99平均值差异显著性水平P≤0.005，进行统计处理。以视觉和听觉两种方式呈现句子，比较之间的效果。被试对句子的反应正确率虽然视觉呈现优于听觉呈现，但两种呈现方式之间没有显著差异。功能性磁共振成像研究的结果分为两类：支持区和核心区。作者将推理阶段直接激活的相关脑区称核心区；支持区是在推理任务和对照任务时均激活的脑结构，推理和对照任务之间仅有激活程度上的差异，对前提句子和推理结论句子之间没有显著差异。这些支持区是左半球额上回、额中回（BA6，9，10区）。相关推理的核心区是额下回（BA47区）、左额上回（BA6，8区）、右半球内侧额叶（BA8区）和两侧顶叶（BA39，40，7区）。推理相关的核心激活区特点是仅在

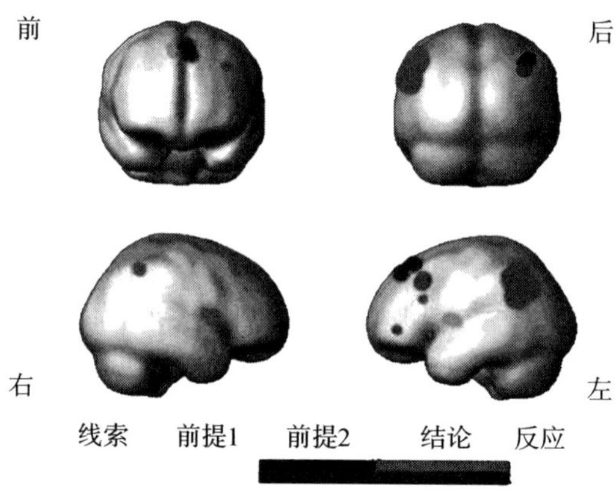

图7－1 高级推理网络模型的激活脑区

图中可见，支持脑区（中灰部分）仅见于后、左侧面；与之相反，核心脑区分布于前、后、左、右四个侧面图中，由许多脑区组成（浅灰色部分）。深灰色部分的脑区仅出现在前、右侧面脑中线附近，它们仅在接受两个前提句时激活。此图说明高级推理网络的核心脑区分布较广，参与的脑区远多于接受两类前提句和仅作反应的脑区，思维推理是全脑的功能。（引自：Neuropsychologia，2009，47：958.）

前提句子 2 呈现之后或推理结论句呈现期才激活，如图 7－1 所示。作者参照数据表得到的结论是，当推理前提句子 2 呈现时，主要激活的脑区是额中回（BA8，6 区）；左额上回皮层（BA6，8 区）和左顶区（BA40，39，7 区）表现为从前提句子 2 到结论句子呈现之间的持续性激活；仅在结论句子呈现时才激活的脑区有左额中回（BA9，10 区）和两半球内额和下额回（BA9，10，47 区）以及两侧尾状核。前提句子 1 的脑激活水平与对照任务没有差异。基于实验结果，作者提出了高级网络模型理论。这一理论认为人们面对演绎推理的任务时，忽略了视觉或听觉的传入差异，很快组建了动态推理网络，不同阶段动员的脑结构不同。但是由于 fMRI 的时间分辨率所限，还不能揭示推理的两个前提句子结合的过程与推理结论出现之间的变化细节。从行为反应数据中发现对第 2 个前提句子的反应时长于对第 1 个句子的反应时，以及对第 2 个前提句子编码比对照任务引发较强的 BOLD 信号的事实，可以说两个前提句整合为一个统一的高级推理网络。

二、形象思维和抽象思维的脑科学观

思维是人脑的高级认知活动，它是揭示事物间关系及其变化规律的认知过程。20 世纪 50 年代以前，心理学认为只有以语言为交流工具的人类，才能借助语词和概念进行思维活动。1958 年在研究智力的个体差异中，统计了大量数据，提出了可能存在不借助语言和概念所进行的思维活动。经过对“表象”的深入研究后，特别是面孔照片的心理旋转试验的科学数据，有力地证明脑内进行着表象的操作。所以 20 世纪 70 年代，在心理学中两类思维的观点得到确认，一种是借助概念“字词”所进行的抽象思维，另一种是运作表象的形象思维。抽象思维以语言为中介，通过字词所表达的概念和语义记忆中所存储的知识由表及里、由浅入深地加工，进行比较判断和推理，最终对事物得到较全面深入的认识和理解。形象思维以表象为中介，通过外界物体和场景直接在头脑内的映射，以及情景性记忆与传记性记忆的参与，对事物和外界环境进行生动、活泼的比较和判断。两类思维之别显而易见。教育科学重视两类思维的研究，希望以此为基础推进教育学和教育工作的发展，为此，提出了以脑科学知识加深认识两类思维的问题。

（一）巴甫洛夫高级神经活动学说与两类思维的生理学基础

1901 年苏联伟大生理学家巴甫洛夫获得了诺贝尔生理学和医学奖，年过半百的他没有居功自满，而是利用研究消化生理学对实验动物进行唾液腺手术的技术，又开创了心理性唾液分泌的高级神经活动研究领域。他从狗分泌唾液的条件反射活动实验做起，经 35 年的积累，在他 87 岁（1936 年）逝世时，高级神经活动学说已得到世界各国科学家的认同。如今脑科学的高度发达是 70 多年前时无法相比的，但巴甫洛夫建立的条件反射实验模型已获广泛的承认，而且经典条件反射的专用科学名词永存于脑科学之中。

在以狗为主要实验对象的大量研究中，巴甫洛夫总结出高级神经活动类型学说。根据两类基本神经过程（兴奋与抑制）的强度、均衡性和灵活性，他把狗分为四种类型：兴奋型、活泼型、安静型和抑制型。在人类实验中，他认为除与动物具有相似的两类基本神经过程之外，人类还独具第二信号系统——语言，因此人类高级神经活动类型既有类似动物的四种类型之分，又按第二信号系统的强弱分为思想型、艺术型和中间型三大类，其中每类都可再分为上述四种类型。巴甫洛夫关于思想型和艺术型的人类高级神经活动类型学说，实际上是关于以抽象思维（思想型）或形象思维（艺术型）为优势的神经类型学说。因此，我们在这里对两种信号系统的理论稍加说明。

两种信号系统指第一信号系统和第二信号系统，第一信号系统是现实事物自然属性的集合，例如苹果的气味或外形、电铃的外形及其工作时所发出的铃声。在自然环境中，电铃和苹果之间没有必然联系，对于人或高等动物第一次听到电铃的声音，只是个新异刺激，必然引起注意，随着铃声的几次重复出现，并未发生任何其他事情，铃声就变成无关刺激。建立条件反射时，首先要重复几次铃声，消除其新异性。当铃声变成中性的无关刺激后，跟着铃声就出现苹果。这样将铃声与苹果几次结合后，单独出现铃声，也会引起苹果带来的食欲或唾液分泌反应。像这种单独由铃声引出的苹果或其他食物反应，就是一种条件反射。铃声这类现实事物的属性，就成为实现条件反射的第一信号系统。人和高等动物可以共享第一信号系统，但人类还独具语言形成的第二信号系统。

对人类被试建立苹果食物条件反射时，既可用真实的铃声作为条件刺激，也可用“铃声”一词作为条件刺激。在这个例子，铃声一词代替现实中真的铃声，所以第二信号系统是第一信号系统的信号，是现实物体或事物属性的信号。第一信号系统占优势的人偏重于使用物体直观形象或具体物体属性进行形象思维，而第二信号系统占优势的人擅长运用语言进行抽象思维。巴甫洛夫于20世纪30年代建立两种信号系统学说时，脑科学尚未形成，脑的解剖和生理学知识很有限，因此他未能更多涉足于脑功能解剖学基础。这一问题在50年后由美国教授斯培里给出了答案。

（二）裂脑人的大脑两半球功能不对称性

1981年诺贝尔生理学和医学奖获得者，美国教授斯培里，利用脑手术后大脑两半球间神经纤维割断的病人进行认知实验。采用速示器单视野呈现的视觉刺激，或双耳分听的听觉刺激，让病人作出准确的知觉反应，或让病人口头描绘所见的图片和字词。结果发现，右侧视野投射到左半球的字词反应正确率高于左侧视野投射到右半球的反应。相反，图片刺激呈现在左侧视野投射到右半球时，病人正确反应率较高。由此证明，左半球的语言功能占优势，右半球视觉形象知觉占优势。类似实验进一步采用稍复杂的视觉刺激，比如有几个物体和一个人同时出现在一个画面上，请病人按他所理解的解释画面。例如，描述画面上的人在做什么，或该人的身份等。结果也证明右半球以形象思维（判断、推理）为优势，左半球借助语言和概念进行抽象思维占优势。这一理论与经典的脑功能定位理论较为一致，因为150年前布罗卡医生发现语言运动障碍的病人左额中回受损，说明左半球存在着语言运动中枢，右利手的人左半球语言功能占优势。由于这一发现进一步验证和丰富了经典脑功能定位理论，又是首创性的在现实生活着的人中进行脑功能定位的实验研究，使得这项研究获得诺贝尔生理学和医学奖。然而这项研究发现并不等于是脑科学的绝对真理。首先，实验是利用脑手术后的病人进行的，由此得到的结果未必表示正常人脑实际存在的规律。其次，后人的大量研究报告并不能全部重复出这一结果，正常人脑进行思维活动时两半球协同工作。再次，左右对称性两半球分工协作是脑发育发展中的古老维度，从低等动物形成脑之前，头节已经出现左右对称结构。这种古老的维度可以使动物在环境中捕获食物或逃避天敌时进行准确的空间定位。左、右侧视听信号，左、右方向捕捉或逃跑，对动物生存都十分重要。由高级神经中枢活动水平在左右维度间的精细差值确定空间防卫，这就是通常所说的两眼视差，双耳声波相位差等。人类大脑除左、右维度外，还有深部（髓质）与浅层（皮质）的维度，也是非常古老的维度。与生命活动和本能行为相关的脑中枢都位于脑深部；高级功能中枢位于大脑皮层。此外，从高等动物到人类的大脑进化中还有后头—前头维度，简单视、听觉在后头部，高级复杂智能更多与前头部有关，即高级功能的额侧化进化。与猴、猿相比，人类的额叶皮层异常发达。近年来脑科学揭示，大脑内侧面和外侧面也有较明确的功能差异，即存在内—外维度。此外，还有背—腹侧功能系统的维度。简言之，两半球间左—右维度是古老维度，不可能成为形象与抽象思维这样高级功能的唯一脑结构基础。

（三）当代认知神经科学的新发现

福格尔桑（Fugelsang，2005）应用功能性磁共振成像技术研究了人类被试知觉的因果关系。让被试看一些有因果关系的事件图片和没有因果关系的事件图片，发现与没有因果关系的事件相比，有因果关系的事件图片引起右侧额中回皮层和右侧下顶叶皮层的明显激活，并且这种因果关系的信息是通过图片中空间和时间信息的综合加工而实现的，证明形象思维是通过右额顶和颞皮层的激活而实现的。然而雷等人（Ray et al，2008）对33位被试通过功能性磁共振成像的研究发现，空间信息工作记忆任务中两半球的脑激活区没有显著区别，但在语言信息的工作记忆任务中，左半球的激活区显著大于右半球。所以，他们认为空间记忆任务是进化中从祖先（猿）继承下来的，没有左右一侧化现象；语言记忆具有后天习得性，增加了左半球的优势。

三、精神分裂症的思维障碍及其脑功能基础

思维过程、思维内容和思维形式三者的统一是正常思维的重要特征。在精神分裂症病人中，虽然存在多层次“分裂”，但思维破裂是最为突出的核心症状，表现为思维过程、思维内容和思维形式三者的分裂以及思维和外界环境的分裂。

（一）精神分裂症的思维障碍

1. 思维过程障碍

思维过程的特点之一在于它的目的性。如果思维过程缺乏这种鲜明的目的性，就是不正常的思维。联想散漫，主题不突出，中心思想不断变化，使人无法理解谈话的内容和目的。这种思维散漫现象进一步严重化，就出现思维破裂。这时，不但每一段话之间缺乏内在逻辑，甚至每句话之间的关系也不够紧密，结果就形成了句子的杂乱堆积、语无伦次、支离破碎。思维散漫、破裂性思维都是在意识清醒的背景上呈现的，是精神分裂症的显著特征。此外，思维过程的突然中断，或者在思维过程中突然出现不相干的概念和思维插入，也是精神分裂症的常见症状。

2. 思维形式障碍

逻辑倒错、语词新作和象征性思维是精神分裂症的常见思维形式障碍。语词新作是比较特殊的一种逻辑障碍，以自己特殊的古怪逻辑杜撰出新的文字，只有他自己才能解释和理解。把很多不相干的概念凝缩在一起，称为思维凝缩。例如，某病人造一字，表示他自己是羊年生的，在娘肚子里长大。语词新作这种特殊的逻辑障碍是精神分裂症的特征性症状。与此相近的一种逻辑障碍称为象征性思维，即用一个非本质的普通概念去代替另一类本质不同的事物。这种代替是荒谬的、不可理解的。例如，某病人把辽宁产的扣子缝到上海产的衣服上，称之为“辽海两地一线牵”。

3. 思维内容障碍

思维内容障碍对于精神病学来说是非常重要而常见的问题。这类障碍不如思维形式上的改变那么容易鉴别，往往要根据对很多现象和背景材料的分析才能做出最后的结论。思维内容障碍有强迫观念和妄想等几种形式，其中以妄想最为常见。根据妄想的内容，又可分为关系妄想、嫉妒妄想、被钟情妄想、被害妄想、影响妄想、夸大妄想、罪恶（自罪）妄想、疑病妄想、虚无妄想、变兽妄想、特殊意义妄想、被窃妄想等。妄想是一种与现实相脱离而又荒唐的固执想法。这种想法很顽固且与病人文化程度、社会背景及平时思想很不相干，又不能通过说服、教育和各种验证途径加以动摇。具有妄想的人对妄想内容坚信不移，缺乏认识和批判能力。

原发性妄想是突然出现的，不需任何解释，突如其来的想法，如见到一张圆桌面立即意识到世界末日的来临。这种妄想没有其他心理上的原因可以解释和理解。根据其出现的内容，可分为妄想心境、妄想知觉与妄想回忆。这是精神分裂症特有的思维内容障碍。

（二）精神分裂症的脑功能基础

1911年精神分裂症作为一个疾病单元，由于并未能通过病理解剖发现脑形态学改变，因而被确定为机能性疾病；20世纪60年代—80年代对精神分裂症疾病本质的认识取得了突破性进展，发现精神分裂症是神经信息化学传递机制上的障碍。具体地说，阳性症状的精神分裂症是多巴胺能神经递质功能亢进的结果。与此同时，应用CT技术发现，阴性症状的精神分裂症伴有脑内旁海马回皮层萎缩。但是这些发现并未动摇机能性疾病性质的认识。直到最近几年，随着磁共振成像技术的发展，揭示了一批新的科学事实，动摇了对机能性疾病的认识。目前，多源性病理学说已得到普遍认可，并且精神分裂症的遗传内表型研究成为热点，正孕育着更大的科学突破。

1. 多源病理基础

日本科学家梶井（K. Kasai）等人于2002年综述了精神分裂的神经解剖学和神经生理学的研究进展。他们总结了利用脑结构磁共振成像、磁共振波谱成像、正电子层描研究、事件相关电位和脑磁图的研究成果，认为精神分裂症是一种多源性病理基础的疾病。具有思维障碍的精神分裂症病人听觉平均诱发电位P300幅值降低、潜伏期长，语音音素分辨的事件相关脑磁图研究发现，精神分裂症病人脑磁功率在100毫秒以后的反应低于正常人。fMRI和PET研究发现精神分裂症病人的思维障碍严重程度，与左半球颞上回和颞中回的激活水平呈反比关系。在精神分裂症的各种症状中，处于核心地位的是认知障碍，它的基础之一是感觉门控机制的缺损。利用双听刺激实验范式，可发现精神分裂症病人存在着P50抑制缺损的病理现象，无论是发病期还是疾病的缓解期，甚至阴性症状病人的直系亲人都存在P50抑制不足的现象。其他一些精神疾病，如创伤后应激状态、抑郁症、帕金森氏症等，发病期虽然也有P50抑制缺损现象，但随病情好转，P50抑制也会转为正常。

所以，现在普遍认为精神分裂症是一大类多源病理机制的复杂疾病，含有多种神经递质及其多种受体功能异常。包括氨基酸递质，如谷氨酸、丝氨酸、环丝氨酸、甘氨酸和γ-氨基丁酸，以及谷氨酸的NMDA受体；还有多种单胺类递质及其多种受体，如多巴胺D2受体、5-羟色胺2型受体（5-HT2）；脑内胆碱类递质及其受体的异常，也在精神分裂症中具有重要作用。分子遗传神经生物学研究已经发现，精神分裂症有多染色体、多位点基因突变，包括lq21. 22，lq32. 42，6p24，8p2l，10p14，13q32，18p11，22q11. 13。所以，现在认为精神分裂症是一种复杂的疾病，具有多位点基因突变导致的多种递质及其受体功能失调的多源病理基础。

2. 精神分裂症的脑形态学改变

广泛应用计算机控制的脑层描技术（CT）和核磁共振成像（NMR）技术以后，才逐渐积累了一些科学事实，于20世纪90年代首先发现精神分裂症的症状有其脑形态学基础。

温伯格等人（D. R. Weinberger）报道慢性阴性精神分裂症病人的侧脑室比正常人大两倍之多，这些病人的脑脊液压力正常，说明脑室扩大并不是由于脑压增高所致，而是由于脑萎缩所造成的。对这些脑室增大的精神分裂症病人进行家族研究发现，其兄弟姊妹的CT检查并未发现脑室增大现象。他们还对脑室增大的精神分裂症病人进行了回顾性研究，追溯至病人童年时在校的学习成绩，结果表明21名脑萎缩的精神分裂症病人学习成绩显著低劣，与同学接触欠佳。这表明，阴性症状为主的精神分裂症病人的脑发生着缓慢进行性萎缩。斯蒂文斯（J. R. Stevens）对某医院长期住院的精神分裂症病人和非精神分裂症病人死后进行脑组织学检查，结果发现精神分裂症病人脑内神经细胞明显丧失，许多脑结构为异常多的胶质细胞所占据。这些脑结构改变与病人生前的行为障碍有一定关系。孤独、退缩、情感淡漠等与脑室周围边缘系统结构、下丘脑的损伤有关；言语贫乏和言语思维障碍与苍白球和边缘系统损伤有关；刻板行为与下丘脑和海马损伤有关。罗伯特（Roberts，1990）总结了精神分裂症的脑CT研究，发现阴性精神分裂症病人脑室扩大，半球体积缩小了8%，长度缩短了7毫米，大脑皮层丧失12%。除这些普遍性变化外，颞中回、旁海马回和苍白球等结构丧失最为严重。左颞叶皮层丧失21%，右颞叶皮层丧失18%。这些结构的丧失程度与疾病症状严重性相平行。细胞学研究发现，受损部位并没有通常脑损伤相伴随的胶质细胞增生现象。由此推论，精神分裂症病人的旁海马回和颞叶是在胚胎发育过程中受损所致。

丹尼尔（R. Daniel）利用磁共振脑成像技术，研究了精神分裂症病人的脑形态学变化，进一步证实了脑CT的结果，病人脑室明显扩大，旁海马回明显萎缩。

利用PET成像技术研究精神分裂症病人的脑区域性糖代谢率，许多报告基本一致，发现其脑额叶皮层糖代谢率显著低于正常人，旁海马回和额叶的脑区域性血流量也显著降低。

2005年，利用磁共振灌注成像技术对精神分裂症、自闭症和失读症病人的研究发现，这类病人脑白质中深层长距离纤维明显少于正常人，从而认为脑各区间长距离纤维发育不足是这些疾病的重要基础。长距离纤维发育不足可能是由三个基因突变所致。

3. 精神分裂症的脑代谢和脑形态改变间的关系

许多精神分裂阳性症状的病人，如妄想型和青春型病人，患病早期存在大量阳性症状，丰富的幻觉、妄想、破裂性思维和荒谬的行为变幻莫测，经过数年反复发作，疾病的阳性症状逐渐减轻，代之以情感淡漠、意志衰退，出现了阴性症状群。当然也有些精神分裂症如单纯型病人，原因不明地潜隐发病，孤独退缩症状逐渐加重，从始至终都是阴性精神分裂症的症状。那么，这两类不同的精神分裂症是否有共同的脑机制呢？目前虽然缺乏系统的证据，但也有些科学家认为多巴胺受体亢进和脑萎缩及代谢率降低之间存在着密切关系。梅伊阿（M. Mayia）和卡尔森（A. Carlsson）等（1990）提出，精神分裂症病理过程最初发生在中脑的多巴胺神经元和大脑皮层的谷氨酸神经元之间的功能平衡性破坏。多巴胺含量增多或多巴胺受体亢进为一方；谷氨酸缺乏或兴奋性氨基酸受体功能低下为另一方；或者其中单独一方变化，或者两方发生相反的变化，都是精神分裂症阳性症状的病理机制。由于这种代谢过程在大脑皮层中，引起兴奋性氨基酸为神经递质的神经元大量衰退，伴随着区域性糖代谢率下降，脑萎缩也逐渐变得显著起来，这种变化在颞叶、边缘结构和额叶皮层最明显，于是阳性症状逐渐变为衰退的阴性症状。对于那些潜隐性渐进型衰退的阴性精神分裂症，其疾病可能源于胚胎期或个体发育的早期，如3岁—15岁神经元间关系修饰或重组阶段出现了病变，以旁海马回损伤为主要部位。

（三）精神分裂症的遗传内表型

内生性精神障碍包括精神分裂症和情感性精神病，是发病率高、危害性大的精神疾病。长期以来，都是以症状和病程作为主要诊断依据，缺乏实验室或临床检验上的客观诊断标准。从1911年算起，前50年间认为内生性障碍的原因和性质不明；后40多年取得新的共识：脑内神经递质及其受体的代谢障碍是内生性疾病的生物化学机制。这一认识主要是来自于精神药理学和神经生物学研究；但对疾病诊断却无重大影响。虽然在20世纪80年代，地塞米松抑制试验作为内生性抑郁症的鉴别诊断方法曾令人振奋一时，但终究未能达到实用的标准。

精神分裂症研究将近100年之际，对精神疾病性质的认识有了新进展：内生性精神障碍有其脑形态学基础，有其电生理学的遗传内表型性状，有其基因型基础，有其可资诊断参照的生理学和生物化学新指标，而且对幻听这种最常见的分裂症症状及其严重程度，也有与之对应的脑形态学参数。这些科学前沿成果转化为公认的临床诊断的方法，已为时不远。

1. 精神分裂症的“遗传内表型”及其电生理学诊断指标

遗传内表型（endophenotype）的概念最初是在20世纪70年代精神分裂症遗传研究中所采用的述语，是指对精神分裂症家族研究中，生化测试或显微镜观察的阳性所见。只要这些参数或性状在精神分裂症家族成员中，与其精神分裂症临床发病率相比高出10倍的，均可视为精神分裂症的“遗传内表型”。2003年，这一概念扩展到神经生理学、生物化学、内分泌学、神经解剖学、认知功能和神经心理学检查所见，它是精神分裂症临床诊断与其基因型之间的中介因子，或者说是精神分裂症发病的危险因子。当代分子遗传学和精神病学正是通过精神病的这些内表型，才逐渐发现它们相对应的动物模型及其基因型。

普赖斯等人（Price et al，2006）以题为《多变量的电生理学遗传内表型》一文，报道了对具有60个遗传家庭背景的53名被试所进行的四项电生理学遗传内表型实验分析，包括失匹配负波（MMN）、P50波、P300波和反向眼动的电生理学指标。这篇研究报告的分量在于从跨学科高度审视了以往20多年对精神病电生理学的研究成果。采用了经过严格遗传学标准选定的53名被试，分别进行了四种电生理指标的实验研究，并对其结果以对数回归模型进行了综合分析，发现四项指标的共同使用，不仅回归系数达显著水平，也使诊断精确度达80%以上。

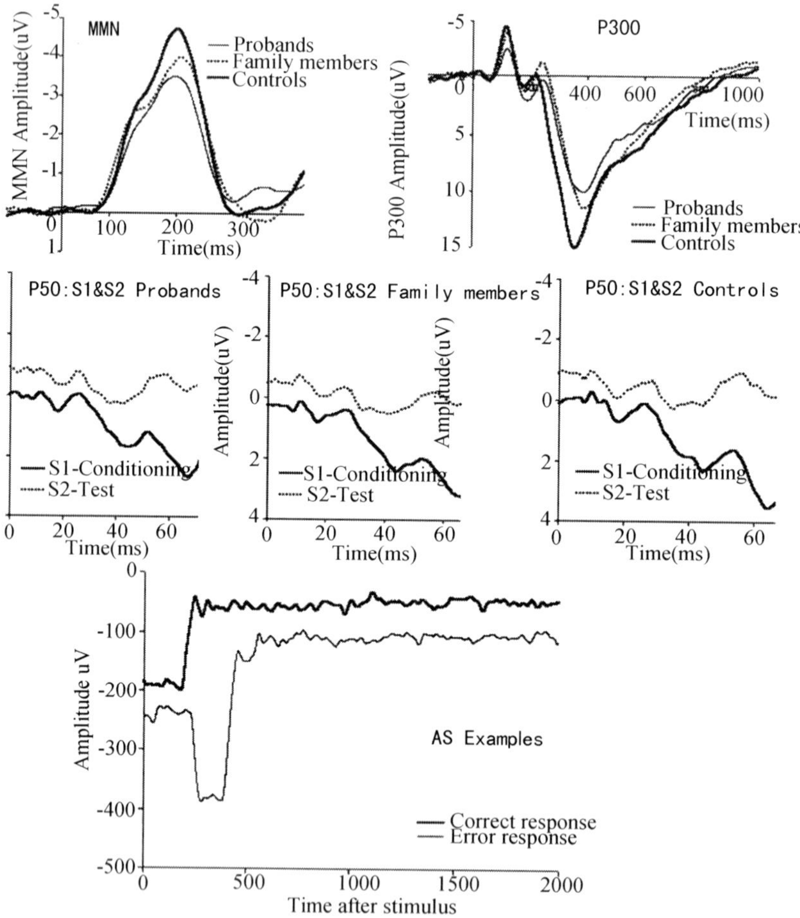

图7-2　精神分裂症遗传家谱的四项电生理内表型示意图

Probands 在家谱中发病的精神分裂症病人；Family members 病人家庭成员；Controls 正常人

2007年，《神经元》杂志上发表了一篇题为《小鼠突变基因Disc1的行为表型》的重要文章（Clapcote et al，2007）。该文将 20 多年来关于重症精神病研究中所发现 130 个基因中被列为首位的 Disc1，进行了跨学科的基因型、表型和内表型的综合研究，证实了 Disc1 确实负载着人类重症精神病的遗传基因。在这篇文章中，选择了 L100P 突变小鼠以前脉冲抑制 PPI 作为精神分裂症的内表型，验证了 PPI 与 L100P 基因突变中 Disc1 基因的关系，从图 7－3 可见，在 100P/100P 的基因突变鼠中，低强度声（69dB）的前脉冲刺激产生的抑制效应几乎为零，正常鼠 +/+ 组的抑制效应为 50% 以上。这说明通过 PPI 行为表型和其相应的电生理参数，能够较好地确定相应的基因型。

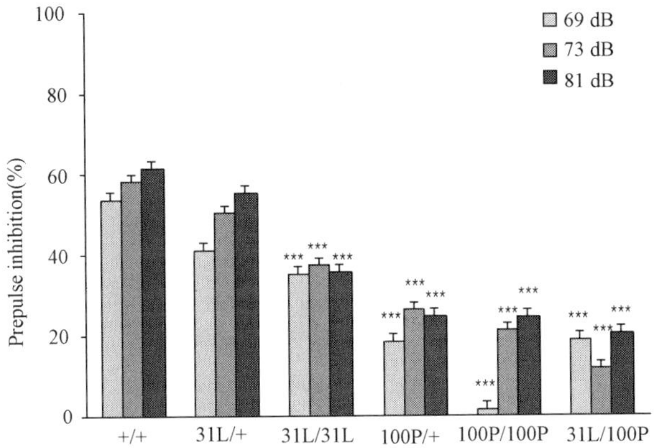

图 7－3　两种 Disc1 基因突变型小鼠的 PPI 内表型

玛瑞拉等人（Mariela et al，2006）报道了利用病人的血清对神经肌肉节点乙酰胆碱释放的作用，对精神分裂症和抑郁—躁狂双相情感障碍进行鉴别诊断的方法。其技术路线是在神经肌肉标本中记录神经肌肉节点的终板电位，作为乙酰胆碱释放的客观指标，再将病人血清提取物滴入标本中，根据终板电位的变化对两类精神病进行鉴别诊断。其主要原理是病人血清中所含的腺苷，作为一种生物活性物质，存在于细胞内液和细胞外液中，它与神经细胞突触前膜上的腺苷受体结合，调控突触前膜神经递质的释放功能。抑郁—躁狂双相情感障碍的病人血清中腺苷含量较高，可引起突触前膜神经递质的释放抑制，终板电位发放抑制；而精神分裂症病人的血清没有这一效应。

除以上三篇文章所利用的六项电生理指标外，近年还有许多以 P300 波、P450 波、N400 波和后慢波作为诊断指标的研究报告。这里主要介绍其中两种，即 PPI 和 P50，因为它们在精神病研究领域中已有 20 年—30 年的历史渊源。PPI 是 prepulse inhibition，即前脉冲抑制的缩写，来源于大白鼠的惊跳反射（startle response），一个意外的强声刺激，引起惊跳反射，事先用了苯丙胺的大鼠这一反射更强，这种现象曾在 20 世纪 70 年代—80 年代被视为精神分裂症的动物模型。90 年代，在此基础上发现若在强声之前有一短的弱声脉冲（前脉冲），则惊跳反射就受到抑制，称之为前脉冲抑制 PPI。几乎与行为研究的同时，发现人类受试的 PPI 伴有十分精细的电生理指标。在强声之前 0.5 秒先发出的短声刺激，能有效抑制强声刺激的听觉诱发反应。精神分裂症病人惊跳反射强于正常人，但 PPI 现象却很差。如图 7－4 所示，间隔 0.5 秒的两个强度相同的短双声刺激，分别诱发出两个潜伏期为 50 毫秒的 P50 波，右侧的第二个短声诱发的 P50 波幅仅是第一个声诱发波（左侧）的 12%，称为 P50 抑制现象。精神分裂症病人的 P50 抑制很差，如下图中第二个波是第一个波的 84%。PPI 和 P50 抑制缺失的科学事实，共同支持了精神分裂症的感觉门控理论（sensory gating theory）。概括地说，感觉门控理论认为精神分裂症的病理基础是感觉门控缺失，导致大量无关的信息进入脑中，搅乱了脑功能。PPI 和 P50 反应具有细胞电活动和局灶场电位的基础，下面的讨论还说明它有脑形态学基础。所以，PPI 和 P50 反应最有可能率先用于临床诊断。

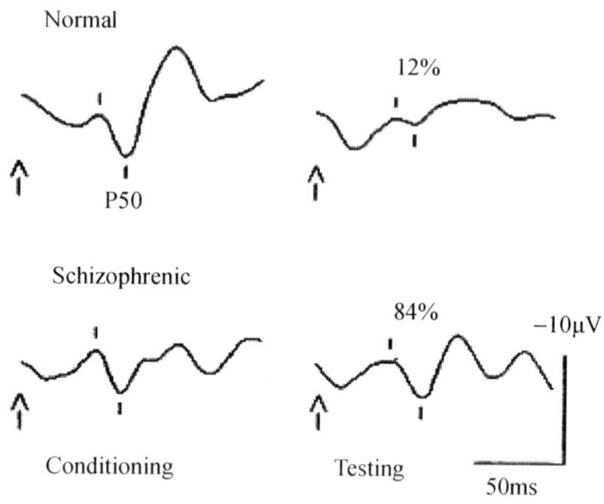

图 7－4　正常人与精神分裂症病人的 P50 抑制
conditioning 是第一声刺激，testing 是第二声刺激，带标记的向下的波峰是 P50 波，上下两个标记的波峰差就是 P50 波幅。

2. 精神分裂症的脑形态学参数

磁共振脑成像技术中有三种方法，可用于对精神病人进行脑形态学检查。灌注成像法，主要用于测量脑白质；基于体元的形态测量法（voxel-based morphometry，VBM），是快速测量脑灰质密度的方法；对某一感兴趣脑区（ROI）局部脑灰质密度测量法。虽然 VBM 的精确度低于 ROI 局部脑灰质密度测量法，但可以比较大范围脑结构的灰质密度，所以可以在精神分裂症诊断中同时观察较多脑区灰质密度，更有实用价值。最近一批研究报告一致报道了精神分裂症病人颞上回和内侧前额叶以及前扣带回、杏仁核和岛叶等脑结构中的灰质密度明显降低，说明脑细胞明显少于正常对照组。

科恩尤科夫等人（Kornyukov，2007）利用癫痫病人进行手术治疗时栅格电极记录 P50 反应得到并通过 LORETA 算法进行源分析，结果表明颞叶和额叶是 P50 发生的脑结构。由此可见，以思维障碍为突出症状的精神分裂症病人病在额叶皮层。

莫里纳等人（Molina et al，2007）报道，对经典神经阻滞剂疗效不同的两组精神分裂症病人进行 P300 幅值测量并用 ROI 法对脑形态进行测量，发现疗效不佳组病人与正常组相比 P300 波幅值低，额区脑灰质密度降低。加西亚·玛特等人（Garcia-Mart et al，2007）报道，以幻听为突出症状的精神分裂病人与正常人相比，利用 VBM 法测量的脑灰质密度有明显差别，病人脑灰质在颞下回、岛叶和杏仁核明显减少。同时还发现，精神分裂症病人幻听症状的严重程度，与左额下回、中央后回、右颞上回和左旁海马回的灰质密度之间存在明显的定量负相关，幻听越严重且持久者，脑灰质密度越低，如图 7－5 所示，左额下回脑灰质密度降低与幻听症强度呈负相关。

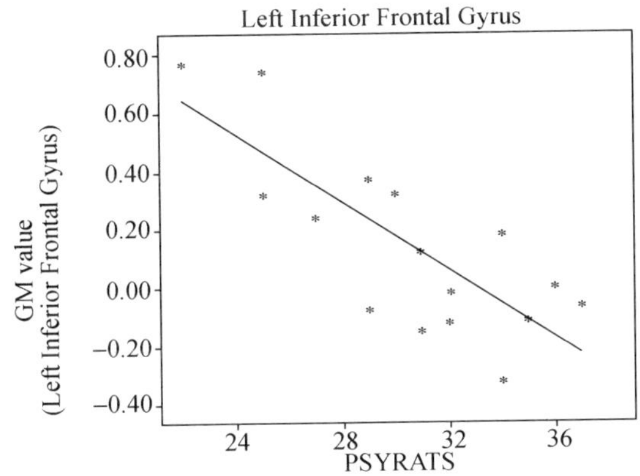

图 7－5 左额下回脑灰质密度与幻听症状强度呈负相关

left inferior frontal gyrus，左额下回；纵坐标：左额下回灰质密度；横坐标：精神症状量表测量值。

第二节 心理语言学和语言的脑功能基础

语言是语音或字形相结合的词汇和语法体系，言语是个体运用语言与其他社会成员通过话语、书信等进行交往的过程。长期以来，对语言的脑功能基础的认识主要是通过脑外伤后的各类失语症。只是近年才利用脑成像技术研究了正常人语言过程的脑基础。心理语言学把语言过程分为语言理解、语言的产出和语言的获得三方面问题，语言的获得将在心理发展中讨论，这里介绍语言的理解和产出。

一、语言理解

这里所说的语言理解是个体交往中，对别人话语或书信的感知与理解。因此，根据言语产物不同，可分为书面语言理解与口头语言理解。

（一）语言理解过程

从感知与理解的心理过程来说，语言理解过程可分为由简到繁的四个阶段：语音或字型的感知、字词知觉与理解、句子理解、话语或课文理解。对口头语言和书面语言的感知由不同感觉通道完成并有不同的规律，但对其语法和语义理解，却有基本相同的规律。无论是对词汇、句子还是课文与话语的理解，都经过语音、语法和语义三个不同水平的加工过程。

1. 字词理解

无论是中文还是西文词汇都有形、音、义三种成分。人们自幼学习语言文字时，就受到形、音、义为一体的语言文字教育，致使人们的头脑总是在形、音、义间相互激活的过程中回忆或再认某些字词。字词识别与理解中的一系列特殊效应包括词长效应、词频效应、词汇效应、可读效应、启动效应、同音词效应和视觉优势效应。语言认知心理学家通过字词识别中的这些特殊效应研究字词理解的规律。心理语言学和认知心理学通过实验对字词识别与理解过程提出了一些著名理论模型，单词产生器模型、字词通达搜索模型、群激活模型和并行分布加工模型，为语言理解的心理过程和机制提供了重要基础。

2. 句子的理解

句子是表达意思的最基本单元，句子理解是言语理解的核心。正因如此，乔姆斯基的经典心理语言学理论以句法研究为核心。现代心理语言学认为，句子的理解是析句（parsing）和语义解释（semantic interpretation）两者紧密结合的加工过程。

（1）析句

析句又称句法分析，首先对句子成分进行切分，分出词汇、短语等不同的成分，然后对各成分间的关系进行加工或运算。如何切分，如何加工，加工原则和策略，都是句法分析不可缺少的。除按标准句法规则对句子切分和处理外，还可采用启发式策略，如与标准句类比、功能词检索、后决策等都是一些启发式句法分析的有效策略。

（2）语义解释

句子理解过程在完成上述句法分析之后进入语义解释阶段，这时语用（pragmatics）语境因素对语义解释发生一定的制约作用。语境因素是拟理解的句子与前后句子的上下文关联；语用、语境因素恰当合理的句子很容易为分析者所理解。

3. 话语与课文理解

话语（discourse）又称语段，是几个句子构成的段落，它能够较为完整地表达一种命题（proposition）或描写环境中景物的图式（schema）。这里所说的课文是话语的书面语言表达。在句子理解的讨论中，曾指出同一瞬间只能解析 1 个—2 个句子。因此，对话语的理解是在一定时间内发生的动态过程。听者在理解别人所说的话时，在自己头脑中构建出话语蕴含的命题图式或命题推理，并搞清一段话中所含多个命题或图式间的连贯性，是正确理解话语的基础。语用条件对话语理解具有重要意义，话语产生的背景条件，听者头脑中的知识结构，是正确理解话语的前提。

（二）语言理解的理论

人类言语与其他声学信号相比有许多特点。首先是任何一段口头语言中，都包含许多分离的音素，每个词都是由音素连续起来所构成的。所以，每个音素和词都对应一类声能的模式。这种声能模式具有双重性，即节段性和恒常性。节段性表现为在音素之间有一段段的分离，这种分离在言语声频谱图上可以直观地看到。恒常性表现为不依说话人不同而异，同一词不论什么人发音，频谱特征都大体相似。当然，发音人不同，频谱可能相差较大，但对同一词发音，其频谱模式是相似的。这是由于同一音素是由相似发音器官的空间状态所制约的。这样，在言语知觉形成中，不但靠听觉分辨音素和词的声学特征，还由视觉对讲话人发音器官的空间状态进行了图像分析。因此，人类言语知觉实际是听觉和视觉协同工作的结果。不仅聋哑人的言语知觉是靠视觉分析完成的，对正常人的实验研究也发现了相似的规律。马萨诺和科恩（D. W. Massarno & M. M. Cohen，1983）以唇辅音“b”和齿龈辅音“d”为实验材料，由计算机合成音节“ba”和“da”以及“ba”和“da”的7个中间音节，让正常被试倾听等概率呈现的9个音，并判断呈现“ba”和“da”的次数。在 3 种条件下重复同样的音节识别测验。一种条件是只靠听觉判断；另两种条件是呈现音节时，总伴有发出“ba”音节或“da”音节的口唇运动的闭路电视。结果发现，从录像中得到的视觉信息显著提高了“ba”和“da”音节的正确判断率。这个实验有力地证明了言语知觉是视觉和听觉信息并行处理的结果。米勒（J. L. Miller，1990）总结出关于人类言语知觉机制的两种认知理论：运动理论和听觉理论。

1．言语知觉的运动理论

利伯曼和马丁利（A. M. Liberman & J. G. Mattingly，1985）提出了言语知觉的运动理论（motor theory of speech perception），基本观点可以归纳为以下三方面：（1）言语知觉系统和发音的言语运动系统之间是密切联结在一起的。因此，人在听音素和词（元音和辅音音节）时，本身的发音运动系统也在不自觉地、默默地进行发音运动。（2）言语知觉是人类特有的，因为只有人类才具有出生以后经过长期学习所积累的语言知识。（3）言语知觉能力是人类先天所具备的，因为人类生来就具备言语发生和言语知觉相互联结在一起的机能系统。视觉信息参与言语知觉的实验事实，对言语知觉运动理论提供了有力的支持，因为视觉信息可以帮助人们掌握发音时的口、唇、舌等运动状态，便于人们默默地重复这些发音动作，提高言语知觉的正确率。

2. 言语知觉的听觉理论

言语知觉的听觉理论（the auditory theory of speech perception）在上述三个方面与运动理论完全不同。首先，这种理论认为知觉并不是言语运动的产物，而是听觉系统对各种声音信号进行自动解码，对说话人有意发出音素的规则序列发生知觉的过程；其次，言语知觉并不是人类特有的现象，许多动物的听觉系统与人类听觉系统十分相似，动物也可能具有相似的言语听觉机制；最后，言语知觉不是先天的，虽然婴儿听觉系统已经十分发达，但婴儿早期必须经过学习和作业之后，才能获得言语知觉能力。

在“b”，“p”等辅音音素研究中，将从辅音释放到声道出现振动之间的时差称为嗓音发声时（VOT），对于区别有声辅音与无声辅音具有重要价值。“ba”音的 VOT 为 25 毫秒以下，表明“b”是有声辅音，“pa”音的 VOT 为 80 毫秒，表明“p”是无声辅音。VOT 为 25 毫秒以下时，知觉为有声辅音，VOT 大于 25 毫秒时，知觉为无声辅音。所以，VOT25 毫秒为两类辅音的分类边界。在“ba”和“pa”两音素 VOT 研究中发现许多事实，对两种言语知觉理论从不同方面提供了不同的支持。首先，关于言语知觉是否是人类特有的问题，VOT 研究对言语知觉的听觉理论提供了有力的支持，而不利于运动理论。灰鼠（*Chinchillas*）的听觉系统的生理解剖特点与人类十分相似。库尔和米勒（P. K. Kurl & J. D. Miller，1978）对灰鼠进行躲避电击的学习行为训练，信号分别是 VOT 为 0 毫秒的“ba”和 VOT 为 80 毫秒的“pa”音。不给灰鼠饮水，使其产生口渴感，然后放入实验笼内，笼一端有水管可以饮水。在饮水过程中，每隔 10 秒—15 秒随机发出一个音节“ba”或“pa”。对一部分鼠出现“ba”时必须停止饮水，跑向笼的另一端，否则遭到足底电击，出现“pa”时则可继续饮水；对另一部分鼠，“pa”和“ba”的意义相反。两群灰鼠分别对“pa”或“ba”建立了躲避学习行为模式。然后分别用 VOT 从 0 毫秒—80 毫秒之间的不同音素，观察两组灰鼠的鉴别反应与 VOT 的关系。结果发现，对“ba”建立躲避反应的灰鼠，对 VOT 为 30 毫秒以下的几个音素给出同样的躲避反应，这说明，灰鼠对“ba”和“pa”的鉴别反应与 VOT 的边界效应和人类完全一致。从而证明，音素鉴别的言语知觉并不是人类所特有的。在新生婴儿的研究中，利用异常声音引起婴儿吸吮奶嘴的动作增强的现象，对比了 VOT 为 -20 毫秒和 0 毫秒的两个音素、VOT 为 60 毫秒和 80 毫秒的两个音素，以及 VOT 为 20 毫秒和 40 毫秒的两个音素出现时吸吮反应增强。这说明新生儿与成年人一样对音素鉴别的 VOT 边界效应发生在

20 毫秒和 40 毫秒，言语知觉能力是生来就有的。这又有利于言语知觉的运动理论。由此可见，VOT 的研究既有利于听觉理论，又有利于运动理论。

3. 听觉—运动综合理论

斯科特和约翰斯鲁德（Scott & Johnsrude，2003）综述了言语知觉的神经解剖学和功能基础研究进展，并提出听、视觉并行加工的理论。言语知觉主要依靠基于声学—语音学的特征提取，但基于口唇和手势等视知觉信息的加工也是不可缺少的。因此，把长期争论的言语知觉的听觉说和运动说统一起来。听觉皮层将得到的言语听觉信息传向脑的颞叶前部的前带和旁带以及颞上沟多模式感知神经元，以及额叶皮层的腹外侧和背外侧区。从听觉皮层向后传送到后听带、旁带、颞上沟后部的多模式感知神经元以及顶叶皮层和额叶的腹外侧与背外侧区。向前传的信息加工流与言语的声学和语音学特征提取以及词汇表征都有关；后向传的信息流与言语视觉和运动信息加工有关，对讲话人口唇运动和手势的信息进行言语动作的表征。前后信息加工流彼此互动。说话人口唇运动信息较快到达脑内，

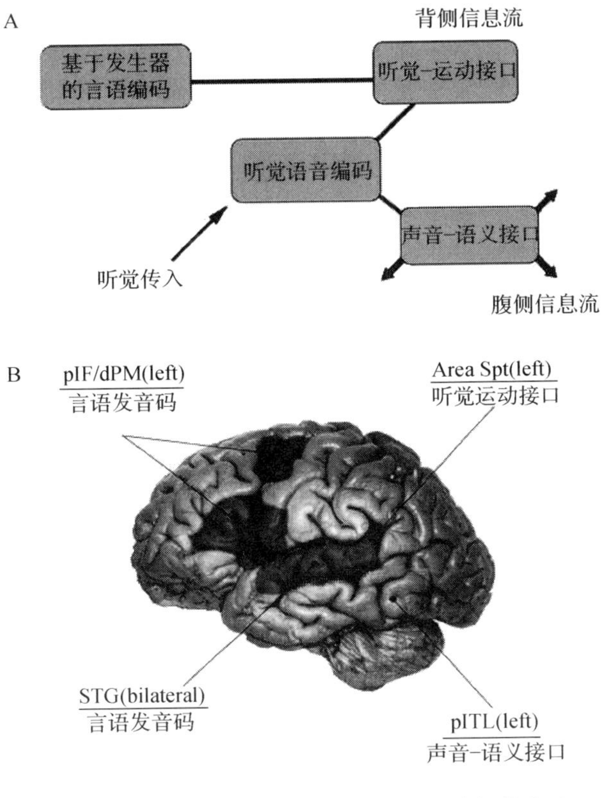

图 7－6 言语理解中的背侧信息流和腹侧信息流

（引自：Cognition，2004，92：71.）

启动了随后到达的听觉言语信息加工，从而产生词汇知觉。经典的言语运动区（布罗卡区）扩展到前额叶和运动前区皮层，对言语信息加工主要是外显的言语声音信息节段性加工，经典言语感知区（韦尼克区）扩展到顶—颞区精细结构不同的一些脑区，既有言语识别的知觉功能也有言语产出的表达信息。所以，言语知觉和理解既包含声音的加工，也包含言语动作的加工。

希科克和珀佩尔（Hickok & Poeppel，2004）总结了文献资料，提出一种理解语言机能解剖学的框架。如图 7-6 所示，把语言信息加工分为背侧信息流和腹侧信息流，两侧颞上回的听觉皮层是言语听觉知觉中枢，从这里分出背、腹两个信息流。腹侧信息流从颞上回听皮层到颞中回后区，最后广泛分布到概念表征的脑区。腹侧信息流是将语音表达转换到语义表达的信息加工过程。背侧信息流从听觉皮层向背后方向投射到外侧裂后部的顶、颞、额联络区，其功能是维持言语的听觉表达和运动表达之间的协调。

斯科特和怀斯（Scott & Wise，2004）在总结语言知觉研究文献的基础上，提出了语言知觉中的听觉通路和信息加工流的概念，并认为它是言语知觉的前词汇加工的基础。如图 7－7 所示。

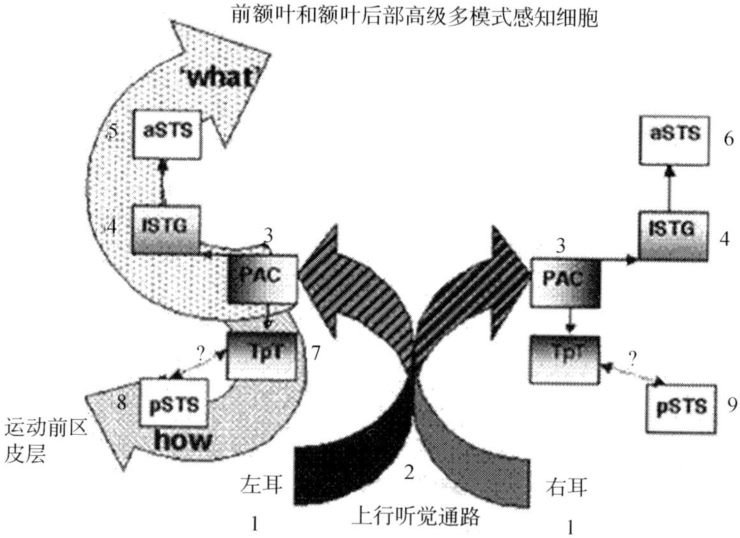

图 7－7　听觉通路和信息加工流

（引自：Cognition，2004，92：14）

这个信息加工流由下列九个部分组成：

（1）左、右耳，在外耳和中耳水平对言语信号泸波并引入一个声音的强带通泸波作用，使声音的机械能转变为耳蜗听神经活动。

（2）上行听觉通路，听神经投射到上橄榄核、下丘和内侧膝状体，声音的空间特性在下丘表达，保持两耳时差和强度差的整合分析。对慢声波（ISI100ms 和 500ms）在初级听皮层引出不同的波峰，而对高频声以相位差反应。

（3）在左、右初级听觉皮层（PAC）的带状区，接受从内侧膝状体来的投射，在其核心区实现频率特性的等高分布的功能。

（4）同侧颞上回（ISTG），依前—后维度分别加工前—后信息流。对语音线索和特征的反应是两侧性的，对调频信号和频谱分析是在前部实现的。

（5）左前颞上沟（aSTS），实现复杂言语语音信号的加工，经外侧向前达前额叶和内侧颞叶完成语义加工。

（6）右前颞上沟（aSTS），对语音或乐音实现意义和韵律的知觉加工。

（7）颞极皮层（TpT），发挥听觉信息和言语运动信息的接口作用，再从这里通向前运动皮层，实现“如何”说的言语产出功能。

（8）左后颞上沟（STS），保存韦尼克区语音线索、特征和自我生成的言语信息。

（9）右后颞上沟（pSTS）和颞极（TpT）皮层在正常条件下的功能不详，但在左侧 STS 和 TpT 损伤后，右侧发生代偿功能。

二、语言的产出

加勒特（Garrett，1982）在总结前人研究的大量实验事实的基础上，将言语的产出过程分为信息层次（message level）、句子层次（sentence level）和发音层次（articulator level）。这三个层次的关系如图 7 – 8 所示，在这三个层次上的言语产出机制中，发音层次的信息加工较多涉及心理声学和生理学问题。

（一）信息层次的内部结构

加勒特指出信息层次的加工有四个特性：

1. 它是一个实时的概念构建过程；
2. 它是简单概念通过概念句法（conceptual syntax）而实现的组成成分构建；
3. 它利用语用和语义的知识；
4. 组成它的基础词汇的那些原始成分是字词的大小单元（word-sized units），而不是语义特征。

由此可见，信息水平的言语产出加工实际上是言语产出的思维与推理的过程。从认知心理学有关思维问题的讨论中，我们已经知道逻辑思维是命题表征与其操作过程，形象思维是心理表象及其操作过程，因此，言语产出的信息加工过程，实际上是从思维转化并生成语言的过程。应该承认，我们对这一过程了解得甚少，除了已知少数外显的心理语言学过程外，还有大量的内隐过程有待于今后探讨。根据目前的科学认识水平，我们得到的基本概念可以概括为，言语产出源于心理模式或状态，它可直接通过词汇通达产生命题表征，也可以通过心理表象

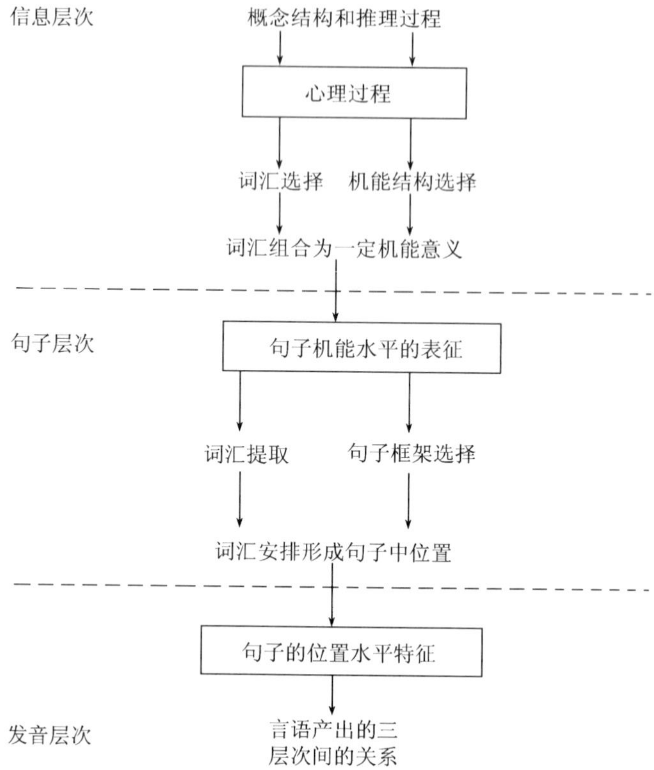

图 7－8　言语产出的层次

再转变为命题，命题间的推理过程导致一些句子的产出。词汇选择和提取是沟通信息层次和句子层次间的关系要素。

（二）句子层次的内部结构

加勒特将句子层次划分为两个水平的结构：机能水平和位置水平。机能水平由句子框架的选择和词汇提取两个环节实现，然后将提取出来的词汇按句子框架配置起来，转化为句子中词汇位置的表征，由发音器官或书写功能系统按位置表征依次发音或依次书写出来。在这个层次中，词的贮存是以两种方式实现的：一是词干库，另一种是词的前后缀贮存库。词汇提取从两个库中同时进行，与词汇提取的同时还进行着句子框架的选择。按句子框架把词汇排列起来，则形成位置水平的加工。所以句子产出的句法成分，既含有机能水平的句子结构框架选择，又包括词汇在句子框架中的位置分布。

（三）发音层次

对发音层次，索罗斯（Soros，2006）利用功能性磁共振成像技术，通过 9 名被试的言语产出实验，发现当被试发单个音节时，主要激活的脑区是辅助运动区和中脑红核等少数具有运动功能的脑结构；但发出 3 个以上音节时，则激活的脑结构主要包括：1. 两侧小脑半球，2. 基底神经节，3. 丘脑，4. 扣带回运动区，5. 初级运动皮层，6. 辅助运动区。

三个层次加工的语言产出理论最初强调三层间的串行加工过程。只有高层次加工完成之后，才能进行低层次的信息加工过程。但 1986 年以来，并行分布的联结理论盛行之后，用并行分布式加工原则修饰了三层次理论。这一趋势的主要表现是注重词汇加工在语言产出各层次上的作用。因此，在每个层次上都有词汇与句法相互联系的问题。加曼（Garman，1990）引用的一些研究报告说明，在言语产出中既有大量并行加工过程在 0. 25 秒—0. 5 秒之内同时进行着，又有 0. 5 秒以上的言语成分间的串行加工过程。

索罗斯等人将这些激活的脑结构间的功能关系用图 7-9 表示。图中标记数字的椭圆形区均是讲话时激活的脑区，各区之间的联线和箭头表示神经信息传递的方向和路径。在皮层中包含辅助运动区与扣带回运动区以及初级运动皮层之间的联系，此外初级运动皮层的激活，还激活了颞上回皮层。皮层和皮层下之间的联系也有多条通路，包括丘脑和基底神经节以及红核、小脑蚓部和旁蚓部。脑干运动神经核，如舌下神经核的激活，与发声器的肌肉运动有关系。

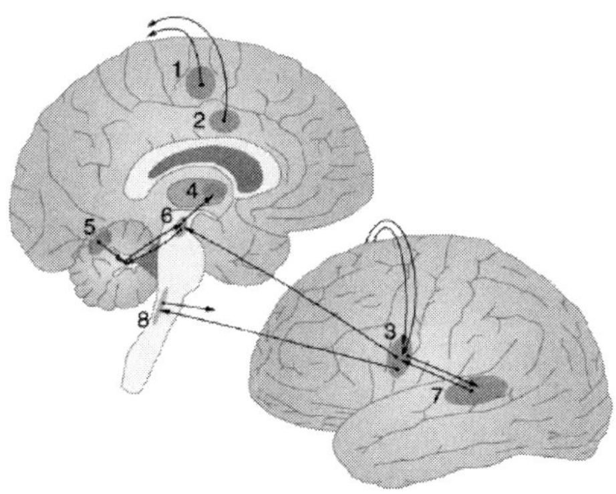

图 7 - 9　言语产出的神经回路图

1. 辅助运动区，2. 扣带回运动区，3. 初级运动皮层口唇代表区，
4. 丘脑，5. 小脑蚓部和旁蚓部，6. 红核，7. 颞上回，8. 基底神经节。
（引自：NeuroImage，2006，32：382.）

与图 7 - 9 不同，霍施泰格等人（Holstege et al，2004）附加了与情绪和情感变化有关的声音发出机制（ 图 7 - 10 中左侧所表达的神经通路）。从前额皮层发出社会言语的信息，通过边缘系统到达中脑导水管周围灰质，将情绪色彩附加到即将发出的声音中，所以才将这一侧的神经通路称情绪语言产出子回路，它与图 7 - 10 中右侧的认知言语产出的经典通路结合到一起，并接受基底神经节和小脑传来的信息，使情绪声音和语言音节共同组成社会语言的产出。

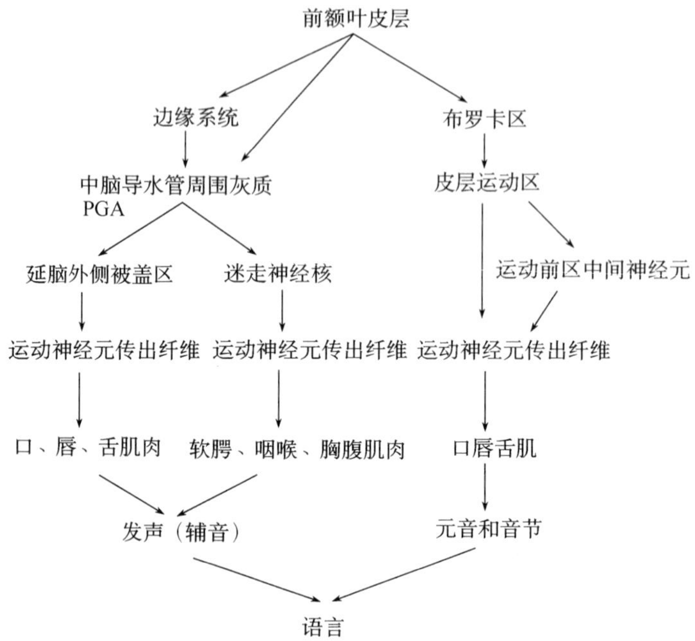

图 7－10　社会性语言产出的神经回路

（引自：Holstege，et al. The Human Nervous System. 2nd. San Diego：Academic Press，2004：1316.）

三、失语症

20 世纪 80 年代以来，正电子发射层描技术（PET）对区域性脑糖代谢率和血流量的测定，核磁共振和脑 CT 对脑结构的层描技术，为正常人和病人言语思维功能的研究提供了新手段，在言语思维脑机制的研究领域中积累了许多新的科学事实。

利用 PET 技术，采用减法的实验设计方案，研究了正常人言语感知、运动和联想功能时，脑区域性血流量的变化规律。减法实验设计就是让被试完成复杂程度不同的言语功能，将其区域性脑血流量根据认知任务复杂程度依次相减。最简单的是言语知觉，让被试听或看某个词，并不要求他们做任何反应；其次，让被试读出所见或听到的单词，这不仅含有单词感知功能，还包括言语运动功能。最复杂的是联想功能，要求被试看到或听到一个目标词，联想并说出达到目标词的动作，如看见“面包”一词，应该说出“吃”字。被试完成言语感知任务时，得到的区域性血流量减去安静时的基础值；完成语言运动任务时的脑区域性血流量减去感觉任务时的脑血流量；完成联想任务时脑血流量再减去语言运动任务时的脑血流量。这种相减的结果，分别是语言感知、运动和联想过程所需要的区域性脑血流量。结果，首先完成语词被动感知任务时，依单词呈现方式（视觉或听觉）不同，被试两侧大脑的视觉或听觉初级和次级皮层脑血流量迅速增加，而且视、听皮层的血流量增加没有重叠现象。这说明语词感知过程在相应感觉通路的初级和次级皮层区内独立完成，与其他感觉通道不发生关系。其次，在语词读出任务中，两侧大脑的面部感觉与运动区皮层和辅助语言运动区皮层的脑血流量增加。最后，在语言联想功能中大脑额叶皮层，特别是左额下回（47 区）和两半球前扣带回血流量增加。这些事实表明，语言感觉、运动功能不仅限于经典的布罗卡区和韦尼克区，视、听皮层、面部感觉和运动区皮层，乃至扣带回皮层都与语言过程有关。而且语言信息加工过程的初级阶段并没有明显的半球一侧化现象，在复杂联想功能中，左额皮层的优势效应才较为显著。

利用［18］F-2-脱氧葡萄糖的 PET 技术研究正常人的听觉鉴别反应过程，结果发现，同一声音刺激作为背景噪声和作为目标刺激时，脑区域性糖代谢率变化的部位不同。作为噪声刺激时，主要引起颞叶的糖代谢增高。而作为目标声刺激，引起被试密切注意和鉴别反应时，则引起左额叶皮层糖代谢率增高。此外，在海马、扣带回、基底神经节等结构也发生复杂的糖代谢率变化。具有语音和字词意义的听觉刺激引起糖代谢率增高，最突出的是左额叶区而不是颞叶皮层。因此，他们认为在语言的脑机制中，左额叶皮层有更重要的作用。

失语症（aphasia）是一类由于脑局部损伤而出现的语言理解和产出障碍。这类病人意识清晰、智能正常，与语言有关的外周感觉和运动系统结构与功能无恙。所以，失语症不同于智能障碍、意识障碍和外周神经系统的感觉或运动障碍。它是语言中枢局部损伤所造成的一类疾病。语言理解障碍又可分为口头语言理解和书面语言理解障碍；语言产出障碍分为语词发音、用语、语法和书写功能障碍，以及口头语言的流畅性和韵律异常。传统分类把语言产出障碍统称为运动性失语症。除书写困难的失写症（agraphia）是左额中回受损伤所引起外，其他类型语言产出障碍均被看成是左额下回语言运动区（布罗卡区）受损伤所致。这类病人说话很慢，似乎像初用外语讲话的人，边说边寻找单词，句子结构错乱或用词不当，常常用一些零散的名词作为主题词，缺乏谓语的正常表达方式。与运动性失语症相对应的是感觉性失语症。病人主动性语言产出功能基本正常，但听不懂别人的口头语，称为听觉性失语症，是韦尼克区受损所致。看不懂书面语言称为失读症（dyslexia），又称视觉失语症，是顶叶皮层的顶下小叶和角回受损所致。除了感觉、运动性失语症以外，还有传导性失语症（conductive aphasia），病人既能听懂别人的话，又能正常讲话和叫出物体的名称，但却不能重复别人的话，也不能按照别人的命令作出相应反应。这类传导性失语症被认为是布罗卡区和韦尼克区间的联络纤维——弓形束受损所致，是语言理解与语言产出功能之间联系的障碍。

随着研究的深入，除上述经典失语症外，又发现了另外三种失语症及其与脑损伤部位的关系。皮层间失语症（transcortical aphasia）的病人与传导性失语症症状恰好相反，可以复述别人的话，但却不理解其含义，也不能自发地用正确语言表达自己的意思。虽然他们也能叫出物体的名称，但却不理解其含义。这是许多次级感觉皮层受损所致，使语言理解和产出功能与其他认知活动间的功能联系遭到破坏。命名性失语症（anomic aphasia）的病人可以正常理解语言，并能产出有意义的语言，但往往不能正确叫出物体的名称，只能用语言描述该物体的属性或功能。这种命名性失语症是颞叶皮层受损所致，颞叶前、中部皮层功能与具体物体的名词表征有关；左颞叶后部与普通概念及名词表征功能有关。完全型失语症（global aphasia）病人既有语言理解障碍，又有语言运动障碍，还有传导性失语症的症状，是大面积的皮层损伤所致。

失语症是人类的一大不幸，但也是大自然赋予脑科学家们探讨言语思维问题的难得模型。失语症研究所提供的事实有助于对言语思维脑机制的认识，但这些建立在临床观察和研究基础上所得到的认识较为粗放，缺乏精细定位和不同层次实验研究的支持。

【建议参考资料】

1. 沈政，林庶芝. 生理心理学［M］. 北京：北京大学出版社，2007：116－128.

2. 沈政，方方，杨炯炯，等. 认知神经科学导论［M］. 北京：北京大学出版社，2010：108－127.

3. HICKOK G，POEPPEL D. Dorsa land ventral streams：a framework for understanding aspects of the functional anatomy of language［J］. Cognition，2004，92：67－99.

4. SCOTT S K，WISE R J S. The functional neuroanatomy of prelexical processing in speech perception［J］. Cognition，2004，92：13－45.

5. SCOTT S K，JOHNSRUDE I S. The neuroanatomical and functional organization of speech perception［J］. Trends in Neuroscience，2003，26：100－107.

【问题与思考】

1. 什么是内隐思维和外显思维？它们的心理过程和脑功能基础有何不同？

2. 什么是形象思维和抽象思维？它们的心理过程和脑功能基础有何不同？

3. 什么是语言理解的腹侧信息流和背侧信息流？它们的脑结构和功能有何不同？

4. 语言理解和语言产出各有哪三个水平的信息加工过程？它们的脑功能基础是什么？

5. 语言既是人类作为生物学物种的种属特异性本能行为，又是人际交往和传承人类精神文明的手段。请分析在语言功能运用中，哪些生理心理活动是本能行为？哪些是脑的高级功能？

第八章　动机、情感和执行功能的生理心理学

【本章提要】

人类的情感、动机和执行功能是复杂的心理活动，在最近十多年由于无创性脑成像技术和神经生物学的进展，才在人类被试的研究中取得了较大进展。本章首先总结了对动机与情绪的神经生物心理学的研究成果，随后着重介绍人类情感维度理论和人类情感的组成评价模型以及执行监控功能的研究成果。人类情感、动机和动作的执行监控不仅是边缘皮层和下丘脑的功能，还有许多皮层下脑结构和新皮层的参与。背内侧前额叶、前扣带回、眶额皮层、额下回皮层、脑岛叶和枕叶皮层都参与人类情绪的调节，这些大脑皮层的激活常伴随更多皮层下脑结构的共激活，包括丘脑、纹状体腹侧区、杏仁核、中脑导水管周围灰质和下丘脑等。内侧前额叶皮层作为高级调节中枢，不但对动作进行连续监控以及对动作后果进行预测，还与奖惩或得失判断及动作最后结果的监控有关。

【学习重点】

1. 情感维度理论。
2. 人类情感的组成评价模型。
3. 动作或目标行为的执行监控及其后果的监控。

【重要术语】

生物学阳性行为　生物学阴性行为　情感体验的脑结构　情感维度理论　人类情感的组成评价模型　执行功能　内侧前额叶

情感认知神经科学研究领域虽然有着漫长的历史，但只是在最近十多年才成为具有相当影响的国际前沿学术领域。这不仅是由于脑科学的许多科学事实给这个领域以可靠科学的支撑点，例如镜像脑细胞，心灵理论和共情的脑科学基础，更主要的是当今社会发展比以往任何时候都需要人类了解和把握自身的社会认知、情感和动机，希望对此有坚实的认知神经科学基础。本章先从情绪的认知神经科学基础谈起，然后再讨论目标行为和执行过程，最后讨论人际交往及相互理解的神经科学基础。应该说这个研究领域正在飞速发展中，许多问

题还有待进一步研究。

第一节　动机和本能行为的生理基础

饮食行为、性行为、防御行为和睡眠都是种族延续和个体生存所必需的基本行为类型，是一类遗传机制固定下来的本能行为，也是生物动机行为和习得行为的基础。反之，本能行为受习得的高层次心理活动所调节与控制。对种族发展和个体生存有利的刺激物，如食物、水和性对象，引起机体接近、追求或获取的行为反应，称为生物学阳性行为；反之，疼痛、厌恶、危险和有害的刺激物，常引起机体逃跑或躲避的生物学阴性行为反应。对生物学阳性和阴性刺激物的反应强度，不仅决定于刺激的强度，还制约于机体的内驱力水平或动机水平。睡眠与觉醒是一类特殊的本能行为，也是一种生物学自我保护性行为。对于人类来说，语言和意识是物种的种属特异性本能行为，但语言和意识的内涵则是社会习得行为。因此，语言和意识是本能与习得行为的复合体。

一、摄食行为

人和动物之所以摄食，是因为客观上维持生命的新陈代谢需要能源物质，主观上的饥饿感在驱动着机体摄食。在饥饿感产生的机制中，包括神经调节和体液调节两大方面机制。神经调节包括中枢环节、化学通路环节和外周环节；在体液调节中包括消化液、内分泌液、血糖等环节的参与。一方面，这些脑结构与脑内化学通路有着交错的关系；另一方面，它们与复杂的体液调节机制也有复杂的关系，与多种激素和葡萄糖代谢有关。

（一）饥、饱感的神经调节机制

1. 饥、饱中枢环节

饥饿中枢位于下丘脑外侧区，饱中枢位于下丘脑旁室核和围穹窿区。饥、饱之感产生的生理机制是复杂的。概括地讲，血糖含量的下降是引起饥饿感的原发性因素，它作用于脑和肝脏中的葡萄糖感受器，激发了脑内饥饿中枢兴奋，产生主观的饥饿感；当机体摄食以后，消化道得到充盈，消化道内的机械感受器和葡萄糖感受器受到刺激。在食物消化吸收过程中，引起血糖升高，使脑和肝内的葡萄糖感受器，特别是脑内饱中枢兴奋，引起饱感，停止摄食行为。

2. 脑内的化学通路

下丘脑汇集了脑内的多种化学通路，现在已知的有多巴胺黑质—纹状体通路，多巴胺中脑—边缘通路，多巴胺正中隆起—垂体通路，背侧去甲肾上腺素通路，腹侧去甲肾上腺素通路，5-羟色胺通路（与去甲肾上腺素通路相平行），下丘脑—垂体 P 物质神经末梢，下丘脑—垂体内啡肽神经末梢以及视前区、乳头体等下丘脑的乙酰胆碱神经末梢。这些化学通路对下丘脑在饥、饱调节功能中发生不同的作用。

（1）多巴胺神经元活动与饥、饱感

多巴胺黑质—纹状体通路穿越下丘脑外侧区，利用电损毁或6-羟多巴胺选择性损毁这些纤维，均可使动物陷入不饮、不食状态。利用α-对甲基酪氨酸（α-methyl-p-tyrosine）抑制多巴胺的生物合成过程，也会引起同样的效应。相反，多巴胺受体激动剂则可使动物恢复饮食行为。微电极电生理研究发现，饥饿时动物脑内黑质的多巴胺神经元单位发放频率加快；向动物静脉注入葡萄糖可以降低这些神经元的单位发放频率。这一结果证明多巴胺神经元活动与饥、饱感有密切关系。

（2）去甲肾上腺素能神经通路

下丘脑旁室核含有丰富的去甲肾上腺素能神经末梢。动物摄食时，此核的去甲肾上腺素含量最高。由于去甲肾上腺素在这里发挥抑制性神经递质作用，所以对旁室核进行去甲肾上腺素灌流，则发现其神经元单位发放频率降低，同时诱导出动物的过食行为。由去甲肾上腺素诱发的这种过食行为在切断支配胰腺的迷走神经之后立即消失，说明旁室核中去甲肾上腺素神经系统引起的过食行为与其对胰岛分泌功能的影响有关。去甲肾上腺素之所以具有增强进食行为的效应，还可能与内侧前脑束对动物阳性自我刺激行为的强化作用有关，因为内侧前脑束也以去甲肾上腺素作为神经递质，它在从中脑向前脑的上行途中穿越下丘脑外侧区。所以，将去甲肾上腺素注入下丘脑外侧区也能增强食欲，使动物摄食行为增强。进一步研究发现，去甲肾上腺素对动物进食的增强效应是通过它们的受体实现的。旁室核内α受体分布密度较高，下丘脑围穹窿区β受体分布较多。去甲肾上腺素的α受体激活引起饥饿感，β受体激活引起饱感。去甲肾上腺素与α受体结合引起进食行为，α受体阻断剂则能终止进食行为；去甲肾上腺素与β受体结合引起饱感并停止进食，β受体阻断剂则增加进食。所以，去甲肾上腺素在脑的作用部位不同，对摄食行为的作用效果不一。当去甲肾上腺素在旁室核内减少，而在下丘脑穹窿区增多时就会引起饱感并停止进食。

（3）5-羟色胺通路

5-羟色胺通路在脑内与去甲肾上腺素通路的分布相平行，两者的生理效应一般是拮抗的。去甲肾上腺素引起进食增强效应，而5-羟色胺则对摄食行为有抑制效应。一种引起厌食的药物芬氟拉明（fenfluramine）正是通过其增强5-羟色胺的释放而发生作用的。如果将脑内缝际核的5-羟色胺神经元事先损坏，则芬氟拉明的厌食效应就不会发生。对氯苯丙氨酸（PCPA）抑制色氨酸羟化酶活性，使脑内5-羟色胺合成减少，将其注入大鼠下丘脑，则引起动物饮食过量和体重明显增加。

除上述三种主要单胺能神经通路外，下丘脑的P物质能神经末梢、内啡肽能神经末梢和乙酰胆碱能神经末梢都参与摄食行为的调节，与相应受体结合引起摄食增多的效应。这几种脑内活性物质的受体拮抗剂均可阻断它们的摄食效应。

3. 外周环节

血糖减低或消化道排空都刺激消化道，使其蠕动、收缩，导致分布在消化道内的感觉神经兴奋，产生饥饿感或胃疼痛感，从而引发食欲，产生摄食动机。

（二）体液调节机制

除了脑内的化学通路，在脑和消化道内还存在着许多体液机制，对中枢和外周器官发生调节作用。葡萄糖及其感受器、胆囊收缩素和多种内分泌激素，在摄食行为的调节中均有一定的作用。与脑内化学通路的作用方式不同，这些物质随血液运行，通过脑血流作用于与摄食行为有关的脑结构而发挥生理效应。与脑内化学通路相比，这些物质作用的距离远，发挥生理效应的环节多，所需的时间较长。

1. 葡萄糖感受器

肝和脑内均存在着葡萄糖感受器，对血液内葡萄糖含量进行着灵敏的检测。下丘脑外侧区的葡萄糖感受器对低血糖敏感，引起饥饿感；旁室核和下丘脑围穹窿区葡萄糖感受器对高血糖敏感，产生饱感。旁室核的神经冲动沿轴突传至脑干迷走神经运动背核，产生抑制效应。迷走神经对胰腺的兴奋作用，使胰岛细胞分泌较少的胰岛素。旁室核的兴奋还合成较多的神经激素—促肾上腺皮质激素释放因子（CRF），CRF 沿垂体门脉系统的血液循环作用于垂体前叶，促使其释放促肾上腺皮质激素（ACTH）。血液中的 ACTH 作用于肾上腺皮质，促使其释放肾上腺皮质激素（考的松）。由考的松通过肾上腺髓质再作用于胰腺，使胰岛细胞减少胰高血糖素（glucagon）的分泌。这样，在胰岛细胞中分泌的两种激素——胰岛素和胰高血糖素相互制约，调节着血糖的浓度，而两种激素的分泌又由下丘脑摄食中枢通过神经—体液机制加以调节和控制。如果血糖低，胰岛素含量高，则动物就会出现过度摄食行为；反之血糖高，胰高血糖素也高，则动物就会出现厌食行为。下丘脑腹内侧核的损毁将旁室核与迷走神经运动背核的联系切断，使迷走神经运动背核失去抑制而过度兴奋，分泌较多胰岛素。与此同时，旁室核的兴奋却可以正常地通过神经激素的许多环节作用于胰岛，使之减少胰高血糖素的分泌。由于胰岛素含量高，经消化道吸收的葡萄糖就会立即转化为贮存的形式——肝糖原、肌糖原和脂肪。高胰岛素也妨碍血液葡萄糖作为能源加以利用。因而，下丘脑腹内侧核损伤，就导致过食和肥胖的后果。

2. 胆囊收缩素

体液调节中的另一个重要物质是由十二指肠分泌的胆囊收缩素（CCK），它既作用于消化道，又可随血流作用于脑，故又称为脑肠肽。更确切地说胆囊收缩素是脑肠肽的一种，每当十二指肠从胃内接受食物时，就会分泌 CCK。血液内

CCK 的浓度与十二指肠从胃内接受的营养多少有关。如果营养充足，血内浓度较高的 CCK 就抑制胃的排空，同时随血液作用于脑内“饱中枢”，引起饱感，使机体停止进食。只有当机体吃了一定食物，并当食物从胃内大量进入十二指肠时，CCK 才对进食行为有抑制作用。所以，它总是快吃饱时才发生对进食的抑制作用，饥饿者刚刚进食时，CCK 就没有这种作用，说明 CCK 是具有饱感信号性质的物质。实验证明，切断迷走神经胃支，CCK 的这种作用消失；但切断迷走神经肝脏支和胰腺支则不妨碍 CCK 的这种作用。这说明 CCK 的作用除有体液调节机制外，还有神经传导的途径。CCK 作用于胃平滑肌改变其收缩程度的同时引起平滑肌中感受器兴奋性的变化，向脑内输入产生饱感的神经冲动。由此可见，一些体液调节机制与外周消化道在饥、饱感中的作用有着密切关系。

从 CCK 的作用机制中可以看到胃、十二指肠在饥、饱调节中的作用。一些生理心理学家采用消化道手术方法分别考查了消化道不同部位对饥、饱感的影响。在胃幽门处手术植入一线套，对比拉紧线套前后动物摄食行为的变化，即比较阻断胃和十二指肠前后动物的摄食行为。结果发现在阻塞通道之前，动物有正常的摄食行为，适量食物产生饱感后，动物停止进食。如果拉紧线套使食物停滞于胃内，再从胃内抽出 10 毫升食物，则发现动物又会吃进 8 毫升食物。此时切断动物迷走神经胃支，使胃内的神经冲动无法传向大脑，从胃内提出 10 毫升食物，则动物就会过量进食使胃受到过分扩张。这些结果说明，只要十二指肠以上的口腔和胃受到食物刺激就会产生饱感，不需要小肠以下消化道的参与，但此时胃的神经支配必须保持正常。在饱感形成中，胃的作用可能与其对味觉的影响有关。胃充盈往往使味觉神经元对食物味道的反应不灵敏；反之，饥饿时胃排空，味觉神经元对食物的反应就比较强。所以，胃充盈时产生饱感的同时，对食物味道的反应也变差。为了证明胃扩张在饱感和食物味感中的作用，生理心理学家们还在胃内植入气囊，用气体扩张胃，重现了食物充盈胃的效果。除了胃之外，口腔也是重要的，许多食道癌或食道狭窄的病人进行胃瘘手术，将食物直接注入胃中。这些病人的共同体验是必须将食物放入口腔咀嚼，然后将之吐入胃瘘管，注入胃中，才能产生理想的饱感。对动物施行食道切断手术，使之从口腔吃进的食物不能进入胃内而落入外面。这种假饲实验证明，仅仅经过口腔咀嚼，动物也会产生短暂的饱感，但终因胃内空空，很快又去进食。这些资料证明口腔咀嚼和胃的充盈在饱感的产生中具有重要作用。

十二指肠对饱感的影响主要是通过 CCK 体液调节机制而实现的。此外，十二指肠将食物中的营养吸收到血液中，再经肝门脉系统转移至肝内。肝脏中的葡萄糖感受器对饱感的产生也具有一定意义。应用不能透过血脑屏障的糖，例如果糖等注入肝门脉，虽不能直接作用于脑中枢，但动物也会产生饱感，停止进食行为，但是切断肝脏的迷走神经，再向肝门脉灌流果糖，则动物不会出现饱感。这说明肝脏在饱感形成中的作用不仅是体液性的，也包括向脑中枢传导神经冲动的神经机制。

3. 内分泌激素

胰岛素、胰高血糖素、肾上腺皮质激素和垂体分泌的激素都参与饥、饱感和摄食行为动机的调节。

（三）生活习惯和学习机制的作用

在人和高等动物的摄食行为中，生活习惯、学习机制往往也有重要作用。每日规律地定时摄食，就会形成饥、饱感的周期变化。因肥胖不得不节制饮食的人也有共同的体验，在节食之初，因每餐不能吃得很饱常感到不舒适；以后就会习惯于胃不全扩张状态，于是饱感的标准也发生了变化。经验、习惯和学习机制对人类饮食行为的影响，是由脑高级部位的参与而实现的。颞叶皮层、边缘系统的扣带回和杏仁核损伤常常引起过食行为，前额叶皮层损伤以后，新的饮食习惯无法建立。大白鼠大脑边缘系统和杏仁核损伤以后，习得性摄食行为破坏，不能区别出熟悉的食物和不熟悉的食物，甚至有毒的食物也不加选择地食入。因此，习得性摄食行为与本能性摄食行为相比，有更高级的、更复杂的脑机制。

二、饮水行为

口渴是一种主观心理感受，促使机体实现饮水行为。渴和饮水行为是由于体内缺水所引起的，称为原发性饮水；由于生活习惯和预料将会渴而导致的饮水行为，称为次发性饮水。

（一）渴与原发性饮水

机体内的水分绝大部分（66%）分布在细胞内，是细胞质的重要成分之一，将之称为细胞内液；细胞间液（分布于细胞之间，占26%）、血液（7%）和脑脊液（不足1%）总称为细胞外液。在血液与细胞间液之间由大量毛细血管壁形成屏障，在细胞间液和细胞内液之间，由细胞膜构成屏障。这些生物膜对体液内溶解的各种物质有选择性通透作用，进行着复杂的物质交换，以维持生命过程。生物膜机能变化，细胞内、外液的比例，容积或渗透压的变化，均可导致机体的渴感。在诸多因素中，水和盐是影响口渴的两种最直接的物质。口、消化道、肾脏和脑的一些结构在调节渴感与饮水行为中都起着不同的重要作用。较多的盐或高蛋白类食物经消化、吸收至血液中引起细胞液的渗透压增高，继而使细胞内液流向细胞外，形成细胞内液脱失，引起渴感。

1. 下丘脑视前区外侧部和下丘脑的第三脑室周围区内的渗透压感受神经元

这些渗透压感受细胞的兴奋引起下丘脑视上核合成较多的抗利尿激素（ADH），此激素经垂体门脉系统达垂体后叶，在这里将抗利尿激素释放至血液中，影响肾功能，减少尿液生成，将水潴留体内，以缓解细胞外液渗透压的变化。与此同时，下丘脑的渗透压感受器兴奋，影响下丘脑前部的渴中枢，使机体产生渴感，引起饮水行为。用微电极刺激下丘脑前部的渴中枢，引起动物饮水量急剧增加，其饮水量可多至体重的一半。

2. 口腔、小肠、肝脏的渗透压感受细胞

除下丘脑渗透压感受细胞兴奋外，口腔、小肠、肝脏内也存在渗透压感受细胞，它们的兴奋通过内脏传入神经，最终也达下丘脑的渴中枢，引起渴感。外周器官内的渗透压感受器或下丘脑渗透压感受细胞都是比较灵敏的检测器。它们的兴奋既通过体液环节产生抗利尿作用，导致水潴留，也通过渴中枢兴奋，引起饮水行为，导致水的摄入。

3. 植物性神经对容积性失水的反射性调节

大汗淋漓、呕吐腹泻或外伤失血等，均可导致细胞外液的丧失，只要丧失10% 的体液，就会通过植物性神经反射引起血压下降。血压下降导致肾血流量减少或兴奋交感神经，激发肾脏释放肾素，作用于血液内的血管紧张素原，使之先后转变为血管紧张素Ⅰ和Ⅱ。血管紧张素Ⅱ一方面作用于肾上腺使之分泌醛固酮，引起肾脏对钠离子重吸收，造成钠潴留，继而带来水潴留的后果；另一方面血管紧张素Ⅱ通过血液作用于脑内穹窿下的血管紧张素感受细胞，它们的兴奋沿轴突传至下丘脑视前核内侧，引起那里的突触后兴奋，继而作用于下丘脑前部的渴中枢。此外，血压下降引起交感神经兴奋传至脑内隔区，由这里再引起下丘脑前部渴中枢的兴奋。所以体液容积丧失，既通过神经体液作用机制中介于肾上腺皮质激素和醛固酮而造成肾功能改变，又通过脑内的隔区、穹隆下、下丘脑视前核作用于渴中枢，引起饮水行为。

总之，无论是渗透压性失水，还是容积性失水，既通过复杂的体液环节作用于肾脏，使水潴留于体内，又通过脑内渴中枢引起机体的摄水行为。前者是单纯性水平衡的生理过程，后者是复杂的生理心理过程。参与这些过程的主要生物化学物质有垂体的抗利尿激素、肾上腺的醛固酮、肾脏的肾素和血管内的血管紧张素Ⅱ。口腔、消化道、肝内的渗透压感受器和心血管系统内压力感受器对渴感具有重要作用。下丘脑、隔区和穹窿下等许多脑结构与原发性饮水行为都有密切关系。在这些脑区中，下丘脑前外侧区达中脑被盖区的通路与血管紧张素调节的饮水行为有关。下丘脑前外侧区的损毁阻断了渗透压性渴引起的饮水行为，不影响中介于血管紧张素容积性渴的饮水行为；相反，损毁包括中脑被盖脑低位的中枢结构，只影响中介于血管紧张素的容积性渴所引起的饮水行为，不影响中介于抗利尿激素的渗透压性渴所引起的饮水行为。可见，由于渗透压改变引起的饮水行为与容积性饮水行为的中枢是不同的。

（二）次发性饮水

人们用过丰盛佳肴之后，总会饮上几杯香茶，即使并不觉得口渴，饮水也成为自然的惯例。这类由生活经验和习惯所引起的次发性饮水，往往具有渴的预见性。吃过营养丰富的食物，胃肠道对之进行消化和吸收的过程中要分泌消化液，吸收到血液中的营养要使细胞外液的渗透压增高，这些因素都即将引起渴感。所以，在吃饭中喝汤和饭后饮水是具有预见性的次发性饮水。此外，每日饮水量的个体差异极大，除代谢速率的个体差异，更重要的是生活习惯的差异。不论是否口渴每日定时喝茶，就是这种次发性饮水行为。生活条件、工作性质和生活规律都是影响次发性饮水的重要因素。对次发性饮水的认识也具有重要意义，对大白鼠的实验研究充分证明了这点。如果给大白鼠喂碳水化合物的食物，则它们每日饮水量与食物重量相等。当这种饮食规律稳定之后，改换含丰富蛋白质的食物，第一天就发现动物由于口渴在食后几小时内增加饮水量达食物重量的 1.47 倍。几天以后，动物在吃过高蛋白食物后立即饮足所需要的水量。显然，它们已学习到高蛋白食物与即将发生渴感之间的关系，做出了预见性次级饮水行为。下丘脑外侧区的损伤不影响原发性饮水行为，只影响大白鼠这种预见性的次级饮水行为。所以，有人认为此区可能是次发性饮水的重要脑中枢。

（三）解渴感

口渴以后引起的饮水行为，一般总要达到解渴感（satiety）之后才停止。生理心理学家们应用食道分离手术（esophagotomy）建立许多关于“假饮”的标本，研究口腔、咽、胃、肠等感受器在解渴感中的作用。这类研究发现，口腔和咽的感受器虽可以产生解渴感，但其作用极小，且是胃肠引起解渴感的次级效应。如果将食道手术切断，动物经口饮入的水达不到胃即漏出体外，则动物在渴感之后就会不停地饮水；反之在胃中造一套管，通过此套管将水直接注入胃中，则动物很快停止饮水的行为。赫尔（W. G. Hall）等在大白鼠胃幽门处预置一钓鱼线制成的套，当鼠口渴饮水之后立即将套拉紧使胃内水不能进入小肠和肝脏中，此时发现大鼠饮入的水远多于未拉紧线套的动物。由此他们认为，小肠和肝脏的感受器对解渴感可能具有重要作用。总之，目前认为胃、肠对于解渴感比口、咽具有更大的作用。

三、防御行为

食物、水和性对象在一定条件下对机体都有一定的吸引力。防御和攻击行为则相反，一般条件下使机体产生逃避反应；攻击也是一种防御行为，表现为驱逐或消除危险源以保护自己或子代生存。每一种属动物都有自己稳定的防御和攻击行为模式，是通过遗传机制而传递给下一代的本能行为类型。

（一）防御、攻击行为类型

1. 主动逃避反应或被动逃避反应

最常见的防御行为是逃避危险或有害目标的行为。根据危险或有害目标的特点，可能出现不同类型的防御行为，即主动逃避反应或被动逃避反应。大多数动物以主动逃避为主要防御行为模式，但刺猬、龟等动物则以被动逃避为主要防御行为模式。

2. 情绪性攻击行为

除了逃避的自我防御行为，各种动物都有种属内个体间为了争夺食物、领地或性对象而引起的攻击行为。这些行为类型的共同特点是带有情绪色彩，所以有时称之为情绪性攻击行为。

3. 母性攻击行为

母性攻击行为与保护自身的生存无关，而是一种保存和延续种族的本能行为。哺乳期的动物为保护幼仔不受外来者的侵害，以猛烈的攻击驱逐外来者。与母性攻击行为的表现形式截然不同，杀幼（infanticide）行为是指将幼仔杀死的行为。然而，杀幼行为也是对种族延续有利的行为，这是由于雄性动物只有杀掉哺乳中的幼仔，才能使雌性动物较早地摆脱哺乳期而重新受孕。雌性动物的杀幼行为可能与幼仔多、过于拥挤或哺乳能力不够有关。雌性动物总是选择最弱小的动物除掉以保证有强壮的后代延续种族。

4. 捕食行为

捕食行为往往并不伴随情绪的变化，也不一定与摄食行为同时发生。一个饱腹的猫见到老鼠，尽管并不想摄食还是要捕捉或咬死老鼠。下面我们将讨论不同类型防御攻击行为的生理心理学基本机制。

（二）防御、攻击行为的中枢机制

1. 下丘脑

电刺激内侧下丘脑常诱发出情绪性攻击行为，刺激外侧下丘脑引出不伴随情绪变化的捕食行为，刺激背侧下丘脑引出防御性逃避行为。进一步分析发现，下丘脑对防御攻击行为的影响是通过其向中脑与脑干的传出通路而实现的。内侧下丘脑与中脑水管周围灰质的联系和外侧下丘脑与中脑被盖腹区的联系分别是下丘脑影响情绪性攻击行为和捕食行为的重要通路。所以切断下丘脑和中脑之间的联系，再刺激下丘脑则既不能引起情绪性攻击行为，也不能引起捕食行为。背侧下丘脑对防御逃避行为的影响，可能也是通过其与中脑的联系而实现的，但至今还不清楚其联系的具体通路。

2. 边缘系统

下丘脑对防御、攻击行为的影响并不是孤立的，边缘系统的一些重要脑结构如杏仁核和隔区对防御、攻击行为也有影响。概括地说，杏仁核和隔区对防御、攻击行为进行着更精细的调节作用。

根据杏仁核群的生理功能和系统发生等级，可将其分成两组结构：一是系统发生上较古老的皮层内侧杏仁核（cortiomedial group），它的神经元轴突通过丘脑的终纹与下丘脑和其他前脑结构发生联系；另一组杏仁基外侧核（basolateral group），是系统发生上较近形成的结构，它的神经元轴突形成弥散的腹侧杏仁核传出通路（ventral amygdalofugal pathway），止于下丘脑、视前区、隔核、中脑被盖和中脑水管周围灰质。杏仁核的传入联系也很广泛，嗅系统、颞叶皮层、丘脑、下丘脑和中脑的神经冲动均可传至杏仁核。此外，各种感觉刺激均可引起杏仁核神经元单位发放的变化。杏仁核这种广泛的传入联系以及与下丘脑—中脑的传出联系是调节与控制防御、攻击行为的重要解剖学基础。皮层内侧杏仁核对捕食攻击行为的调节具有重要作用。将其在终纹中的传出纤维切断，使捕食攻击行为增强，说明它对捕食攻击行为具有抑制性调节作用。近年发现，皮层内侧杏仁核对情绪性攻击行为也有一定的调节作用。每当动物在与其他个体的角斗失败以后，再与之相遇就会表示出驯服的行为；然而，两侧皮层内侧杏仁核损毁的动物却丧失这种驯服反应，以后再遇上这个强劲的对手，还是要重新较量。基外侧杏仁核对情绪性攻击行为产生兴奋性影响，电刺激此核引起动物的情绪性攻击行为，损毁此核使情绪性攻击行为明显减弱。

首先刺激下丘脑引起猫的攻击行为，再刺激隔区就会发现这种攻击行为立即受到抑制，这说明隔区对攻击行为具有抑制性调节作用。损毁隔区的动物变得特别凶猛或者是特别善于逃跑，难于捕捉。

根据现有的科学事实，下丘脑是防御攻击行为的重要中枢，它的不同区影响着不同类型的防御、攻击行为。杏仁核、隔区等边缘系统对下丘脑的这一功能进行着调节与控制。对于情绪性攻击行为而言，杏仁核发生兴奋性调节作用，隔区产生抑制性调节作用；对于捕食攻击行为而言，杏仁核实现着抑制性调节作用。

（三）防御、攻击行为与激素

激素在防御、攻击行为中的意义很早就为人们所了解。一些家畜在阉割以后变得驯服，说明性激素对情绪性攻击行为，特别是对雄性动物间争夺性对象的情绪性攻击行为具有重要意义。生理心理学家们通过实验研究发现，雄性激素对雄性间攻击行为具有两种作用，分别称之为组织作用和激活作用。所谓组织作用就是在妊娠期和出生后最初的一些日子里，雄性激素对脑发育的影响，它有利于与雄性间攻击行为有关的脑内神经回路的发育，具体地说，有利于脑内基底外侧杏仁核、内侧下丘脑和中脑导水管周围灰质的神经联系的发展。激活作用是指动物成年以后，雄激素增强雄性间攻击行为的作用。这些研究发现，雄激素的组织作用和激活作用有着内在的联系。只有出生后，雄性激素促进与攻击行为有关的神经回路发育，在成年时雄性激素才能最有效地激活雄性间的攻击行为。雄性激素对雄性间攻击行为的影响，可能是通过内侧视前区的大量性激素受体而实现的。除了对雄性间攻击行为的影响之外，雄性激素对防御逃避行为没有调节作用，但对雌性攻击行为有激活作用。雌性间的攻击行为也受体内少量雄激素水平的调节。雌性动物分泌的外激素通过雄性动物的嗅觉通路，能抑制雄性动物对雌性动物的攻击行为。将雄性动物嗅觉系统与内侧杏仁核间的神经联系切断以后，雌性动物的外激素就失去了作用，雄性动物也会对雌性动物发起攻击行为。

除了性激素之外，肾上腺皮质激素和垂体促肾上腺皮质激素对防御、攻击行为也有一定的调节作用。切除肾上腺的动物，其攻击行为减弱，但这一行为改变可能直接由肾上腺皮质激素缺乏所引起，也可能由于前者在血液中含量不足，反射性地引起垂体分泌大量促肾上腺皮质激素（ACTH）而引起的。一些生理心理学实验证明，血液内 ACTH 含量增高可以减弱攻击行为，而血液内肾上腺皮质激素能增加雄性动物间攻击行为中失败者的驯服反应。血液中各种激素水平的变化通过体液调节作用于脑内的受体，引起中枢机制的变化。这是攻击行为神经—体液调节作用的一般途径。

四、性行为

与摄食和饮水行为不同，性行为对于个体生存并不是第一性的本能，但对种族延续却是非常必要的。当然，没有种属特异性的性行为也就不可能有新一代的个体。尽管不同种属的动物其性行为有很大不同，但最基本的生理基础却是相似的。性腺活动周期性变化，血液内性激素作用于脑内与性行为有关的结构，引起动物的求偶行为，在适当环境条件和性对象存在时完成交配行为。因此，与性行为有关的脑中枢、激素和环境条件是理解性行为生理心理学基础的三个重要方面。

（一）性行为的神经中枢

1. 脊髓内的初级性中枢

作为本能行为，性反射的初级中枢位于脊髓腰段，更具体地说是腰髓前角的球海绵状核（nucleus of the bulbocavernosus），该核的运动神经元发出轴突直接支配生殖器的肌肉，以保证交配行为的完成。该中枢的运动神经元对血液内性激素的变化很敏感，如果性激素水平增高，该中枢的运动神经元单位发放频率增高，引起生殖器肌肉的活动。同时，脊髓的性反射初级中枢还受脑高位中枢的控制与调节。

2. 下丘脑内的二级性中枢

下丘脑的前部存在一个脑高级的雄性性行为中枢，它位于内侧视前区，称为性两形核（the sexually dimorphic nucleus），该核在雄性动物中的体积比雌性动物大五倍，雄性动物刚出生时就阉割，则脑内该核体积也非常小。刺激该核引起动物的爬背行为，损毁此区则动物丧失性反应。如果先将成年动物阉割，再向性两形核内植入睾丸激素，则丧失的性反应能力又恢复起来。将放射性同位素标记的睾丸激素注入动物体内，可以证明在内侧视前区的性两形核内分布着大量的性激素受体。在雌性动物中，脑内高级性中枢位于下丘脑的腹内侧核，刺激该核引起雌性动物的性行为，破坏该核使雌性动物的性行为丧失；如果切除雌性动物的卵巢，再向下丘脑内侧核植入雌激素和孕激素，则丧失的性行为也会恢复起来。将雌激素和孕激素注入正常雌性动物的腹内侧核也能激活和易化雌性动物的性行为。该核内分布着较密的雌激素受体和孕激素受体。两种受体还分布在内侧视前区、外侧隔区等，说明这些脑结构也与雌性性行为有关。

3. 高级性中枢

除了雄性动物的性两形核和雌性动物下丘脑的腹内侧核之外，两性动物的性行为还受更高级的脑中枢调节，颞叶皮层在性对象的识别和选择中发挥重要作用。颞叶损伤的人或动物均表现出严重的性功能异常。高位脑中枢通过脑干的下行网状结构对脊髓初级性中枢实现调节作用。目前对雄性动物的性两形核向中脑和脑干的下行通路还了解得不多。雌性动物下丘脑腹内核的神经元轴突下行至中脑导水管周围灰质，形成突触联系，电刺激或雌激素作用于下丘脑腹内侧核均可引起导水管周围灰质神经元发放频率的增加。导水管周围灰质的神经元发出轴突与延脑网状结构形成联系，最后通过网状下行性联系，调节脊髓性反射中枢的活动。

（二）性行为的神经—体液调节机制

在性行为的调节机制中，神经内分泌体系的各个环节都发挥着重要作用。下丘脑分泌的神经激素直接影响垂体功能，由垂体再调节性腺，性腺分泌的性激素随血液运行于性器官及其各级神经中枢，实现着神经—体液调节的完整回路。

1. 神经激素

下丘脑分泌五种与性行为有关的神经激素：促卵泡激素释放激素（SFH-RH）、促黄体激素释放激素（LH-RH）、催乳激素释放激素（PRH）、催乳激素释放抑制激素（PIH）和催产素（OX）。这些神经激素主要存在于下丘脑的正中隆起、视前区、弓状核、视上核、旁室核等。它们或是通过垂体门脉系统的血液作用于垂体前叶，或是直接沿神经元轴突从下丘脑直接达垂体后叶分泌到血液中。后三种下丘脑神经激素与雌性动物的生殖行为有关；前两种作用于垂体前叶的下丘脑神经激素，与动物的求偶行为有关。

2. 内分泌的激素

下丘脑分泌的促卵泡激素释放激素作用于垂体前叶使之生成与分泌促卵泡激素，以促使雌性动物卵巢内卵泡的成熟。成熟的卵泡能够生成和释放雌激素，雌激素在血液中达到一定浓度并持续一定时间，就会作用于下丘脑使之释放促黄体激素释放激素（LH-RH），后者作用于垂体前叶使之释放促黄体生成激素（LH），血液中的 LH 作用于卵泡，使之排卵后变成黄体。黄体又分泌孕激素随血液作用于性器官和各级性中枢。如果雌性动物不受孕，黄体很快死亡，血液内孕激素突然下降，于是出现了月经现象。雌性动物的性欲随血液内激素含量的变化而周期性改变。只有血液内雌激素含量较高即将排卵时才出现性欲。与此不同，妇女的性欲并不制约于血液内雌激素的含量，更多地受环境条件、性对象等心理因素的影响。雄性动物的性行为与其血液中的雄激素含量有关。如果血液内完全没有雄激素，则雄性生殖器甚至完全不能勃起，自然无法进行交配。通过对人类的观察可以发现，因病导致血液内雄激素消失的男人，仍会以非性交的方式表现出其性欲的存在，如拥抱和接吻等。所以，血液中性激素的含量虽然影响男人的性交行为，但却不影响性欲望的出现。

（三）环境条件与心理因素

高等动物的性行为不仅决定于体内性激素的周期变化，还要受到许多环境条件和心理因素的影响。动物的种属越高，其性行为就越受高级心理活动和环境条件的制约。就人类而言，男女两性的性行为都更多地决定于性对象的吸引力、性爱的程度以及适宜的性生活环境。虽然性激素的周期性是性活动的生理基础，但高级心理活动对性激素水平发生着有效的调节作用。

兔、猫等雌性动物以及更低等的雌性动物只有在其体内雌激素含量较高的发情期，即接近排卵时，才能接受雄性动物的交配行为。在恒河猴中虽然也能观察到这种周期性变化，但并不如此严格。在排卵期以外的任何时候，雌猴也可能接受雄猴的交配行为，这决定于雄性猴的性魅力。操作条件反应可以证明雌猴性行为的这一特点。让雌猴和雄猴分居在两个靠近的笼内，两笼之间有道透明的屏壁，只有雌猴按一定次数的杠杆之后，这道屏壁才能打开，雌猴才会接近雄猴完成性行为。这一实验表明，随雌猴体内性激素的周期变化，其按压杠杆的频率发生周期性变化。在垂体促性腺激素和卵巢分泌的雌激素含量最高时，雌猴为了接近配偶必须在 30 分钟内连续按压杠杆 250 次—350 次之多。如果隔壁的雄猴是经手术阉割的，则雌猴按压杠杆的次数和持续时间明显减少。更换不同的雄猴，可以发现雌猴只在某个专一雄猴出现时，按压杠杆的次数最高。若把雄猴移开，无论以怎样好吃的食物作为强化因素，这种操作行为都不能像专一雄猴的交配强化那样有效。如果切除雌猴的卵巢，同样的实验条件和情景，也不能形成这种性操作行为模式。

不仅雌性性行为受到体内外条件的制约，雄性动物的性欲和性行为更容易受外部条件的影响，其中最重要的条件就是雌性的性诱惑力。如果将一只雄性动物和两只雌性动物关在同一较大的笼内，就会发现其中一只雌性动物总是较多地接受雄性动物的交配行为。这说明雄性动物的性偏好与雌性动物的性诱惑力有关。

生理心理学家们发现，在敏嗅类哺乳动物中，雌性的性诱惑力与其分泌的外激素功能有关；在高等灵长类雌性中，除外激素的作用外，雌性动物的外表形象也发生重要作用。雌性分泌外激素的差异可能是其性诱惑力的物质基础之一。如果将一只雌性动物的卵巢切除，它自然失去了对雄性动物的性诱惑力；从一只刚刚注射雌激素的雌性动物的阴道中取出分泌物涂于被阉割的雌性动物的阴部皮肤上，就会发现这只失去性诱惑力的雌性动物又会引起雄性动物的追求，并与之发生交配行为。由此可见，涂于皮肤上的外激素通过雄性动物的嗅觉，引出雄性动物的性感，也就是说外激素对性诱惑力具有重要作用。另外，损毁雄性动物嗅觉中枢，则外激素对雄性动物的作用也会消失。

在人类中，存在着多种心理性性功能障碍。这类性变态的人，性器官、性激素的生理功能和调节机制都很正常，但他们的性偏好的指向性发生异常变化或者指向同性（同性恋）、动物（恋兽癖）和非生物对象（恋物癖）。虽然目前对这些性变态的认识还很不够，但人格和心理因素的作用是无法否认的。

第二节　情绪和情感的生理心理学基础

与认知过程的脑功能基础相比，我们对情绪和情感脑机制的认识相差甚远。十多年前，几乎还停留在20世纪五六十年代的认识水平上，即情绪和情感的脑高级调节中枢是边缘系统和下丘脑。单胺类神经通路在奖励和惩罚所强化的情绪行为中的作用，也是20世纪70年代—80年代的主要科学成果。直到十多年前，潘克塞普（Panksepp，1998）所出版的专著《情感神经科学》才较系统地总结了以往40多年的科学资料，提出了基本情绪系统的现代假说，打破了情感的边缘系统理论框架。潘克塞普（Panksepp，2006）以《精神病学中的情绪内表型》为标题的理论文章，总结了神经生物学在情绪领域中的新贡献，用当代科学的新发现丰富了情绪进化理论的科学内涵。与这种源于生物学的情绪理论相并列的，还有源于传统心理学的情感维度理论（Russell，2003）和源于认知科学的组成评价模型（Grandjean et al，2008）。

一、基本情绪系统理论

潘克塞普把脑的基本情绪系统划分为七个子系统：1. 追求、期望，2. 贪心、色欲，3. 爱抚、养育，4. 安逸、欢快，5. 激怒、气愤，6. 恐惧、焦虑，7. 惊慌、孤独和抑郁。这些情绪子系统及其对应的脑结构主要来自哺乳动物的实验研究，由于论理学的限制，不可能触及人类的脑结构观察及其情绪效应。不过，有限的研究报告表明，人类被试自生的内在多种情感体验所伴随的脑激活区，大体与潘克塞普的理论设想相符，包括前额叶皮层、脑岛叶、前扣带回、后扣带回、次级感觉运动皮层、前脑基底部、海马、下丘脑和中脑。由此可见，无论是动物实验的发现还是无创性脑成像所提供的资料，都证明参与人类自发情感体验的脑结构，大大超越了边缘脑的范围，许多新皮层都参与情绪和情感的调节功能。这是情绪脑理论的当代突破。

现在还是回到潘克塞普的基本情绪系统。如表 8－1 所示：

表 8－1　哺乳动物脑构建基本情绪的解剖和神经生化因素

基本情绪系统	关键脑区	关键的神经调质
追求/期望和生物学阳性动机	伏隔核—腹侧被盖区，中脑边缘和中脑皮层传出系统，外侧下丘脑—中脑导水管周围灰质	多巴胺（+），谷氨酸（+），阿片肽类（+），神经紧张素（+），多种其他神经肽
激怒/气愤	内侧杏仁核—终纹床核，内侧围穹隆下丘脑区—中脑导水管周围灰质	P 物质（+），乙酰胆碱（+），谷氨酸（+）
恐惧/焦虑	杏仁中央核和杏仁外侧核—内侧下丘脑，背侧中脑导水管周围灰质	谷氨酸（+），二氮杂䓬结合抑制剂，促肾上腺皮质激素释放激素，胆束收缩素，α-促黑激素，神经肽
色欲/贪求	皮质—内侧杏仁核，终纹床核，下丘脑视前区，腹内侧下丘脑，中脑导水管周围灰质	类固醇（+），血管加压素，催产素，黄体激素释放激素，胆囊收缩素
爱抚/养育	前扣带回，终纹床核，视前区，腹侧被蓄区，中脑导水管周围灰质	催产素（+），促乳素（+），多巴胺（+），阿片肽类（+/－）
惊慌/孤独	前扣带回，终纹床核和视前区，背内侧丘脑，中脑导水管周围灰质	阿片肽类（－），催产素（－），促乳素（－），促肾上腺皮质激素释放因子，谷氨酸（+）
嬉戏/快乐	背内侧间脑，旁束区，中脑导水管周围灰质	阿片肽类（+/－），谷氨酸（+），乙酰胆碱（+），甲状腺释放激素

译自：Progress in Neuro-Psycho-Pharmalogical and Biological Psychiatry，2006，30（5）：780.

（一）生物学阳性情绪

在潘克塞普的七类情绪子系统中，有四类是属于生物学阳性情绪，也就是对个体生存和种族延续所必需的食物、水和安居之地以及性爱等驱动的情绪。因此，调解这些需求的情绪包括追求/期望、贪心/色欲、爱抚/养育和嬉戏/快乐等。我们先从追求与期望谈起。调节本能需要的脑结构位于下丘脑，通过多重体液和激素的调节环节驱动行为，出现满足感的同时伴有快乐安逸和舒适的生物学阳性情绪。在对这种生物学阳性情绪行为的脑机制研究中，历史上曾有著名的自我刺激的实验模型，发生过重要作用。

1954 年，博士研究生奥尔兹（Olds）和米尔纳（Milner）在实验室中意外地发现了大白鼠的下丘脑、隔区等结构受到微电极导入的弱电刺激，就会不停地按压杠杆，以便连续多次得到电刺激，按压杠杆的反应次数甚至可高达一小时2 000次。许多实验室重复了这一现象，并控制动物的饥渴程度和血液中的性激素水平，观察自我刺激现象。经过 20 多年的研究，在 20 世纪 70 年代—80 年代，总结出这些能产生自我刺激现象的脑结构，形成两条多巴胺能通路，都发源于脑干被盖腹侧区。一条终止于前脑的伏隔核，它位于杏仁核的前面；另一条通路终止于眶额皮层。将这些脑结构和它们之间的通路称做奖励或强化系统，强化生物学阳性情绪为基础的学习行为，动物追求和期望的程度与这些脑结构中多巴胺神经元兴奋性水平相关，也就是说可以把多巴胺神经元的兴奋性水平看成是追求与期望情绪的预测指标。然而，最近十多年的研究进一步发现，当环境因素微妙变化，动物得不到预期的奖励时，这些多巴胺神经元的兴奋性立即受到抑制。所以，近几年以奖励预测误差理论取代了多巴胺强化理论。本书后面章节将进一步讨论这个问题。

1. 追求和期望

追求和期望系统包括本能和动机目标，如食物、水、栖息场地和性对象是生物本能行为的基础。包括脑干和皮层下奖励系统，始于中脑腹侧被盖区（VTA），终止于前脑伏隔核，同时还有中脑—皮层多巴胺通路投射到眶额皮层，与学习行为的奖励和强化作用有关。正如在潘克塞普的列表所示，除多巴胺类神经递质的功能水平直接影响追求和期望情绪，其他神经调质也参与调节作用。例如，中脑导水管周围灰质的多种神经肽，类固醇和阿片肽类物质等都有重要作用。

饥饿与饱食中枢，饮水和渴中枢都位于下丘脑，并由许多体液的和激素的因素参与调节，能使机体满足个体生存的需要，同时伴有快感和满足感。对于人类而言，追求和期望并不限于本能的需要，更重要的是社会需求，精神满足感能产生更强的动机。因此，情绪、情感、认知和思维以及评价系统等密不可分，都离不开大脑皮层的参与。

2. 色欲和贪求

如果说追求和期望是出于对个体生存息息相关的食物、水和栖息地的追求，那么对种族延续来说，追求性对象则是重要前提。贪求、色欲的情绪中枢是杏仁皮质核和杏仁内侧核，还有下丘脑视前区和腹内侧区以及中脑导水管周围灰质。除了神经中枢的调节作用外，还有许多体液因素参与性相关的情绪调节，包括脑内的催产素、黄体激素释放激素，以及外周的肾上腺皮质激素和性腺分泌的性激素等。此外，胆束收缩素和血管加压素在中枢和外周都可能产生，对性行为相关的阳性情绪也发挥重要调节作用。

3. 养育和爱抚

对种族延续来说，除了以性行为作为起点孕育下一代，还必须包括养育和爱抚下一代的生物学阳性行为。伴随这种养育行为，自然会有爱抚的情绪体验。由于这种情绪是一类持久的稳定情绪，它的关键脑结构位于扣带回、终纹床核、视前区和中脑的腹侧被盖区与中脑导水管周围灰质。在下丘脑的视前区由催产素、促乳素发挥体液调节作用，在中脑被盖区生成多巴胺类神经递质，在中脑导水管周围灰质生成阿片肽类物质都对养育抚爱子女之情发挥调节作用。

4. 嬉戏与快乐

最后一项生物学阳性情绪是嬉戏与快乐。在安逸饱食之余，生物个体之间的和谐共处通过嬉戏行为产生快乐。可见，生物个体得到安居乐业的资源，就必然伴随嬉戏和快乐的情绪，它的脑中枢位于间脑的背内侧区和旁束区。通过下丘脑生成甲状腺释放激素调节这类情绪。中脑导水管生成阿片类物质，还有乙酸胆碱和谷氨酸作为神经递质，都参与这类情绪的调节。

上面所列举的四类生物学阳性情绪，是生物种系得以繁衍的前提，只有个体得到生存的资源才会出现繁殖后代和养育后代的性行为，并伴随着不同个体间普遍享有的嬉戏与快乐情感。在动物世界的进化中，已把这些情绪的调节功能赋予大脑皮层以下的中脑、间脑和基底神经节，扣带回则是情绪的高级调节中枢。人脑不但传承了这些情绪调节机制，更有许多与思维和智能相关的大脑皮层也参与情绪更精细的调节，使人类社会的情绪更丰富更细腻，并在此基础上生成了高级情感，例如改造自然和征服宇宙的积极情感。

（二）生物学阴性情绪

在潘克塞普的七种情绪中，恐惧/焦虑、激怒/气愤和惊慌/孤独等三项，属于生物学阴性情绪，它们驱使动物个体摆脱或远离危及生存的环境条件，也可能促使个体发出攻击行为。

1. 恐惧/焦虑

这是动物机体逃避痛疼和损伤刺激所伴随的情绪。所敏感的刺激性质及其对机体产生的效应和表现出的外在行为，都是动物种属进化所形成的，是不良刺激通过感官经下丘脑内侧与中脑导水管灰质背部，到杏仁中央核和外侧核所实现的生理反应。所以，这一情绪系统的核心结构是杏仁核。杏仁核是一组神经核群，具有相当复杂的内外部神经联系，参与不同的情绪过程。大体而言，杏仁外侧核是传入性的，将外部神经信息传向杏仁核诸多核团中，杏仁中央内侧核是传出性的，其中有重要意义的是传向内嗅区皮层、颞下回皮层和梭状回皮层的通路，可能是自上而下调节对他人面孔表情的感受功能，特别是威胁恐吓的表情。拉巴尔等人（LaBar et al，1998）通过功能性磁共振方法，发现人类被试形成恐惧性条件反射时，杏仁核激活。现在已知杏仁核与视觉皮层的神经回路之间存在着空间分辨率和传导速度不同的两条联系。一条是快速的低空间分辨率通路，对外部危险信号的视觉刺激特性进行初步加工，快速传递到杏仁核，以便产生自动化下意识的防卫反应；另一条是较长的丘脑—皮层—杏仁核通路，与复杂的社会行为及其知觉决策过程有关，也是人类面对面交谈和感情交流的脑基础之一。菲尔普斯和勒杜（Phelps & LeDoux，2005）综述了大量文献，总结出杏仁核参与下列五类情绪和认知过程的调节：（1）内隐的情绪学习和记忆功能，（2）记忆的情绪调节，（3）情绪对知觉和注意的影响，（4）情绪和社会行为的调节，（5）情绪的抑制和调节。

2. 激怒/气愤

当动物得不到想要的资源，特别是由于同类竞争的原因所造成资源需求的障碍，就更容易出现激怒和气愤的情绪。内侧围穹隆区、下丘脑向下的中脑导水管周围灰质以及向上传导至内侧杏仁核—终纹床核，在这些脑结构中，P 物质、乙酰胆碱和谷氨酸，都参与这种情绪的调节。激怒和气愤情绪是暴力行为产生的原因。所以，20 世纪 60 年代—70 年代，美国社会暴力行为成为社会重大问题，美国政府曾增加一大批对激怒和暴力行为进行研究的项目。

3. 惊慌/孤独

孤独无助情绪是较前两项生物学阴性情绪强度稍差的情绪，当动物离群或幼小动物没有母亲的照料时就会出现惊慌、孤立无助的情绪。终纹床核、视前区、背内侧丘脑、中脑导水管周围灰质通过催产素、促乳素、促肾上腺皮质激素释放因子等神经内分泌机制以及谷氨酸和阿片肽类神经递质调节这类情绪的强度。前扣带回皮层是这一情绪的高级调节中枢。

阿道夫斯（Adolphs，2002）提出了从动物情绪到人类情绪的分类提纲，把潘克塞普分类中的追求、期望情绪归类为生物学阳性情绪，看成是具有奖励作用的动机状态，相当于人类幸福感的个体情绪以及骄傲自满的社会情感。恐惧的个人情绪相当于社会情绪中的窘迫、困惑和为难等情绪，焦虑不快的情绪与社会生活中的羞辱感有关。

二、情感的维度理论

情感的维度理论源于传统心理学，特别注重人类日常生活中的情感体验及其言语表达。罗素（Russell，2003）在《心理学评论》上发表题为《核心情感和情绪的心理学构建》一文，系统地论述了情感维度理论。他说情感心理学问题是心理学发展中最薄弱的且充满矛盾的领域。

詹姆斯（James，1884）认为情感是自动过程的自我知觉。冯特（1897）认为情感是独立于认知过程的要素，快乐—不快乐，紧张—放松，激动—安静是人类情感的维度基础。罗素所说的核心情感有两个维度：价值维度（valence，决定于情感的性质，以愉快和不愉快为基本属性）和唤醒维度（arousal，决定于情感的强度，以激活和不激活为基本属性）。

奥洛夫松等人（Olofsson et al，2008）综述了情感性图片刺激引发的脑功能变化，以视觉事件相关电位作为生理指标，称为情感事件相关电位研究。绝大多数研究文献一致报道，具有消极、恐惧性刺激的图片比愉快性图片能引出较强的100 毫秒—200 毫秒短潜伏期诱发电位，而且诱发反应幅值与图片的情绪性质有一定关系。能引出强烈唤醒水平的凶杀和色情图片，除了引发短潜伏期诱发成分，还在中央区引发潜伏期 200 毫秒—300 毫秒的早后负波（EPN），但却不像短潜期成分那样具有情感性质和诱发反应幅值之间的关系。一种解释是图片的情绪性质与短潜伏期反应的关系是杏仁核的功能特点。他认为生物进化中，对外间世界一出现危及生命的因素，就会立即通过丘脑和杏仁核快速引发情感反应，短潜伏期的事件相关电位是快速情感反应的生理指标，随后的早后负波与 N2 波有一定重叠，是对有害刺激进行选择性注意，以便精细探究刺激的特性。再稍后的 P300 波和晚顶正波与自上而下的情绪信息加工有关。科迪斯波蒂等人（Codispoti et al，2006）利用中性面部表情的照片作对照，愉快和不愉快的照片重复呈现，重复 10 次为一组实验，连续六组，叠加后发现，诱发出的高幅晚正成分（800 毫秒—5 000 毫秒）不受重复次数的显著影响，而 N1 波和 P1 波有习惯化效应，同时记录的皮肤电和心率则比 N1 波和 P1 波有更快的习惯化效应。所以，他们认为对情绪的识别任务，脑事件相关电位晚正成分是主要的生理指标；皮肤电和心率仅是朝向反应的生理指标 。

奥克斯纳（Ochsner，2008）认为人类社会情感信息加工流中有五个关键性脑结构，杏仁核主要与情感产出功能相关，特别是恐惧情感的产出。它在情感性学习行为中对有害的外部因素十分敏感，可以很快识别出这些因素，以便尽快躲避这些不利因素。前扣带回负责情感过程的注意、意识以及情感的主观知觉和动机行为的启动作用。前额叶皮层是人类情感行为的高级调节中枢，对情感行为的后果给出预测性控制，确定特殊行为目标以及调控持久的与延缓性的情感反应。腹侧纹状体，包括伏隔核等与杏仁核相反，对生物学阳性情绪具有重要调节作用，特别是调节那些与主观体验有关的因素。例如药瘾者渴求毒品之时，眼前出现他所想要的毒品时，这些脑结构立即活跃起来。最后是眶额叶皮层对情绪过程的外周自主神经系统的功能变化，如心率、呼吸、消化道功能变化和特殊味道引起的主观体验有关。

科伯等人（Kober et al，2008）对 1993 年—2007 年间 162 篇关于人类情感的脑功能成像研究报告进行了多层次的元分析，包括脑成像的容积单元、激活区和共激活的功能组，并使用了一致性分析、结构分析和路径分析等技术。他们发现，人类的情感变化激活的大脑皮层较广，包括背内侧前额叶（dmPFC），前扣带回（ACC）、眶额皮层（OFC）、额下回皮层（IFG）、脑岛叶（InS）和枕叶皮层（Occ）。这些大脑皮层的激活常伴随更多皮层下脑结构的共激活，包括丘脑（Thal）、纹状体腹侧区（vStr）、杏仁核（Amy）、中脑导水管周围灰质（PAG）和下丘脑（Hy）等（见图 8－1）。

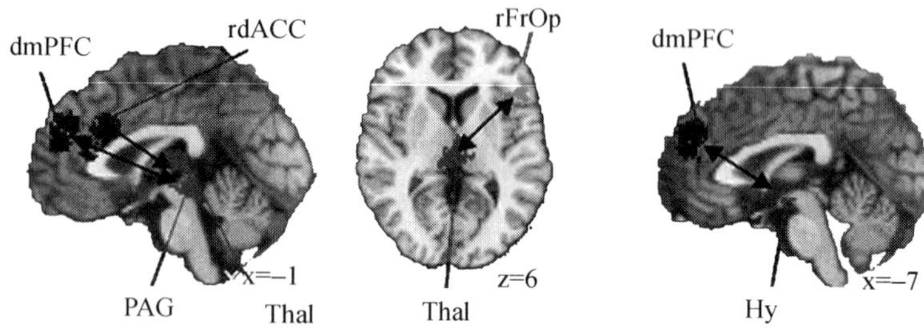

图 8－1　内侧前额叶皮层和皮层下结构的共激活

左图：背内侧前额叶皮层（dmPFC）和中脑导水管周围灰质（PAG）以及丘脑（Thal）之间的共激活，内侧前额叶（mPFC）包括背内侧前额叶皮层（dmPFC）和前扣带回（rdACC）；中图：rFrOP 前额弓（认知/运动回路）；右图：背内侧前额叶皮层（dmPFC）与下丘脑（Hy）的共激活。（引自：NeuroImage，2008，42：1018.）

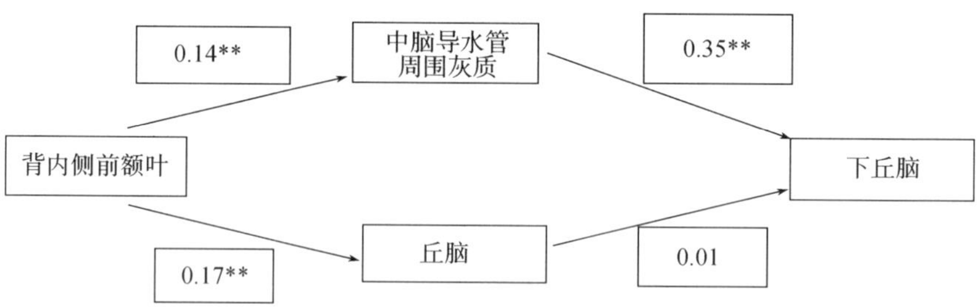

图 8－2　背内侧前额叶皮层和皮层下结构的共激活路径

** 达到统计学显著意义的路径系数，中脑导水管周围灰质是背内侧前额叶皮层和下丘脑之间共激活的中介。

他们对这些激活数据进行进一步分析，得到如下几个功能回路：1. 额叶认知和运动回路由脑岛叶、纹状体和眶额皮层区所组成，这个功能回路与皮层下结构，如杏仁核、丘脑、纹状体腹侧区、中脑导水管周围灰质和下丘脑等，发生复杂的功能联系；2. 内侧前额叶回路与前述皮层下结构有紧密的功能联系，此外还与后头部两个视觉回路有密切关系，包括初级视皮层、枕颞顶联络区、颞上沟、后扣带回和小脑。可能这个回路与情绪调节知觉、注意等多种认知功能有关，这还需要今后进一步研究；3. 背内侧前额叶与中脑导水管周围灰质、丘脑和下丘脑之间进行着双重调节，但是背内侧前额叶通过中脑导水管周围灰质对下丘脑的调控路径是主要的，这说明在人们情绪激烈变化时，关于外界环境因素对自己和他人的利害关系评价中，这个回路发挥重要作用，在人们知觉和情绪体验过程中，这个功能回路也具有十分重要的意义（图 8－2）；4．另外三个前额叶区是右侧额盖区、前扣带回背区和前下区，都与杏仁核有密切的共激活关系。

三、人类情感的组成评价模型

前面介绍的情绪进化理论侧重哺乳动物实验研究的发现，基于这些事实所提出的基本情绪系统及其脑结构基础，主要适用于动物和人类简单无意识的情绪，较难用于理解人类高级复杂的情感过程。特别是带有意识形态层次的情感，应该从更高层次的理论角度加以认识，现在介绍关于情绪和情感的组成评价模型（componential appraisal models），有助于认识人类复杂意识情感的规律。

这一情感模型由五个子系统或组成成分所组成。情感被定义为复杂的五个组成成分经过四个动态评价过程而产生的主观体验。所以这种情感理论又称组成过程模型（componential process model，CPM），由心理学家希尔（Scheer）等人最早于 1984 年提出，2008 年进一步引入认知神经科学的新科学事实，作为该理论的基础。这五个组成成分分别是认知、动机、自主神经生理反应、动作表达和情感体验（如图 8－3），四个评价过程有明确的时间顺序性，包括对事件与主体的关系、相关事件的性质和程度、可应对性和常规意义的评价。组成成分中的“认知”一项，包含注意、记忆、推理、自我参照等环节。四个评价过程分别回答下列四方面问题：

1．当前的事件与我或与我关系网上的人有何关系？

2．当前事件对我的生活有什么样的近期和远期影响？

3．我应如何应对这个事件，控制它的后果怎样？

4．当前事件对我的意义，特别是它在社会道德和社会价值方面对我的意义如何？

四项评价过程的结果有双重功能，一是修正认知和动机机制去反馈影响评价过程；另一功能是传出效应影响外周，主要是神经内分泌系统、自主神经系统和感觉运动神经。每个评价过程都存在刺激评价框架，每一评价过程不仅影响本过程的评价框架和标准，也会影响其他评价过程和标准，最终生成的意识情感决定于全部连续四个评价过程的累积效果。所以，情感是五个组成成分通过四个评价过程的综合效应所建构出的整合的意识表达。如图 8－4，组成过程的三个中枢表达方式，A 是无意识反射和调节表征，B 是意识表征和调节，C 是主观情感体验的言语表达和交流。A、B、C 三个图的重叠部分是可以有效自我报告的测试部分。

希尔等人认为人类的情感过程相当复杂，包括五个子过程和一些组成成分，

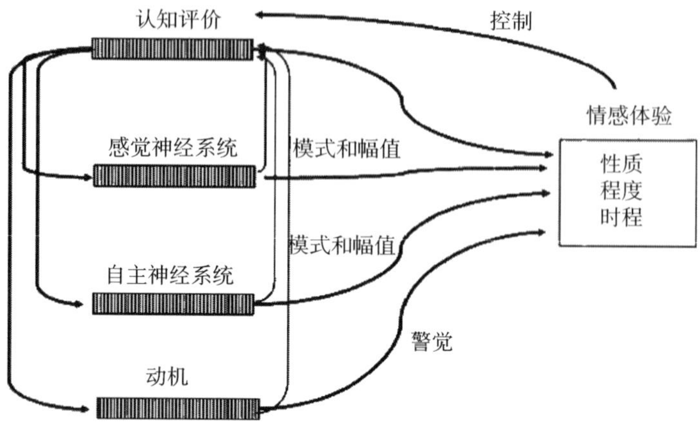

图 8－3　子成分和情感的关系
（引自：Consciousness and Cognition，2008，17：487.）

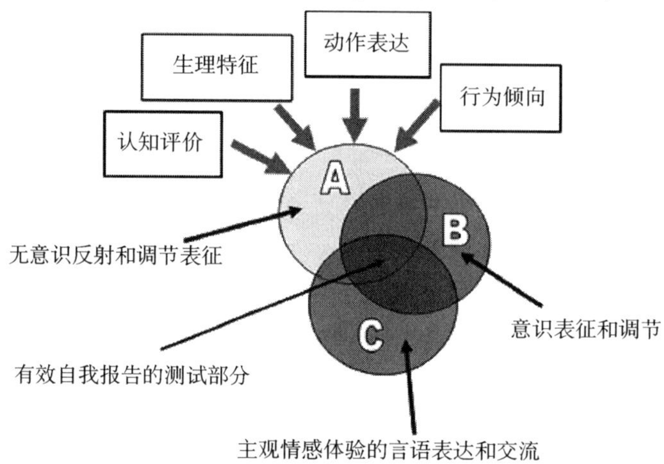

图 8－4　组成过程中枢的三种表征类型

通过多层评价驱动的反应同步化而实现的，这种组成过程模型克服了基本情绪类型的生物进化论和情绪维度理论的某些不足，它能较好地说明复杂情感的形成过程正是由于低层次情绪加工不足以应对事件，就通过意识过程面对这些难题。

第三节　目标行为及其执行监控

目标行为包含不同层次的内涵。动物在饮食、性动机驱动下，寻求食物、水和性对象的行为是本能的目标；人类创造活动中收集科学资料的行为则是由高层次的社会需求所产生的目标行为。因此，目标行为可能是一种反射活动，也可能是原动或主动活动（proactive activity），后者是在高级意识指引下实现的，前者是在体内外感觉刺激作用下出现的反射活动。如果肠胃蠕动产生饥饿，眼前又有食物，这种摄食行为是本能的行为，是先天的非条件反射活动。虽然有了饥饿感，但目前没有食物可吃，一个动物必须靠自己的个体生活经验跑到可能有食物的地方，或者根据外间世界各种线索判断出哪里会有食物，就奔向那里去捕食，这是一种条件反射活动。所以一般而言，目标行为主要指条件反射活动和人类特有的原动性行为。反射活动是物质刺激导向的，原动活动则是意识导向的行为。

一、人类执行监控功能

人类执行控制是协调内在需求和外部条件以及所采取的一系列动作，以便保证需求得到实现的过程。执行过程，包括多层次的脑机制参与，至少有调节和控制运动功能的锥体系和锥体外系统，以保证机体实现非随意运动和随意运动的动作。在此基础上实现对目标行为的筹划、实施、监控，并在有情绪和工作记忆的参与下，才能完成对目标行为的准确实现。执行功能是一种控制机制，调节其他认知过程的进程和认知的动力与动作。与执行功能的发展相并行，脑结构也快速表现出成熟性。

（一）人类执行功能的实验研究

对执行功能的发展常以三项指标加以衡量：更新、抑制和变换，每个指标都有一定的认知实验范式与之对应。

1. 更新

更新是指要求被试不断更换工作记忆中的内容，要求被试连续观察计算机显示屏上呈现的图片。例如有六大类图片：动物、家具、水果、蔬菜、工具、乐曲，每类图片各 10 张，计 60 张图片随机出，每张图片呈现 2 秒。被试的任务是指定记住某一类图片中每张的具体名称，如“请记住最后一次呈现的动物名”。实验在连续进行中可能随时停止，被试必须不断更新工作记忆中最近出现的动物名称。

2. 抑制

抑制是指执行某作业时必须抑制干扰项，经常用词色干扰的 Stroop 实验范式，也就是说“红色”两个字用蓝色笔迹写出，“蓝色”字用红色笔迹写，称为色和词义不一致的干扰项。可以要求被试按词义对“红色”作出反应，对红色的“蓝字”抑制反应。

3. 变换

变换是指执行的任务是变换的，例如每次出现两个数字，然后出现一个指示，做相加或相减的符号，这种对两个数字做加或减的任务是变换的。

通过上述三种指标可以知道少年儿童执行功能发展得是否正常。有学者（Tamnes et al，2010）利用磁共振成像技术测定了 98 名 8 岁—19 岁健康儿童和少年大脑皮层的厚度，同时进行执行功能的认知作业。结果发现，皮层的厚度与更新作业以及抑制作业之间均是负相关，说明随年龄增大执行功能的发展成熟是与皮层变薄并列发生的，但无法证明两者的因果关系。对不同脑区的分析表明，对工作记忆更新的作业与大脑两侧额叶和顶叶皮层的变薄相关，而变换任务的作业与左半球的中央外侧区皮层变薄有关。总之，这一研究发现执行功能的成熟伴随两半球中央沟前后的额—顶叶皮层变薄，以及左半球额下回和右半球内侧顶上区的皮层变薄。

二、运动的中枢调节

从低等动物到高等动物，运动功能的调节不断进化，表现为高等动物神经系统对运动的节段性控制。通过手术的方法用猫制成许多标本，包括脊髓动物标本、脑干动物标本、去大脑皮层动物标本，可以清楚观察到脑对运动功能的节段性调节机制，与此并存的还有锥体系和锥体外系的调节机制。

（一）节段调节

1. 脊髓动物：在颈椎部位将脊髓横断，使手术的颈部以下的脊髓与脑的神经联系切断，血液循环保持正常。这好像是人颈髓部位截瘫一样，四肢伸屈肌都同时收缩，肢体发硬，四肢很难弯曲，形成强直性痉挛。这说明，脱离脑的控制脊髓的运动功能亢进。

2. 脑干动物：在中脑水平上横断脑，这时动物失去大脑的控制，称脑干动物或去大脑动物，出现去大脑强直，颈紧张反射和迷路反射是脑干网状结构、红核、前庭核等运动中枢脱离大脑控制所表现出的功能亢进现象。

3. 去大脑皮层动物：在两侧内囊切断大脑皮层与间脑和基底神经节间的联系，动物会出现两上肢屈曲，下肢强直的状态，称去大脑皮层性强直。这是由于基底神经节、间脑和中脑脱离皮层控制的结果。

从这三个层次上的横断标本所发生的现象可以看出，神经系统对运动的调节是一层一层的抑制作用。换句话说，抑制性调节使下一级中枢的运动功能更适度。除了这种节段层次性调节外，还有两个系统的平衡调节。

（二）锥体系和锥体外系

大脑对运动功能的控制是由锥体外系和锥体系完成的，前者是自动性的非随意的控制，后者是随意性控制。

1. 锥体系

锥体系的神经纤维主要来自初级运动皮层的大锥体细胞，也有些纤维来自额叶与顶枕颞的联络区皮层。锥体系由皮层脊髓束和皮层延髓束组成，它们不但能直接调节和控制脑干和脊髓的运动神经元，还通过发自脑干的几条传出通路间接调节运动功能。这些发自脑干的传出通路是前庭脊髓束、顶盖脊髓束、网状脊髓束和红核脊髓束。它们都是锥体外系的组成部分，但也受锥体系的控制，终止于脊髓中间神经元或γ-运动神经元再间接影响脊髓α-运动神经元的功能。锥体系的下行纤维从内囊穿出，行至中脑腹侧形成大脑脚，在延脑脑腹侧形成锥体。锥体系的名称就是因为它在延脑腹侧行走时形似锥体，由粗逐渐变细。在锥体中80%的纤维交叉至对侧称为锥体交叉。交叉后的纤维和少量未交叉的纤维形成皮层脊髓侧束，与四肢运动有关；大部分未交叉的锥体纤维形成皮层脊髓前束。这些纤维在前束下行时陆续终止于颈部和上胸部脊髓的对侧前柱细胞，与躯干部运动关系密切。由于锥体交叉造成了一侧大脑运动皮层与对侧肢体运动相关。

大脑皮层运动区和锥体系的运动功能主要是发动随意运动，其次是调节和控制各级脑结构的运动功能。无论是大脑皮层运动区的损伤、内囊的损伤还是脑干以下锥体束的损伤，都会影响随意运动的正常进行。此外，锥体系受伤还会出现一些特殊症状，是锥体系调节控制脊髓运动神经元的功能障碍，统称为锥体系症状。它包括肌肉强直性痉挛所引起的硬瘫，深反射如膝跳反射亢进以及一些特殊的病理性反射，如巴宾斯基反射、踝阵弯反射。与这些亢进的阳性症状相伴随的是皮肤浅反射的减退或消失，最常见的是肤壁反射和提睾反射消失。这些锥体系症状是神经科医生用来诊断大脑皮层运动神经元（又称上运动神经元）及锥体束受损的根据。与此相对应的是脊髓或脑干运动神经元（又称下运动神经元）受损的症状，表现为肌肉张力消失，肌肉萎缩、软瘫，浅反射和深反射均消失。

2. 锥体外系及其运动功能

神经解剖学将锥体系以外的脑下行性纤维统称为锥体外系。这些纤维都不经过延脑腹侧的锥体，都不直接止于脊髓α-运动神经元，控制它的运动功能，而是通过中间神经元或脊髓γ-运动神经元的功能间接影响和调节脊髓运动神经元的功能。锥体外系的组成复杂，其纤维来自许多结构，包括大脑皮层、纹状体、苍白球、丘脑底核、黑质、红核和脑干网状结构。此外，小脑系的神经纤维也可以看成是锥体外系的组成部分，但与上述锥体外系纤维相比又有其特殊作用和生理心理学意义，我们将在后面单独讨论小脑系的功能。锥体外系的纤维联系比较复杂，不仅包括许多下行性联系，还包括许多返回性纤维联系。网状脊髓束、红核脊髓束、顶盖脊髓束、前庭脊髓束、橄榄脊髓束等都是始于脑干的锥体外系下行纤维，它们都不经过延脑的锥体下行止于脊髓前角的γ-运动神经元（小运动神经元）。由γ-运动神经元通过对肌梭的控制，调节肌牵张反射和肌张力变化，从而对随意运动进行调节和修正。这些下行性锥体外纤维联系在脑干水平上，既接受高一级锥体外系的影响，又受锥体束的影响。所谓高一级锥体外系下行纤维，主要是发自皮层、基底神经节以及小脑等结构，皮层纹状体纤锥、皮层丘脑纤维、皮层黑质纤维、皮层红核纤维、纹状体苍白球纤维、苍白球丘脑纤维、苍白球黑质纤维、小脑前庭纤维、小脑红核纤维、小脑和桥脑纤维都是不直接达到脊髓的锥体外系下行联系。锥体外系返回性联系包括丘脑皮层纤维、丘脑纹状体纤维和黑质纹状体纤维。近年研究发现，锥体外系的这些纤维联系中，包含多种神经递质的化学传递环节。现在确切知道黑质纹状体纤维的神经递质是多巴胺，苍白球黑质纤维的神经递质是γ-氨基丁酸，皮层纹状体纤维的神经递质是谷氨酸，丘脑皮层纤维和丘脑纹状体纤维的神经递质可能是乙酰胆碱。在纹状体内还含有γ-氨基丁酸作为神经递质发挥作用。神经递质生化代谢的紊乱常常是锥体外系功能障碍的原因。例如，锥体外系常见的功能障碍——帕金森氏综合症，就是由于黑质纹状体纤维内多巴胺神经递质含量降低，使纹状体内乙酰胆碱类递质作用亢进而造成的。

锥体外系在维持适度肌张力、姿势和随意运动的准确性中具有重要作用。大脑皮层—纹状体—丘脑—大脑皮层环路，丘脑—纹状体—苍白球—丘脑环路以及黑质—纹状体—苍白球—黑质环路等更为重要。锥体系与锥体外系之间在脑干部发生复杂联系，小脑通过桥脑、红核等结构与锥体系和锥体外系之间也发生相互作用。因此，锥体外系的功能并不是独立的，它与锥体系和小脑系相结合，综合地对躯体运动功能发生调节和控制作用。锥体外系的运动功能是随意运动的前提条件和准确性的保证，所以锥体外系功能紊乱时的主要运动障碍就是肌张力异常和运动障碍。肌张力异常表现为齿轮样强直，当医生用力拉动病人弯曲的肢体时就会感到似乎在拉动一个齿轮，时松时紧断断续续地逐渐把弯曲肢体拉直。四肢肌张力的这种齿轮样强直状态，使病人常常半握两拳、弯腰、屈腿、屈臂，走起路来是慌张步态前冲欲倒的样子。由于脸部肌张力的异常，使病人缺乏面部表情的变换，呈假面具脸。锥体外系的运动障碍表现为静止型震颤、手足徐动、扭转性痉挛等。在神经科临床工作中常常遇到的帕金森氏综合症和舞蹈症就是锥体外系结构或功能障碍所引起的疾病。在精神病院中，治疗精神病的药物也常诱发出锥体外系障碍，停止用药以后这些障碍也就会消失。在神经科临床工作中，常将锥体外系运动障碍和肌张力异常统称为锥体外系症状，以便与锥体系症状相鉴别。

三、动作或目标行为的执行监控

动作是有目的和指向的随意运动链，人们通过或多或少的动作就可以实现目标行为，这个过程称目标行为的执行。在情绪动机支持下的目标，工作记忆也参与目标意图和时变的动作状态以及对全部动作的监控，还包括冲突和错误的检出。只是最近十多年，认知神经科学的多方面研究才使这些问题有了一些答案。首先是灵长动物实验研究，以及对前额叶和内侧额叶损伤病人的观察所积累的科学资料证明，前额叶皮层在情绪调节、工作记忆、执行功能、冲突监控和执行监控中均具有十分显著的作用。

在动物进化中，前额叶皮层迅速增大，猫脑的前额叶只占全脑的3.5%，狗占 7%，恒河猴占 8.5%，大猩猩占 11.5%，类人猿占 17%，人类占 29%。从这个增长的数据中可以看出，人类的前额叶皮层得到了前所未有的发达。阿莫迪奥和佛瑞斯（Amodio & Frith，2006）在英国杂志《自然——神经科学》上的长篇综述《心灵的会聚：内侧额叶和社会认知》一文中指出，人类社会认知和人类的复杂行为都与内侧额叶、颞—顶联络区、颞上沟和颞极关系十分密切，其中社会认知功能主要与内侧额叶关系最密切。至少三类社会认知功能通过以内侧额叶为关键脑结构所形成的功能回路而实现，首先，动作的控制与监测与背侧前扣带回以及辅助运动前区关系最紧密；第二，动作的结果是得到奖励还是惩罚的监测，由眶额皮层参与的回路完成；最后，也是社会认识的核心环节，即对自身和他人心态的知觉和领悟，是由位于上述两区之间的旁扣带回，也就是从前扣带回到前额极之间的内侧额叶结构所完成的功能。所以内侧前额叶与社会认知行为比任何其他脑结构都重要。

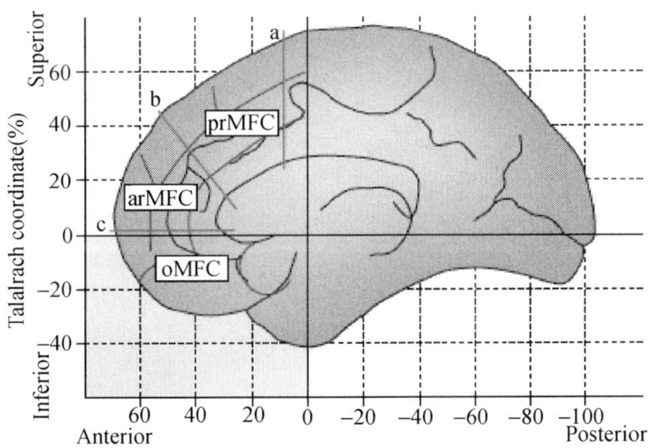

图 8－5 内侧前额叶皮层的三个分区

prMFC 是内侧前额叶后区，它的激活与认知功能相关，如动作的监控与注意任务的执行；arMFC 即内侧前额叶前区，与社会认知行为中的情绪任务相关，例如自己行为反应的评价等；oMFC 是内侧前额叶眶区，监控任务执行后果得到奖励还是惩罚。（引自：Nature Neuroscience Review，2006，7：270.）

如图 8－5 所示，内侧前额叶（MFC）由同侧额叶的布洛德曼 9、10 区和内侧前额 24、25、32、11 和 14 区组成，根据结构与功能关系，可将 MFC 分为三个区：前区、后区和眶区。现在分别介绍这三区的功能。

1. 内侧前额叶后区（posterior region of the rostral MFC，prMFC）对动作进行连续监控，特别是自身意向，执行过程中客观形势变化，反应是否有冲突，是否有错误。需要反应抑制或类似 Stroop 颜色命名任务中的反应冲突任务，以及易出现错误反应的 Flanker 任务，伴有错误相关负波（ERN）的任务都会引起前扣带回后区的激活。该区的激活还与实验过程中连续刺激的选择性反应及其后果好坏有关，每次反应的得失变化大，内侧前额叶后区的激活水平增高。总之，内侧前额叶后区的激活与动作监控有关，特别是存在连续变换的动作后果要求不断调节行为的情况下，更易激活。

2. 内侧额叶眶区（orbital region of the MFC，oMFC），该区与动作后果的预测及后果的奖惩或得失有关，具有得到高效益的行为预测，就更易引起此区的激活。所以，在赌博的实验情景中，此区的激活较明显。这种功能与内侧前额叶后区是相辅相成的，内侧前额叶眶区与感觉信息的整合相关系，内侧前额叶后区与运动信息整合相关。所以，两者均对动作及其后果监控，一个是基于感觉信息，另一个是基于运动信息。前者与奖惩的预测监控有关，后者与实际后果的评价有关。如图 8 -6 所示，前扣带回（ACC）和眶额皮层（OFC）之间存在着复杂的功能关系。二者的功能差异在于前者负责感觉强化的表征，后者负责动作强化的表征；前者负责奖励期待的表征，后者负责动作价值的表征；前者负责偏好的表征，后者负责动作产生和动作价值的探究；前者负责基于延迟的决策，后者负责基于努力的决策；前者负责情绪反应，后者负责社会行为。强化引导的决策不仅依赖眶额皮层，也依赖前扣带回的激活，但两者的作用不同。当强化与刺激相关

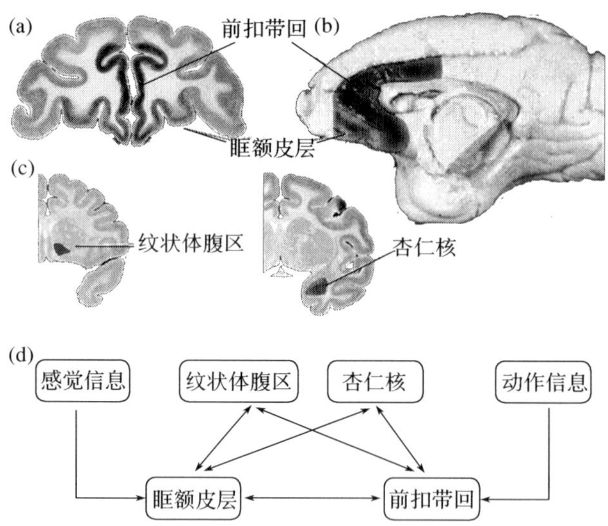

图 8 -6　前扣带回和眶额皮层在社会行为和决策作用中的神经联系

图中可见它们共享杏仁核和纹状体腹区的神经联系，但眶额皮层侧重接受感觉信息，前扣带回侧重接受运动或动作的反馈信息。（a）冠状切面图示（b）中线矢状切面图示（c）冠状切面图示：与奖励和强化相关的两个重要结构。[引自：Trends in Cognitive Science，2007，11（4）：169.]

且与刺激偏好的选择有关时，则眶额皮层发挥主要作用；相反，当奖励主要与动作或任务相关时，前扣带回发挥主要作用。也就是说，前扣带回对下个动作加以选择的激活是中介于以前动作和强化关系的经验基础之上。

3. 内侧前额叶前区（anterior region of the rostral MFC，arMFC）位于上述两个区（prMFC 和 oMFC）之间的内侧前额叶，从以下四个不同侧面出发，负责动作及其后果的监控。

（1）自我的觉知

包括自我的个性特点和自我的第一瞬间情绪状态（心境）的觉知。利用描述不同个性特征的词，请被试回答是否适用于描述自己的人格特质，这时会诱发内侧前额叶前区的激活。当要求被试比较某位熟悉的朋友或亲属的个性特征与自己是否相同时，相同的项目更易引起此区的激活；当被试对呈现的面孔照片，判断他们的面孔表情与自己的心境或情绪是否相同时，也会引起此区的激活。因此，此区与社会认知行为中的情绪因素关系密切。也有实验报告此区的上部和下部功能不完全相同，自我与熟悉人比较时，下部激活；自我与陌生人比较时，上部激活。

（2）理解他人的能力

这是社会交往能够成功的重要因素，对于交往的人应能理解对方的心态和对方的需求，并能预测对方即将出现的行为。通过大量实验研究，包括阅读人们交际的故事情节，观看卡通动画片等，发现在所研究的脑结构中，内侧前额叶前区激活程度最高。

（3）痛苦的自身体验与对他人痛苦的理解

观察他人受疼痛刺激的物理属性和客观特性，引起内侧前额叶后区激活，而亲自感受的主观疼痛体验引起内侧前额叶前区的激活。

（4）道德观、荣誉和自我

在人们遇到道德两难的问题时，如何决策，多半是取决于自己感情上的好恶。这时，内侧前额叶前区激活，特别是当对道德两难问题进行抉择时，不仅从自己的好恶感情出发，还要考虑别人怎么看待自己时，也就是涉及到自己的荣誉时，内侧前额叶前区受到更大的激活。

总之内侧前额叶皮层的功能是复杂的、多种多样的，并且是规则地分布，从后向前对动作和行为进行监控，是从动作本身到对其后果的预测性监控，从认知成分到感情成分，从局部人际关系到社会道德以及个人荣誉相关问题的监控。

【建议参考资料】

1. 沈政，林庶芝. 生理心理学［M］. 北京：北京大学出版社，2007：129－163.

2. 沈政，方方，杨炯炯，等. 认知神经科学导论［M］. 北京：北京大学出版社，2010：128－145.

3. AMODIO D M, FRITH C D. Meeting of minds: the medical frontcal cortex and social cognition [J]. Nature Review Neuroscience, 2006, 7: 268 – 277.

4. GRANDJEAN D, SANDER D, SCHERER K R. Conscious emotional experience emerges as a function of multilevel, appraisal-driven response synchronization [J]. Conscousness and Cognition, 2008, 17: 484 – 495.

5. PANKSEPP J. Emotional endophenotypes in evolutionary psychiatry [J]. Progress in Neuro-Psychopharmacology and Biological Psychiatry, 2006, 30: 774 – 784.

6. RUSHWORTH M F S, BEHRENS T E J, RUDEBECK P H, et al. Contrasting roles for cingulate and orbitofrontal cortex in decisions and social behaviour [J]. Trends in Cognitive Sciences, 2008, 11 (4): 168 – 176.

7. RUSSELL J A. Core affect and the psychological construction of emotion [J]. Psychol. Rev, 2003, 110: 145 – 172.

【问题与思考】

1. 简述人类本能行为和动机的基本类型和脑功能基础。

2. 概述关于情绪、情感的当代生理心理学理论及其学科背景。

3. 何谓执行监控功能？简述内侧前额叶皮层的三个组成部分及其功能。

4. 从人类情绪、情感、动机和目标行为的执行控制功能中，分析人脑和动物脑结构与功能的重大差异。

第九章　智能和人格的生理心理学研究

【本章提要】

广义地说，人格就是一个人不同于他人的全部心理特征的总和，包括智能、情感、人际交往的特点和性格以及价值观等。本章先从一般智力谈起，再讨论作为情商和人际交往能力基础的心灵理论能力和作为人格基础的气质。当然，这些心理学概念的人脑结构与功能基础是主要议题。智能包含智力和技能，前者以脑的功能为基础，后者以全身的生理解剖特点为基础。智力特别是一般智力的脑功能基础研究表明，灰质和白质的容积、神经元密度、额叶皮层、颞叶皮层等发育程度与一般智力密切相关；人际交往能力与额、颞、顶皮层中的镜像神经元系统的发育程度密切相关；人格特质与神经活动的特性，特别与大脑皮层的兴奋性水平、自主神经系统的平衡性和形成条件反射的能力密切相关。

【学习重点】

1. 一般智力和它的脑功能基础研究。
2. 心灵理论能力和镜像神经细胞系统。
3. 艾森克人格理论的生理基础。

【重要术语】

一般智力（g 因子）　心灵理论　镜像神经元　唤醒水平

智能包括智力和能力两大个性心理特征。智力是指一个人进行脑力劳动和解决复杂问题的潜在能力，脑的解剖生理特点是智力发展的生理基础。技巧和能力是一个人完成技术性生产任务，进行社会活动的能力，而包括脑在内的全身生理解剖特点，是技巧与能力形成的生理基础。智能在人格组成中具有不可忽视的地位，聪明或愚笨，多才多艺还是庸才劣辈是一个人不同于他人的重要方面。心理测验分为两大类测验，即智力测验（intelligence test）和能力测验（aptitude test），又常将前者的测验结果称一般智力（g 因子），后者的测验结果称特殊智力或能力。对一般智力的组成有很多说法，甚至有七种或九种成分的理论。20 世纪末，将心灵理论能力和智力情商纳入智力的概念中，认为这些与人际交往能力密切相关。本章首先讨论一般智力的问题。

第一节　一般智力的生理心理学研究

一般智力是指一个人进行脑力劳动和解决复杂问题的潜力，包括知觉、计算、学习、记忆、判断、理解、推理和解决问题的潜力。现在国内外应用较广的传统韦氏智力测验，大体靠语言测验智力分数和作业智力分数对一个人的智力进行综合评定。虽然无人否认脑的解剖生理特点是智力发展的生理基础，但它是先天的还是习得的，它制约于固定的脑结构还是时变的脑功能模块？对这些问题存在不同的答案。近年由于分子遗传生物学和无创性脑成像技术的发展，取得了很多数据，对这一问题有了新的答案。

一、一般智力

1904 年在心理学领域中，为了解决对智力发育迟滞儿童进行特殊教育的实际问题，法国教育管理部门支持了智力测验的研究，形成了世界上第一个智力量表——比奈西蒙儿童智力测验量表。1918 年，美国修订比奈西蒙智力量表时提出了智商（intelligence quotient，IQ）的概念。在过去的一个世纪中有数十种智力量表问世，对智力的定义和分类也是多种多样。1904 年斯皮尔曼（Spearman）提出一般智力（g 因子）的概念，它代表构成智商（IQ）的各种能力中的一般和共同的因素。现代智力测验的两大主要起源，比奈测验（1905）和韦氏智力测验（1939）都试图测验出一般智力，在理论上，它应该与教育和环境因素无关，对每个正常成年人是恒定的。实际上，绝大多数智力测验不仅测定一般智力，也测定其他一些更特殊的能力。一般智力的理论与当前许多智力测验方法的发展已经分道扬镳。

认知科学中的物理符号论将智能定义为离散物理符号的计算和对知识的表征。联结理论将智力看做是神经网络中神经单元之间联结权重的变化。因此这种智能是人工智能。相反，包括人类和动物在内的自然智能制约于脑的结构和功能。这是两个极端的传统概念，其间还有许多不同说法。前述各种概念无论是人工智能还是自然智能，都是从一个智能实体内部定义它的内容。但是生态现实理论不仅从智能实体（人、动物和人造的机器）内部，也从其周围环境中考虑智能的本质，因此，将智能定义为与相应环境适应的高效目的行为。为什么生物机体表现出这种行为？在生物进化史中，生态环境已经有效地选择脑功能模块。所以可以说，人的智能是生物进化中保存为脑内时变的模块系统。

（一）智力二元论的脑功能基础

霍恩（Horn，1966）将智力分为液态智力和晶态智力两部分，液态智力制约于先天的脑生理特点，晶态智力与知识和教育相关。这种智力结构的新概念，将晶态智力看做是人们知识和经验的结晶产物，是通过语言、文字的提炼和积累而毕生发展的智力，其脑结构基础是言语功能区和概念形成与存贮的大脑结构。因此，额、颞叶的言语思维调节区，在个体生活经历中通过学习过程而形成的机能联系，是晶态智力的脑基础。液态智力是指空间关系和形象思维在视、听感知觉基础上形成的智力。它制约于各种感觉系统、运动系统和边缘系统的解剖生理特点。人们从生到死的毕生发展过程中，智力不断发展变化，智力发展变化受其社会、生活条件、经历以及脑的不同发育阶段所制约。20 岁左右的人脑在颅腔内最为充盈，20 岁以后，脑内细胞的数量每日递减。60 岁时人脑细胞大约减少了 10%—15%，脑沟裂增宽和脑室扩大显而易见。这个过程在 70 岁以后加速进行。然而人们的智力在 20 岁以后并非逐渐下降。相反晶态智力随个人学业的完成、复杂经验的积累而逐渐增长，甚至一些退休老年人努力学习仍可提高晶态智力；通过文艺活动和体育锻炼，液态智力也可以逐渐提高。这是由于成熟以后的脑细胞仍可通过学习机制扩展突触联结的广度。

（二）三因素理论

斯滕伯格（Sternberg，1985）设想存在三种相互分离的智力：分析智力，创造智力和实践智力。通过不同文化、不同年龄和不同社会经济状态的许多人群间的统计分析，这些智力因素已经得到了相对独立的统计分离性，从而支持了三因素理论。

（三）情商的脑功能基础

20 世纪 80 年代，人们认识到还有比智商更为重要的心理素质，即情绪、情感控制调节的潜能以及基于这种潜能之上的人际关系和人际交往能力，社会成员的这类素质对于高速发展的经济社会更为重要。于是，仿造智商的概念，提出了情商（emotional quotient ，EQ）的概念。巴昂（Bar-on，1997）制定了情商的心理测验方法，2003 年他又报告了情感和社会智商的脑功能基础，主要是内侧额叶、前扣带回、杏仁核和岛叶等。这些脑结构病变的人情商低下。巴昂认为，情商与人们的社会生活能力和处理社会问题中的决策能力更紧密相关，其脑功能基础就是情绪、情感的脑机制，应该与认知的脑功能系统相互并列。

二、一般智力因子 g 的结构分析及其脑功能和遗传因素

2010 年 3 月在《自然——神经科学》杂志上刊登了一篇题为《人类智力差异的神经科学》的文章，综述了分子遗传学和脑功能成像对智力差异的研究发现。作者认为，尽管在心理学界对智力和智商有许多不同的定义，但通过多年数以万计的大量人群研究发现，一些著名的智力测验，例如瑞文智力测验等，测验的数据可以经得住时间的检验，同一批大样本人群在 11 岁和 79 岁时两次测验结果的分布是相似的。所得到的一般智力因子 g 在大量人群测验中的分布是符合正态分布的，IQ 高端和低端的人较少；男人比女人 IQ 分布的两端均延伸较多，也就是说男人之间 IQ 差异可能较大些。智商较高的人群早逝者较少，发现 IQ 相差一个标准差的两个人群相隔 20 年后，死亡率相差 32%，智商高者平均寿命较高，

日常生活中事件处理的决策能力强较。

一般智力因子反映出一个人的一般认知能力，可以表现在解决任何一类问题的过程中。尽管一般智力因子没有单位，是用来比较的相对数，并因此在过去一百年中不断遭到批评和争论，但它却能用以解释智力测验中主要的变异数（方差），对测验具有较强的预测功能，并具有与遗传变异密切相关的特性。巴昂将7 000名18岁—95岁被试进行的16项智力测验成绩归纳为五个域（domain）：推理、空间能力、记忆、信息加工速度和词汇。推理和空间能力对g因子的贡献最大，其次是词汇，最后是记忆和加工速度。如图9－1之b小图所示，记忆和加工速度与年龄之间存在负相关（－0.15，－0.31），随年龄增大，两个域与词汇对g因子共同发生－0.48的负相关作用。词汇随年龄增大而丰富起来，所以与年龄之间存在0.63的正相关。

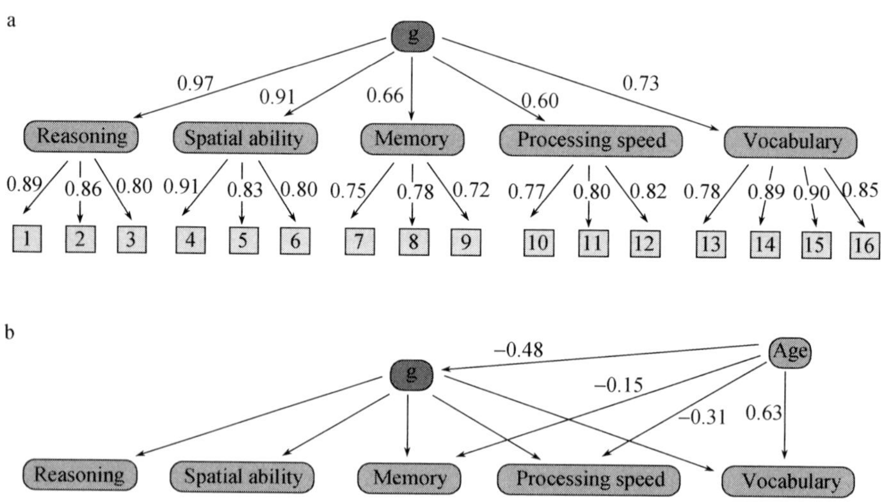

图9－1　智力差异的结构分析图

该图是依据7 000名18岁—95岁被试进行的16项智力测验成绩所做的结构分析图。图a小方框的数字代表16项智力测验，分属于五个能力域。从每个测验中，取最高负荷，标注出来。例如，1—3项智力测验属推理能力域，它们与推理的相关分别是0.89，0.86和0.80，而推理域对一般智力因子g的变异数负荷是0.97。

图b显示年龄对g因子的主效应。图中可见主效应为－0.48，年龄对记忆能力和加工速度能力的效应均为负相关（－0.15，－0.31），但与词汇能力域却是正相关。这一结果与多数智力测验结果一致。（引自：Nature Rev. Neurosci，2010，11：203.）

（一）智力的脑功能基础

人类智力的科学研究，在相当长的历史时期中主要注重于测验方法而不是它的理论根据。在过去十多年间，无创性脑功能成像技术和分子生物学已经渗透到人类认知过程神经机制的跨学科研究中来，包括对学习、记忆、思维和智力的研究。人类智力的研究已经变成重大理论课题，IQ 和人类智力的神经和分子机制，对科学家已经是重要的富有诱惑力的研究领域。但是，许多研究报告仍然遵循传统的理论路线。

1．早期脑功能成像研究

英国心理学家邓肯（2000）的合作研究组报告，用正电子发射层描技术（PET）研究了一般智力的神经基础。采用与高 g 相关的测验项目和与之匹配的低 g 相关的测验项目进行对比，包括空间任务、语言任务和知觉运动任务，对被试认知作业中的 PET 成像进行分析。与关于 g 值涉及多种认知功能的普通看法不同，高 g 值任务并未在被试脑中引起许多脑区的广泛性激活；相反，主要引起两半球外侧额区皮层的选择性活动增强。在每个被试中，尽管三个高—低 g 对比的任务内容不同，外侧额区的激活却是相同的。这些结果说明，一般智力由特异脑区活动所表征，主要是进化上最晚出现的外侧额叶皮层。这些新事实似乎支持 g 因子与特异的基因组和特异脑区密切相关，但它们却不能说明两者之间的因果性。因此，这类研究的前景是否能弥补智力测验和智能理论之间的缺口，是值得怀疑的（Sternberg，2000）。

与 g 因子的研究不同，对数学直觉能力的神经基础研究支持脑智力模块的生态现实论。数学直觉依赖于语言能力还是视觉空间表征？得康（Dekaene，1999）的合作研究组利用功能性磁共振成像和正电子发射层描技术研究了这一问题。他们发现数学直觉建立在两种能力基础上，并且制约于计算的形式。精确数字计算较多激活与语言功能相关的脑区，主要是额叶和颞叶皮层。相反，估算或对数值的近似估计则与语言功能无关，根据所估计的数值范围而逐渐增加与视觉—空间信息加工相关的脑区活动，即两半球顶叶皮层。他们据此推断，对数值的直觉估计与非语言的表征相关，这一机制具有悠久的进化历史、特征性发展路径和特化的脑结构。它为受教育者提供一种整合基础，使之能将语言相关的数学表征系统结合为一体。高级复杂的数学能力是建立在这种脑内整合的基础之上。这一研究给我们很大启示，认知科学新理论与功能性磁共振成像、ERPs 技术的结合，成功地揭示了数学直觉的生态动力学脑功能模块。

既然视觉—空间知觉和视觉想象在心理活动中，从记忆到推理甚至在数学直觉中，具有广泛的作用。那么，初级视皮层的作用是什么？考斯林（Kosslyn，1997）及其同事综合利用正电子发射层描和透颅磁刺激技术研究了这个问题。结果表明，无论是睁眼看，还是闭目想象刺激物，功能性磁共振成像都指示出内侧枕叶 17 区视皮层的激活。透颅磁刺激作为一个比较的工具，可以证明用它刺激脑之后，17 区皮层区既不能看也不能想象。这两项技术一致性证明，不仅看一个物体，而且闭目想它都激活了内侧枕叶，特别是 17 区皮层。

比谢尔（Buchel，1999）及其同事也利用功能性磁共振成像技术研究了视觉呈现的物体及其空间定位的联想学习。结果表明，随学习中刺激物的重复呈现，相关的特异皮层区激活水平下降，但该皮层区与其他相关皮层区之间的有效联结却增强了。这种联结的可塑性变化时程与每个人的学习效率相关，说明联想学习中脑区之间存在着相互作用。这一结果直接支持一种新的学习理论，学习相关刺激物对特殊脑区的重复抑制与表达学习的细胞群的动力整合是平行发生的，学习速度与有效性联结的变化之间的相关，反映出联想学习中脑功能整合的可塑性变化。威克尔格伦（Wicklegren，1998）评论了利用功能性磁共振成像技术研究被试解决瑞文测验图形加工问题时脑功能变化的研究工作，结果发现，额叶、顶叶和颞叶中的几个激活的脑区刚好与工作记忆时的脑激活区相同。因此，他们认为推理的思维过程似乎是工作记忆能力的总和。

2. 利用多种脑成像技术对智力差异的研究

利用结构性磁共振成像技术，对头的尺寸和颅内脑组织尺寸的研究发现，它们与被试智力的相关系数分别是0.2 和0.4。一些研究报告还提供了不同脑结构尺寸与智力的相关系数，包括额叶、顶叶和颞叶以及海马，它们与智力的相关系数大约是0.25。全脑的灰质与智力相关系数为0.31，白质与智力相关系数为0.27。

利用基于容积的形态学磁共振扫描技术，对一些脑区的容积测量研究发现，背外侧前额叶、顶叶、前扣带回和颞—枕一些区与智力个体差异相关。根据智力的顶—额叶整合理论（P-FIT）（见图9－2），纹外区视皮层（BA18、19 区）和梭状回（BA37 区）与智力测验成绩有关，因为这些脑区与图像识别、想象和视觉输入的精细加工有关。正如同BA22 区（语言感觉区）对句子听觉信息输入的加工一样。通过这些通路抓取的信息，然后在缘上回（BA40 区）、顶上叶（BA7 区）和角回（BA39 区）进一步提取结构符号，再与额叶一些脑区，如BA6、9、10、45、46 和47 区相互作用，形成工作记忆网络，在其中比较各种可能性，最后给出对任务的反应。一旦选定了任务反应，前扣带回皮层（BA32）支持反应的实施并抑制其他反应。这些脑区之间的相互作用依靠其间的白质纤维联系，如弓状纤维束，大部分左半球的脑区对认知任务的执行似乎比右半球脑区更重要。P-FIT 理论对一般智力的脑中枢给出了较好的答案。可能脑越大，灰质越多，皮层越厚，也就有越多的脑细胞。现在并不清楚为什么这样的脑会得到较好的智力测验成绩。可能智力发展涉及脑细胞有较多的分枝结构，但是脑尺寸变大反而是脑病理性变化的结果，其认知能力反而下降。对一组智力得分较高儿童的纵向研究表明，他们幼年时大脑皮层较薄，但在少年期其额叶和颞叶皮层迅速变厚，其他皮层区缓慢变薄。对241 例脑局部损伤病人的磁共振成像研究发现，左额叶和顶叶损伤以工作记忆障碍为主，左额下回皮层损伤产生语言理解障碍，右顶叶皮层损伤引起知觉组织作用障碍，所有这些认知障碍都是一般智力的组成部分。

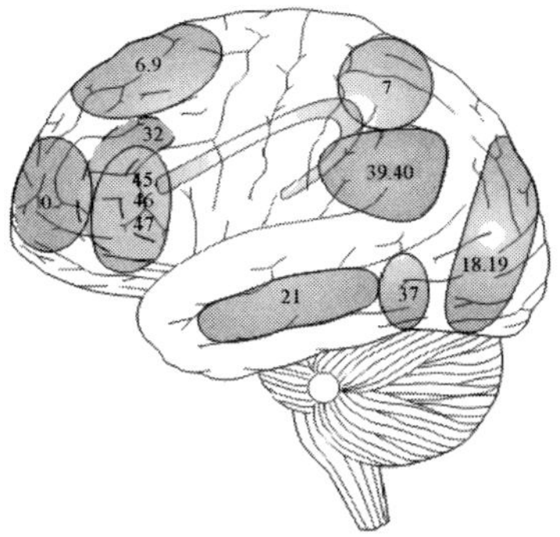

图 9－2　智力的顶—额叶整合理论对智力相关的脑结构图

图中类似伞把手的部分表示脑内长距离白质纤维（弓状束）将额叶与顶叶整合在一起，图上的数字是与智力有关的布罗德曼脑区代号，10、45、46、47、39、40 和 21 区是以左半球为优势的脑区，6、9、32、7、18 和 37 区是右半球为优势的脑区。（引自：Nature Rev. Neurosci，2010，11：203.）

3. 白质与大范围神经网络

一种共识在于一般智力并不以某一局部神经网络或脑区为基础，而是以“小世界网络”为基础，这就意味着有长距离白质纤维参与的一些脑区组成的大网络群，是一般智力的脑基础。已有 11 篇研究报告提到，采用^{1}H-磁共振波谱技术，对不同年龄组的被试研究了智力和白质的关系。这些研究共同发现智力与 H-乙酰-天冬氨酸含量之间存在正相关。N-乙酰-天冬氨酸是少突胶质细胞的代谢产物，而少突胶质细胞正是使神经纤维髓鞘化的细胞。这一发现证明智力水平与白质发育有关。

利用弥散张力磁共振成像技术对儿童、青年和老年人的研究发现，一些长距离的白质纤维束，如弓状束和钩状束的尺寸与一般智力之间存在正相关。还有一份研究报告指出，儿童期的智力测验成绩与老年期脑白质参数相关。可能较高的一般智力有利于毕生脑白质的整合作用。另一项对 79 位健康成年人的研究发现，一般智力与白质网络效率之间存在正相关，证明白质功能对高智商非常重要。

4. 脑加工效率

心理学对智力的研究策略之一，是利用反应时和觉察时（IT）为指标，对比被试不同认知能力。结果表明，IQ 高的人反应快，虽然把这种计时任务看做是智力的遗传内表型之一，但是并不能说清它究竟是一种生物学参数，还是智力本身的特性。

最近，利用脑电图（EEG）、正电子发射层描图（PET）、区域性脑血流（RCBF）和功能性磁共振成像（fMRI）等技术对被试完成阵列推理、心理旋转和视频游戏等认知作业进行脑功能测量。这类研究表明，智力是以脑大范围分布式网络为基础，这种网络处理信息的效率与智力相关，智力高则网络效率也高。万登·霍伊维尔等人（Vanden Heuvel，2009）以功能性磁共振成像技术研究了全脑网络的工作效率，发现智力与额、顶叶的效率密切相关。这类研究利用脑效率分析，可以在安静状态下分辨人们的智力高低。

5. 性别差异

男人的智力与额叶—顶叶灰质容积密切相关，而女人的智力与白质容积以及布罗卡区的灰质容积相关。额叶皮层厚度与女人智力相关，颞—枕叶皮层厚度与男人智力相关。由此可见，男人的智力可能依靠量较少的，但皮层较厚，纤维分布密集的脑组织，完成中等难度空间认知任务；女人则善于完成中等难度的语言认知任务。男、女之间脑的大小和结构明显不同，但却能达到同样的智力水平，说明他们运用了不同的脑结构和不同的功能方式。

心理测验和神经科学的研究中均发现，认知作业成绩差异的变异量，主要来自于一般认知能力，只有较少的变异是因特殊能力而引起的，并且有一定的年龄因素，例如液态智力和晶态智力。许多特殊能力的个体差异，很难发现与之对应的单一生物学因素。分子遗传学和脑成像的两项研究与一般智力都存在着一致性关系。一般智力和脑组织的大小成中度正相关。当然相关并不能说明两者谁影响谁，更说不清是如何影响的。

（二）智力的基本遗传因素

智力的遗传因素在19世纪就已被提出来，随后主要是对单卵双生儿和寄养子的研究。这些研究的发现与现代神经科学和分子生物学研究结果并不矛盾。首先，据估计在一般智力差异的变异中，遗传因素的作用大约占30%—80%。基于语言和知觉组织的测验所得到的智力受遗传决定作用较大，两者的研究结果是相近的；基于记忆的智力测验结果受遗传因素的影响较小，其他特殊能力与遗传关系更小。一般智力的遗传性随年龄增加而增加，从幼儿到成年期，从30%增至70%—80%。对德国一批双生子进行多次重复智力测验，发现5岁时一般智力的遗传因素占26%，7岁时占39%，10岁时为54%，12岁时增至64%，此后始终随年龄增加。成年以后即使再发生变化，也较为稳定。

1. 脑结构和功能与智力共享的遗传因素

大脑灰质的容积、神经元密度、胼胝体的白质、布罗卡区、额上回、前扣带回、内侧额叶皮层、颞叶、杏仁核、海马、希氏回、中央后回和全脑的容积，均与一般智力因子相关。这些脑结构的容积可以解释70%—90%的一般智力差异。脑波的复杂性可能与执行功能、信息加工能力，执行功能的效率以及觉察时（inspection time）有关。这些脑结构和功能参数，可能是智力的遗传内表型，也就是对一般智力有贡献的生物学参数。

儿童期脑发育伴随明显的脑形态学改变。2001 年开始的一项对 5—18 岁双生儿和独子进行的脑成像纵向研究发现，每隔 2 年进行复查一次，所得到的大脑皮层厚度的发育轨迹，对预测 20 岁时 IQ 值比对 20 岁时皮层厚度的预测更准确。对胼胝体矢状切面中部的厚度、尾状核容积、大脑灰质和白质总容积、顶叶和颞叶容积等部位发育影响力中，遗传因素达 77%—88%；对小脑容积和侧脑室的发育，遗传影响较小，影响力仅为 49%。将遗传因素对脑结构功能发育的影响与对一般智力发展的影响一起考虑就会发现，当脑区处于最快发展的阶段，遗传因素对其发育的影响最强。例如婴儿早期，初级感觉运动皮层发育最快，此时遗传的作用最强；背外侧皮层和颞叶皮层在少年期发育最快，此时遗传影响也最强。总之，脑形态学发育受遗传影响的变异，随年龄增加而增强；但对白质而言遗传变异是与时俱增的，而对灰质而言环境变异量更为重要。

2. 分子遗传学研究

虽然一般智力具有较高的遗传性，但与正常健康人一般智力发展相关的遗传基因仍不明确。目前已知 300 个基因与精神发育迟滞有关，综观 200 多篇已发表的研究报告，大约 50 个基因与认知能力的发展相关，尽管已有 14 年的研究历程，但至今还不能说清哪个基因负责认知功能变异及其随年龄而发生的变化。伦敦精神病研究所由心理学家普洛明（Plomin）领导的一个研究组于 1998 年报告了人类第六对染色体上负载着一般智力的分子生物学基础。他对 51 名 IQ 为 103 和 51 名 IQ 为 136 的两组儿童进行 DNA 分析，检查了 37 种分子标记，发现 DNA 结构中的一段特殊碱基序列与 IQ 有关，将其命名为 IGTF2R，它的结构类似胰岛素类生长因子的受体基因。全部被试几乎都有 1—2 个等位基因 4 和等位基因 5，但在半数高 IQ 者中拥有等位基因 5 的人数，高于全部被试均值的 2 倍以上。在另一组 102 名被试中，半数人 IQ 高达 160，他们大多具有等位基因 5。

至今研究发现，2/3 的多数基因与神经递质功能相关的疾病、发育疾病和代谢疾病相关。其研究报告的结果往往不能为其他被试的检验所重复。较为一致的结果是，老年人阿朴脂蛋白 E（APOE）的多形性与一般认知能力、情景记忆、加工速度和执行功能有关，并且随年龄增加其相关性增加，可能与 APOE 在神经元修复中的重要作用有关。

一项元分析报告对有 9 000 名以上被试的 16 篇研究文献进行分析的结果表明，儿茶酚胺-O-甲基转移酶（COMT）基因编码的一般多形性与 IQ 得分密切相关，但是多形性只能解释变异的 0. 1%。对 COMT 基因的多形性与智力相关的进一步证据，来自于人类被试的脑成像研究、动物的药理学研究、转基因研究和基因敲除研究。在这种多形性中颉氨酸对蛋氨酸的取代作用，降低了多巴胺降解酶的活性，因而认为这种多形性影响了前额叶皮层的多巴胺功能。

与认知能力发展有关的另一个遗传变异物质，是脑源性神经营养因子（BD-

NF）基因编码的 Vol66Met 多形性。许多文献报告指出这种多形性与智力发展密切相关；但是，各报告关于最佳认知作业相关的基因等位体各不相同，结果的不一致可能因被试不同、方法不同等多项原因。由此可以看到，其单一基因变异与智力的相关是靠不住的，可能与智力发展相关的是一些基因组突变与选择的平衡，可能是很多还没有在自然选择中被淘汰的，有害基因突变的隔代积累所导致的结果。

三、解决问题能力的生理心理学基础

问题解决是思维心理学研究的一个重要领域，也是人工智能研究的重要课题。人类面对眼前需要解决的问题，首先要对问题加以理解，分析它的已知条件和问题之所在，搞清拟解决的属于哪类性质问题，这些都可以用问题表征加以概括。随后要选择解决问题的策略或算法，如采用一些前提和结果的推论，称做产生式问题解决的策略；也可以采用逻辑网络的推理关系，称做逻辑推理的策略。决定解决问题的策略之后还要进行验证，可通过算法的应用或科学实验，还可能是试制样品等。最后，对结果进行评价。

（一）实验模型

1. 河内塔问题解决

昂特里纳和欧文（Unterrainer & Owen，2006）总结了神经心理学和脑成像研究中的问题解决和策划功能的脑机制，以河内塔问题解决为模型。有 1、2、3 三个直立的柱子，其中柱 1 上穿有 n 个依直径从大到小由下而上叠成一落的空心圆盘，形成塔状。拟解决的问题是将圆盘移到柱 3，每次只准移一个，可利用柱 2 作为中间缓冲的过渡跳板，经过尽可能少的几步，完全将其移到柱 3，要求在转移过程中，绝对不能出现小盘在下大盘在上的现象。如 n 为圆盘数，完成河内塔作业的最少次数为 2^n-1。如果只有 3 个圆盘，则需 $2^3-1=7$（次）。实验结果表明，在策划解决河内塔任务时，背外侧中额区激活，没有发现半球优势效应。此外，还发现背外侧中额区与辅助运动区、运动前区之前的前额区、后顶叶皮层以及与许多皮层下结构，包括尾状核和小脑等，有着复杂的功能联系。这说明在解决河内塔一类问题中，背外侧额叶发挥主导作用，计划这一问题的解决，并与一系列皮层与皮层下脑结构形成功能回路。

2. 高、低 g 因子问题的解决

2000 年，邓肯等人利用正电子发射层描技术（PET）研究了正常被试完成三类认知任务中脑的激活规律。这三项认知作业分别是与空间、文字和知觉运动等有关的问题解决任务，如图 9－3 所示。除了三类需要高 g 相关因子的问题解决任务，他们还设计出与之相对应的低 g 相关因子任务，作为对照实验。高 g 与低 g 相关因子作业，使用同样的材料，由同一些被试完成，在预先四轮实验得到完

善对比的行为实验数据之后，再通过 PET 进行两轮实验以便得到脑激活的数据。

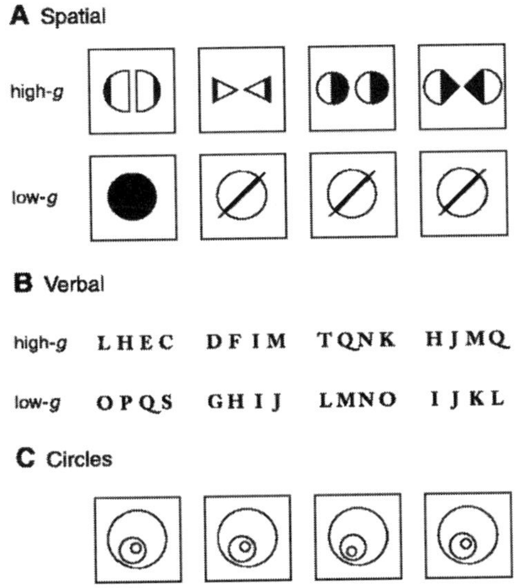

图 9－3　三项认知作业材料

（引自：Science，2000，289：458.）

如图 9－3 所示三类任务的问题解决，同时提供 4 张小图或 4 个字母组成的刺激材料，要求被试尽快从中找出 1 张与其他 3 张不同的图或字母序列，要在固定的时间内尽可能多地完成图片作业。以正确完成的图片套数作为问题解决的总作业成绩。图中 A 是空间作业能力测验，取自卡特尔文化公司标准智力测验用的材料。高 g 相关因子图片组中，4 张小图中第 3 小张与其他 3 张不同，除第 3 小张外均是对称性加黑图形，第 3 小张是偏右侧加黑图形。低 g 相关因子图片组中，差别是显而易见的，第 1 小图是黑圆与其他小图不同。这类 4 个 1 组的图片中，总有 1 张分别在形状、纹理、大小、方向及其组合与其他 3 张不同。图中 B 为语言文字作业，4 个字母为 1 组，在 4 组中总有 1 组的 4 字母排列规则与其他 3 组不同，例如，在高 g 相关因子作业中，第 3 组 4 字母间是等距的，相邻字母之间均有 2 个字母的间距，在 T、Q 之间有 S、R；在 Q、N 之间有 P、O；在 N、K 之间有 M、L；而其他 3 组 4 字母间不是等距的，第 1 组 4 字母间距是 3、2、1；第 2 组 4 字母间距是 1、2、3；第 4 组 4 字母间距也是 1、2、3。在低 g 相关因子测验材料中，第 1 组 4 字母在字母顺序表上是不连续的；其他 3 组 4 字母均是连续的。在图 C 中，圆的 4 小图作业中，第 3 张小图与其他 3 张不同，它的小圆的圆心是偏向大圆周边的；其他 3 小图中小圆圆心偏向大圆的圆心。刺激图在计算机显示屏上呈现，被试观察空间作业时视角 12 度，文字作业时 19 度视角。用两手的食指和中指计 4，按选择性按键作为作业的答案（特别的小图或字母序列是第几位的）。每次按键给出答案之后，间隔 0.5 秒又会呈现下一次测试刺激。要求被试尽可能经过仔细分析，给出准确答案，不要凭猜测给出答案。另请 60 名被试（29－51 岁之间，平均 42 岁）每人进行 3 次实验，正确完成的作业数，分别是空间问题解决 34 项—46 项；文字问题解决 43 项—65 项。又在另外 46 名被试中进行测验，4 分钟之内完成高 g 相关因子问题平均 12 项，低 g 空间问题 198 项；高 g 相关因子文字问题解决 7 项，低 g 相关因子文字问题解决 42 项。

随后对 13 名利右手的被试进行 PET 的局域性脑血流（rCBF）测定，其结果如图 9－4A 所示，高 g 相关因子空间问题解决的局域性脑血流减掉低 g 相关因子空间问题解决的局域性脑血流变化之后，显示右半球（右图）的激活区大于左半球，主要差别是右半球的顶叶也有所激活。两半球共存的激活区是枕叶和背外侧前额叶。如图 9－4B 所示，文字问题解决作业中高与低 g 相关因子任务的局域性脑血流之差是右半球没有明显的激活区，仅右背外侧前额叶激活（左小圆）。如图 9－4C 所示，圆问题解决的脑局域性血流减掉低 g 相关因子空间任务解决的脑血流之后，发现除两半球枕部激活区，在右背外侧前额叶也有激活区。由此，作者认为对于心理学中争论很久的“一般智力 g 相关因子是脑某一区的功能特性还是分散在大量脑区普遍特性之中”的问题，该研究结果支持解决问题的一般智力相关因子 g 主要反映了脑背外侧前额叶和内侧前额叶的功能特性的观点。

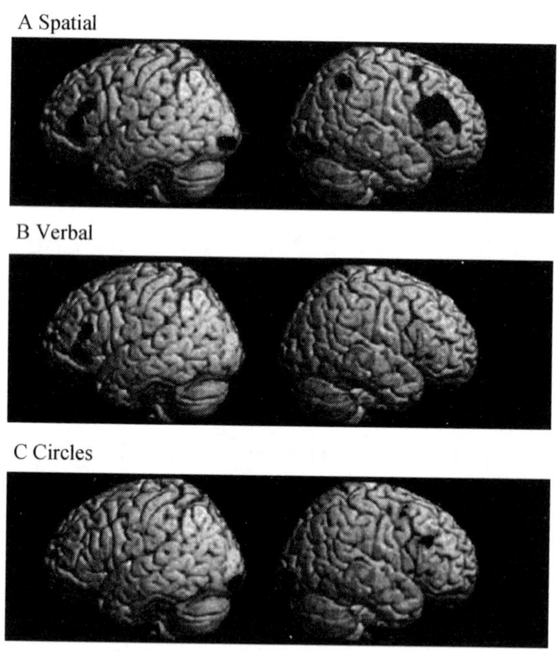

图 9－4　PET 脑局域性脑血流激活区

（引自：Science，2000，289：459.）

就在这篇研究报告发表的同一期《科学》杂志上，美国著名的智力研究专家斯滕伯格（Sternberg）发表了一篇评论文章，对此研究结果持否定态度加以评论。他认为智力是复杂的，这些简单的图和文字测试不能全面反映人们的智力，他引用了美国总统三名竞选人在大学读书时的智力测验 IQ 值并不比别人高，但三人的政治生涯却十分出色。所以，他认为分析智力、创造性智力和实践智力三者不同。他的第二点批评更是尖锐，认为这一研究的思路是颅相学说的当代翻版，不能指望复杂的智力仅仅由背外侧前额叶的功能特点所决定。

（二）智力的多相分布式脑机制

蔡（Choi，2009）以更加尖锐的观点和实验事实反对了邓肯等人的研究报告。他们对 225 名健康年轻人进行结构和功能性磁共振成像研究，分析了一般智力 g 和脑结构与功能的相关。结果发现，晶态智力与皮层厚度相关，液态智力与 BOLD 信号强度更密切相关。据此作者归纳出 IQ 预测模型可以解积 50% 以上的变异数，所以，作者认为智力 IQ 是多相分布的脑机制而不存在脑的局部定位性。

事实上，问题解决是一种高级思维过程，必然涵盖许多层次的心理过程，所以参与问题解决的心理过程很多，包括知觉、注意、工作记忆、长时记忆、比较、判断和推理等。从心理测验的角度看，解决问题的能力也是一种智力。

（三）自我调节的发展能力

刘易斯和托德（Lewis & Todd，2007）提出了情感与认知过程相互作用，进行自我调节的发展能力，并总结出这一过程的脑功能基础。他们认为应该打破认知和情感过程的分界，智力是情感和认知功能的统一体，是相互作用自我调节的发展过程。首先是皮层与皮层下之间实现着垂直的上下信息流之间的相互调节。大脑皮层自上而下地发出信息流启动杏仁核对自下而来的知觉信息和所期望的结果作出适度反应；而杏仁核使大脑皮层的活动按着刺激的情感意义进行装配。传统神经生理学强调，高级脑中枢对下级脑结构进行抑制性调节，却忽略了设有下一级脑结构的激活和所提供的能动作用，例如脑干释放神经递质沿上行通路传输到皮层发挥作用。事实上，因为皮层—皮层下的联系总是双向的，神经信息的传递是双向性的。他们用图 9－5 表述了大脑皮层、边缘系统、间脑和脑干之间的联系都是双向性的。

在脑干和大脑皮层之间实现着多级双向联系，自上而下的信息流通过意识和执行控制过程，控制情绪反应系统；自下而上的信息流通过下级脑结构活动形成的动机、注意、知觉对皮层过程进行调节。这种垂直整合调节是快速整体性的；与此并列的皮层或皮层下分别形成自我调节中心，前扣带回的背侧区和腹侧区可能成为皮层自我调节中心；杏仁核、下丘脑和脑干形成皮层下自我调节中心。因为前扣带回处于新皮层和边缘系统之间，在系统发生上曾是高级整合中枢，是海马的外延，并联系下丘脑和脑干，所以它成为新皮层对这些边缘结构发挥调节作用的中介和中心。前扣带回背侧区与背外侧前额叶紧密联系，在工作记忆参与问

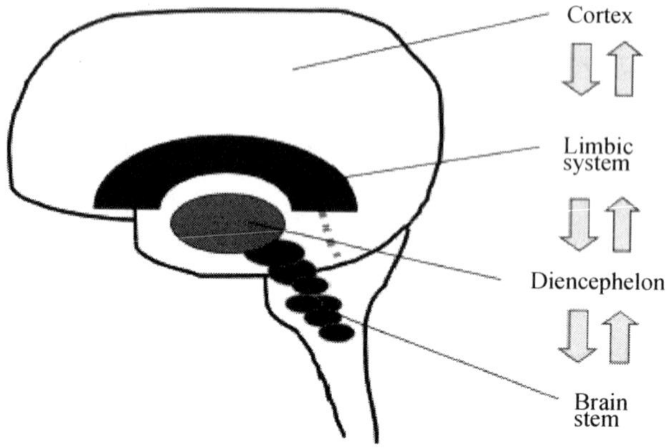

图 9-5 脑的垂直双向整合联系

题解决、决策、规划等功能的暂时激活中起着重要作用，促进工作记忆提取和利用情景记忆信息；另一方面，它与辅助运动区的联系，促进决策动作的形成、执行并对其实施监控。所以，前扣带回在智力的脑功能机制中发挥着关键的作用。

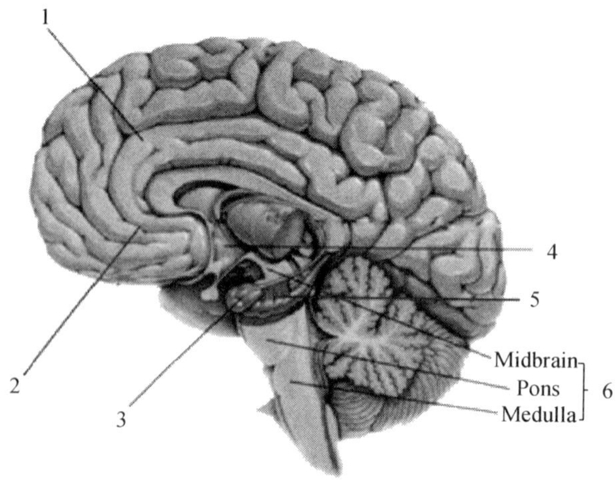

图 9-6 皮层和皮层下调节过程相关的脑区

1. 背侧前扣带回，2. 腹侧前扣带回，3. 杏仁核，4. 间脑，5. 海马，6. 脑干

以上的科学事实表明，脑智能模块是实时变化的，整合着大量相关脑结构，实现智力、思维、学习和记忆等功能。另外还有三类脑组织机构，第一类是大脑皮层下结构中的定位中枢，与生物本能行为相关，包括饮食、性、防御和睡眠等。第二类是人类特异的语言和意识功能模块，是半定位半时变的。例如，脑干网状结构是调节作为意识前提的清醒状态的中枢。语言运动中枢是交际的重要基础。但是，意识和交际的内容则由实时变化的脑功能模块实施。第三类是对个体习惯特异的功能模块，它是半自动化的，包含无意识机制。三类脑模块对教育的意义不同，例如，对大学生和研究生，我们主要考虑训练其实时变化的脑高级功

能模块；对于学前教育而言，必须兼顾儿童脑的全面发展；对中小学教育，重要的是养成好的学习和社会行为的习惯，语言和意识功能的训练以及智力水平都是重要的。现代脑科学还不足以向教师们提供直接有效训练脑的途经。有时脑科学为学生、家长和教师提供一种启发和指导，使他们知道如何保持脑的良好功能状态，处理好睡眠、营养、锻炼，制定一个有效的时间表。最重要的是科学家与教育家相结合，共同引用脑理论和研究手段，不断总结新的教学方法。

传统心理测验虽积累了许多心理测验方法，但这些方法都是通过被试完成某些心理作业（语言和非语言两类）的成绩加以判定。而这些心理作业基本都是外显的意识活动的结果。这就使这些测验方法仅反映出智力或能力而不能涵盖智力潜能。当代心理学研究表明，外显意识活动仅是心理活动中的一部分，比例更大的内隐心理活动对基本心理品质的制约作用更大，所以必须将内隐心理的认知实验方法作为智能测评的重要途径之一。其次与巴甫洛夫—艾森克时代相比，脑科学手段取得了许多突破性进展，应用无创性脑功能成像的方法进行智能测评是当代脑科学发展的重要方向之一。因此通过认知实验、无创性脑功能检测、心理测验和教育者客观评估四位一体的技术路线，完全可能建立一套新的智能测评体系，使因材施教的教育原则有的放矢，推进我国教育事业的发展。

第二节　心灵理论能力的生理心理学基础

通过观察外界环境、情境和他人的动作，可以猜测出他人的心态、意向，并预测对方下一步行为的能力，是一个人社会行为的最基本的特征。这种通过观察和推理相结合才能表现出来的能力，称为一个人的心灵理论（theory of mind）能力。进行人际交往和相互理解是人类社会活动的基础，关于人际交往和个体间相互理解的脑功能基础，最初是在 20 世纪 70 年代，通过灵长动物研究启发而得到的，随后扩展到儿童发展心理学研究。最近十多年，利用无创性脑成像技术在正常人的实验研究中，扩展为三个基本发现：心灵理论能力的脑基础、镜像神经细胞和共情的脑基础。这三项新科学事实为认识人类社会交往能力的脑机制，提供了坚实的科学基础。

一、心灵理论和镜像细胞系统

西蒙（Simon）和拜伦-科恩（Baron-Cohen）总结了 1978 年—1995 年间的研究成果，于 1995 年提出心灵理论能力发展的假设，认为心灵理论能力包括四项技能：他人意向的检测、他人眼神的检测、共享注意和心灵理论模块。最后一项技能“心灵理论模块”是指关于他人的内隐知识储存库。前三种技能是人与灵长动物共有的，第四种技能是人类所独有的。

（一）他人意向的检测技能

通过观察周围环境的细节以及某人的动作，推测出该人的动作意向，称为他人意向的检测。这种技能的脑功能基础是镜像神经元（mirror neuron）。

1. 恒河猴脑中的镜像神经元

最初意大利学者里佐拉蒂（Rizzolatti）等人利用微电极技术在恒河猴脑额叶5区（F5）发现镜像神经元。在猴子眼前的木板上放置一些花生，并不引起猴F5细胞的发放。只有当实验人员用手掰开一只花生，猴子也抓一只花生时，它脑内F5细胞才发放神经冲动，兴奋起来。此外，当猴子看到的不是实验者，而是另一只猴去抓花生，也会引起F5细胞发放神经冲动。这说明F5神经元发生反应的因素既不是花生，也不是用工具挟花生。猴理解实验者或另一只猴子掰花生要吃的意向，才是引起F5神经元发放神经冲动的主要原因。

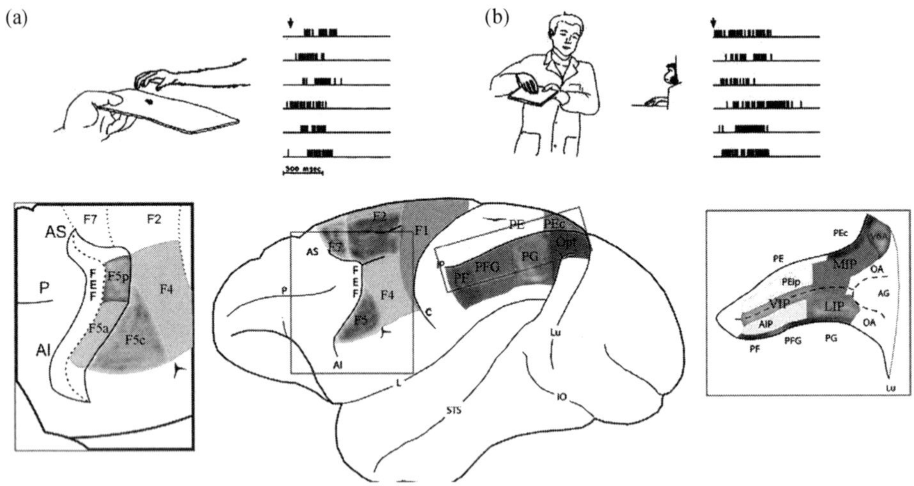

图9－7　猴额叶和顶叶皮层的解剖分区和镜像神经元分布

上图（a）示当猴抓取花生时恒河猴F5区的镜像神经元，（b）示实验人员用手抓花生让猴观察时，该区的镜像神经元也发放。图的下部中间示正方形框内的无颗粒额区（F1-F7）和长方形小框内顶叶区（PF、PEG和PG）也分别发现镜像神经元。两侧的图显示放大后所见。（引自：Current Opinion in Neurobiology，2008，18：180.）

2. 人类脑中的镜像神经元

在人类实验中，不可能利用微电极记录脑细胞的发放，但却可以通过功能性磁共振成像技术重复类似猴的实验。让被试观看图片，上面有装满咖啡的水杯、咖啡壶和点心作为情境刺激物；下一张图片，只含有一个杯子和一只手接触杯子的画面，作为拿杯子动作的刺激物；第三张图片是在第一张图片背景下，增加一只手拿杯子的动作，作为拿杯子喝咖啡意向的刺激物。亚科博尼（Iacoboni）等人（2005）在这一实验中发现，单独动作的图片或单独情境图片都不引起明显反应，只有第三张喝咖啡意向的图片才引起额下回后部的运动前区皮层激活，磁共振信号显著增多。说明在人类运动前区皮层中也存在镜像神经元，只有理解他人的动作意向或动作目标时，该镜像神经元才激活。他们进一步控制实验条件，一半被试在观察有关咖啡的这些图片之前，通过指示语告诉他们，一只手接触杯子的画面表示有人想喝咖啡；另一半被试什么指示语都没有。结果发现两组被试脑内的镜像神经元激活水平没有显著差异。这一事实说明，镜像神经元检测他人的动作意向是内隐的自动加工过程，不受外显的耗费心神的意识过程所影响。

3. 镜像神经元系统

2005 年—2007 年又有一批研究报告，发现无论恒河猴还是人脑中，除了运动前区的额叶之外，在顶叶，特别是顶下叶皮层中也存在镜像神经元。特别是在人类的实验中还进一步发现，左半球和右半球顶下叶的镜像神经元功能略有不同，当被试看到别人模仿自己的动作时，右半球顶下叶激活；被试观察别人的动作意向并模仿别人动作时，左半球顶下叶激活。除了额叶和顶叶皮层，还在颞上沟附近发现了镜像神经元。目前把额、顶和颞上回三个脑区的镜像神经元，统称为镜像神经元系统，它们的功能是观察、模仿他人的社会行为。其中，颞上沟（STS）通过观察他人的动作，产生一个高级视觉表达，然后将视觉表达的神经信息向前传到额叶和顶叶，分别对他人的动作目标和动作特性进行编码。随后再将编码的动作表达传回颞上沟，与他人随后的动作加以匹配，检查编码后的动作

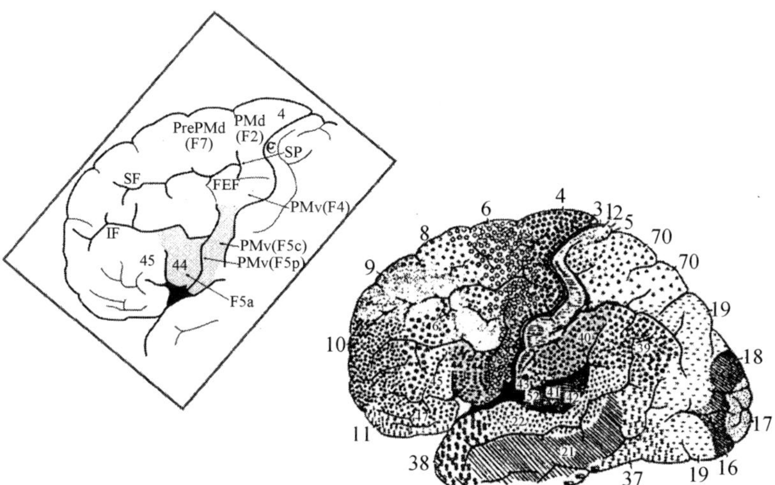

图 9－8　人类大脑皮层 44 区和 40 区中分布的镜神经元

C 中央沟，IF 下额沟，FEF 额叶眼区，PMd 背侧运动前区皮层，PMv 腹侧运动前区，PrePMd 运动前区皮层背前部，SP 上中央前沟的上部。（引自：Current Opinion in Neurobiology, 2008，18：181.）

是否准确预测了下一步动作的意向。如果匹配无误，镜像神经元系统就会发动其他相关脑结构参与这一社会行为的模仿学习。如图 9 – 8 所示，颞上沟与额叶 44 区和 6 区以及顶下叶 40 区，共同组成镜像神经元系统，它们募集背外侧前额叶 46 区、背侧前运动区（6 区）共同完成社会行为的模仿学习。前扣带回和岛叶皮层的神经元也具有镜像神经元特性，但不是简单动作的镜像反应，而是他人情绪的镜像反应。所以，也有人把脑内具有镜像功能的神经元统称为社会镜像神经元系统。

（二）视线和注视的检测

视线检测（eye detection）包括对与自己交往者的视线和注视（gage）的觉知，包括相互对视，转移视线，注视点跟踪，共同注视和共同注意等多种眼神变化的规律。这些眼神的变化由颞上沟（STS）调节，并且颞上沟与内侧顶叶（IPG）之间的联系以及它们与杏仁核的联系，是人际交往中双方检测对方所关注的问题和对方情绪状态等信息的重要组成部分。

（三）共享注意

只有大猩猩和人类具有共享注意（shared attention）这种社会交往技能，交流的双方共同关注某一客体，且彼此还意识到对方与自己一直在注视同一目标，所以又称之为三向表征活动（triadic representation）。如果我想看到你所看见的事情，就应跟随你的视线望过去，这就是共享注意的技能。这种技能不是生下来就具有的，儿童发展研究发现，9 个月的婴儿可以跟随成人转头的方向，但却分辨不出成人视线与转头的差异。也就是说，不管成人的眼是闭着还是张开的，婴儿都会跟着转移视线。12 个月龄的婴儿，已经能分辨出转头与视线转移的区别，发展出与成年人共享注意目标的技能。这可能是由于共享注意不仅由颞上沟调节，还必须有前额叶皮层的参与，包括腹内侧前额叶、左额上回（10 区），扣带回和尾状核。

（四）心灵理论模块

心灵理论模块（the theory of mind module，ToMM）又称高级心灵理论，是指头脑中累积了许多社会认知的知识库，利用这些知识才能理解他人和复杂社会情景中发生的事情。这些社会认知规则或知识的运用才能使人完成社会认知任务，例如下列规则：

1. 外表和实质并不总是统一的，椭圆形石头并不是鸡蛋。我可以假装狗，但并不是狗。

2. 一个人安静坐在椅子上，他的内心未必是安静的，他可能在思考、想象、回忆等。

3. 别人能知道我所不知之事。

类似规则在 4 周岁以前的儿童是无法理解的，它和智力并不完全相等。智障的人 IQ 值很低，但心灵理论技能却很好；相反自闭症病人 IQ 很好，但心灵理论技能很差。想象中的他人意向，是指我们并没有看到对方是谁，只是根据情境和想象的情节，设身处地为他人着想，作出某项决策的技能，这时我们大脑中的前旁扣带回（布洛德曼 32 区）激活，这种技能也是高级心灵理论技能。

二、共情与面孔情绪识别

前面讨论的心灵理论和镜像细胞系统，从理论上说明了人们在社会交往和相互理解过程中，认知活动的基础。这里所说的共情（empathy）则侧重情绪和情感的沟通与相互感染过程中的认知神经科学基础。

（一）共情

看到别人受苦，例如肢体受伤，就会在内心体验到自己肢体的痛疼，这种现象就是共情，这时脑内的内侧前额叶受到激活。这说明，内侧前额叶皮层特别是扣带回（布洛德曼 24 区）和旁扣带回（32 区）与自己和他人痛疼的内在体验有关。近年社会情感认知神经科学研究领域已取得了共识，共情和心灵理论技能分别从情感交流和认知交流两个不同侧面，提供了社会行为的基础。正如在心灵理论技能中一样，视觉在共情中也有重要作用，所以这里也把情绪的面孔识别列在共情的组成环节。

沙米-苏瑞（Shamay-Tsoory，2005）利用三类社会推理问题作为实验材料，分别对腹内侧前额叶损伤的病人、后头部损伤的病人和正常人进行测验。三类社会推理的小故事分别是次级假设，讽刺和社会失礼行为的识别。他们使用的次级假设小故事如下：

汉娜和贝妮坐在办公室聊天，谈论他们与老板的会面情形。贝妮边说着随手打开墨水瓶把它放在办公桌上，这时溅出几滴墨汁。所以，她离开办公室找块抹布想把办公桌擦净，当贝妮离开办公室之时，汉娜把墨水瓶从办公桌上拿到柜橱中。当贝妮在办公室外边找抹布时，通过办公室门上的锁孔看见了汉娜把墨水瓶拿开的情形。然后，她回到办公室。

讲完这个小故事，提出四个问题请被试回答：

（1）推测问题：汉娜心里想贝妮认为墨水瓶在哪儿？

（2）现实问题：墨水瓶实际在哪儿？

（3）记忆问题：贝妮把墨水瓶放在哪儿？

（4）推论问题：墨汁溅在哪儿了？

讽刺故事：杰奥上班以后没有开始工作，而是坐下来休息，他的老板注意到他的行为，并且对他说：“杰奥，别工作得太辛苦了！”

自然故事：杰奥一到班上就立即开始工作，他的老板注意到他的行为并对他说：“杰奥，别工作得太累了！”

对每个故事问两个问题：

（1）杰奥工作很努力么？

（2）经理认为杰奥工作很努力么？

失礼行为故事：

麦克是位9岁的小男孩，刚转入一所新学校。他去卫生间蹲在小蹲位间，随后麦克同班的另外两个同学走进卫生间站在小便池旁。其中一人对另一人说："你认识那个新来的家伙么？他叫麦克，看上去很古怪，而且个子那么矮！"这时麦克从蹲位里走出来，被两个人看见了。于是站在小便池旁的另一个男孩对麦克说："你好，麦克！你现在是去玩手足球么？"

讲完这个故事后问被试下列问题：

（1）有什么人说了什么失礼的话么？

（2）谁说了他不应该说的话？

（3）为什么他们不应该说那些话？

（4）为什么他们说了那样的话？

（5）在这个故事中，当两个男孩谈话时，麦克在哪里？

他们发现，腹内侧前额叶损伤的病人回答这些假设问题时，与健康人没什么差别；后脑部损伤的病人对次级假设问题不能正确回答。腹内侧前额叶损伤的病人对讽刺故事问题的回答和对社会失礼问题的回答十分差。从这一个结果中，他们得到的结论是腹内侧前额叶损伤只影响情感的共情功能，而不影响认知共情技能。腹内侧前额叶的功能在于对情绪，情感及其社会意义的调节技能。关于外部世界的感觉表达和知识信条等理解和应用的技能，与背外侧皮层的功能有关。

（二）面孔表情的识别

负责面孔识别的脑结构是颞下回后部的梭状回（FFA），它包含两种特征的提取，一是人的身份特征，属于每个人的面孔中不变的特征，另一种是可变的面部表情或面部运动功能。前者由外侧梭状回与枕下回皮层以及颞叶共同完成；后者又分为眼神信息和表情信息，眼神信号由梭状回和内顶沟共同完成；而表情识别由梭状回与颞上沟、杏仁核以及听觉皮层共同完成，听觉皮层负责识别口唇的位置在表情中的作用。

第三节　人格的生理心理学基础

人格的概念有许多种定义，通俗地说，人格是一个人不同于其他人的全部心理特征的总和，包括性格、兴趣、爱好、特长、智力、技能、对他人意向的理解能力和社会价值观以及处世原则等许多人格特质。一个人有别于他人的个性特征，往往突出地表现在某一方面，如智力超常的智者，性格豪爽的剑客，愚笨如牛的蠢材，身强力壮的大力士，视钱如命的吝啬鬼……可见，对每个人来说，各种人格特质都由其特殊组合格调和突出的表现形式而形成特定的气质和个性。技巧和能力是一个人完成技术性生产任务，进行社会活动的能力，而包括脑在内的全身生理解剖特点，是技巧与能力形成的生理基础。智能在人格组成中具有不可忽视的地位，聪明或愚笨，多才多艺还是庸才劣辈是一个人不同于他人的重要方面。技巧与能力的形成，不仅依赖脑内神经动力特性，还制约于肌肉装置、有关脏器的功能特性。关于技巧与技能的形成，是以小脑为基本中枢的经典条件反射机制，边缘系统参与的情绪性快速学习机制，以及习惯性联想学习机制共同发挥作用的结果。

关于个性的生理基础问题，自古以来就引起学者们的注意，但由于个性是最复杂的心理学问题之一，至今尚未形成一个有成效的研究领域。巴甫洛夫学派较早地开拓了这一课题的研究工作，但其研究成果至今也未能获得各家的公认。英国的艾森克引用了巴甫洛夫学说的某些概念，又加进许多病理心理学的概念，提出了他自己的人格理论。在变态心理研究和割裂脑研究中都涉及一些个性生理心理学问题。人格的个体差异问题在古代就引起人们的兴趣，科学家们试图通过生理学和心理学维度对其进行测量。第一个想法就是通过体液测定，划分出四种气质类型：多血质、黏液质、胆汁质和抑郁质。17 世纪盛行的颅相学，幻想通过颅骨外形测定个体差异，并根据某些人头骨形状断定其为天生的罪犯。直到 20 世纪初，才在生理学和心理学中产生了关于个体差异的真正科学。俄国生理学家巴甫洛夫利用建立条件反射的三个动力特性，对个体差异的神经基础给出了第一个科学解释。这三个特性分别是兴奋和抑制过程的强度、两者的均衡性以及相互转换的灵活性。据此他将个体差异分为四个类型：强而均衡型、强而不均衡型、弱型和安静型。他对强型和弱型的估计还给出了可操作的标准，注射 0.3 克咖啡因或 1 克溴剂，如果某人注射后建立条件反射的能力变得更好，则其为强而均衡型，否则为弱型。可见他用以测定脑高级功能类型的方法实际上只是行为科学和药理学指标，没有直接测定脑功能态。巴甫洛夫之后的 40 年，英国心理学家艾森克（Eysenck，1967）利用脑电图和多导仪测定大脑皮层兴奋性水平，通过生理指标推断智力与人格的个体差异。自从 20 世纪 70 年代起，事件相关电位（ERPs）就用于智力和 IQ 个体差异的研究（Deary，1997）。

一、个性与气质的经典假说

公元前 5 世纪，古代希腊哲学家希波克拉特首先提出了气质的概念。他设想，体内液体的混合以血液占优势者为多血质，以黏液占优势者为黏液质，以黄胆汁占优势者为胆汁质，以黑胆汁占优势者为抑郁质。人的气质就是由这四种体液特征所决定的。尽管这一假说始终未能得到精确的自然科学证据的支持，但这四种描述人类个性差异的气质却一直沿用至今。在科学发展史上，应用生理心理学实验研究的途径检查和判定人与动物个体差异的神经动力学基础，应首推巴甫洛夫学派。1909 年—1910 年间，巴甫洛夫在进行狗条件反射实验时，发现了明显的个体差异现象。1927 年，他明确提出神经系统类型的生理学说。1935 年，他正式发表《动物和人的高级神经活动的一般类型》。在文章中他明确指出，确定高级神经活动的类型应从一般行为表现、条件反射特性和大脑皮层神经过程的特性等三个方面统一考虑，其中大脑皮层神经过程的特性是主要生理基础。

（一）大脑皮层神经过程的基本特性

大脑皮层神经过程有哪些特性呢？巴甫洛夫认为，兴奋或抑制的强度、两者的均衡性和相互转化的灵活性是三个基本特性。这些特点都是可以通过实验加以测定的。

1. 兴奋过程和抑制过程的强度

（1）兴奋过程的强度

使用咖啡因能提高皮层细胞的兴奋性，如果给予 0.3 克— 0.8 克咖啡因仍不破坏原先形成的条件反射，则认为大脑皮层的兴奋过程较强；相反，如果给予 0.3 克以下的咖啡因就引起条件反射的破坏，则认为大脑皮层的兴奋过程较弱。

（2）抑制过程的强度

抑制过程的强度可用分化抑制的强度为指标进行实验测定。在建立分化抑制以后，延长分化相作用时间，从平时的 30 秒延长到 5 分钟，在这种条件下分化抑制仍不破坏或减弱，则认为皮层的抑制过程较强。此外，还可以应用溴化钠加强抑制过程的效果，客观地测定抑制过程的强度。如果口服 2 克溴化钠，分化抑制得到改善，则认为大脑皮层抑制过程较强；相反，口服 2 克溴化钠，分化抑制遭到破坏，则认为大脑皮层的抑制过程较弱。

（3）对兴奋和抑制过程强度的初步评定

在一般情况下，亦可按建立阳性条件反射和形成分化抑制的速度，对兴奋和抑制过程的强度进行初步评定。经过较少次数的强化刺激或分化相作用之后，就能形成阳性条件反射或分化抑制，则认为这类个体的基本神经过程较强；相反，需要较多次数的训练才能形成条件反射及其分化抑制，则认为这类个体的神经过程较弱。

2. 两种神经过程的均衡性

对两种神经过程强度进行客观测定时，就可以同时确定两种过程之间的均衡性。两种过程都较强或较弱，则认为该个体大脑皮层的两种神经过程是均衡的；否则认为是不均衡的。

3. 两种神经过程的灵活性

对两种神经过程的灵活性可以通过条件反射改造的方法加以确定。将已建立好的阳性条件反射的信号及其分化相之间的信号意义加以改造时，能够迅速完成改造任务的个体，其大脑皮层神经过程的灵活性较大；反之，则认为灵活性较小。

巴甫洛夫根据动物基本神经过程的三个特性将动物的高级神经活动分为四种基本类型：兴奋型、活泼型、安静型和抑制型。巴甫洛夫认为，动物的行为特点、条件反射的特点有时并不完全与神经过程的上述特点完全吻合。所以，不能仅仅根据神经过程的上述特点确定动物的神经类型，还必须参照它们的一般行为特点和条件反射的许多其他特点。所以巴甫洛夫认为，神经型的形成既决定于遗传的神经过程特点，也决定于生存条件，是先天特征与后天变化的合金。环境影响的获得特性经过几代延续能够遗传下去。

（二）气质

巴甫洛夫认为，划分动物高级神经活动类型的原则可以应用于人类的气质类型。对人类而言，高级神经活动类型就是气质。他把四种高级神经活动类型与希波克拉特的四种气质联系起来，两者一一对应。兴奋型相当于胆汁质的气质，易激动、热情、好斗，神经过程强而不均衡；活泼型相当于多血质的气质，精力充沛、均衡稳定、神经过程强，均衡性和灵活性也高；安静型相当于黏液质，沉静稳重、神经过程强而均衡，但灵活性低；抑制型或弱型相当于抑郁质，对生活缺乏乐观精神，忧虑、暗淡、神经过程较弱。此外，巴甫洛夫学派还认为人类高级神经活动类型的划分，还应考虑到人类高级神经活动的特点，即以语言作为第二信号系统。这样，对人类气质而言，除以神经过程的三个特性为基础，还有第二信号系统与第一信号系统（非语言的现实刺激）之间的关系作为另一重要基础。第二信号系统优于第一信号系统者为思想型；第一信号系统优于第二信号系统者为艺术型；两个信号系统均等者为中间型。每种类型的人中，均存在着上述四种气质。

综上所述，关于个性的生理心理学问题，虽然自古以来始终吸引着学者们的兴趣，但科学理论并不多，特别是缺少细胞水平和分子水平的自然科学理论。相反，把巴甫洛夫的经典理论与社会科学知识联系起来，向社会心理学方向发展，却出现了一些人格理论。它们大多远离生理心理学范畴。在这些人格理论中，唯有英国的艾森克人格理论还有一些生理心理学的气息。

二、艾森克的人格理论与变态人格

（一）艾森克人格理论的生理基础

艾森克是当代著名的心理学家。20 世纪 60 年代中期，他在心理学中的人格理论、心理测验技术和经典条件反射理论之间架起桥梁，并提出了自己的人格理论。我们并不全面介绍和评论他的人格理论，仅仅指出这一理论中引用的生理心理学概念。从巴甫洛夫条件反射生理学中，他引用了皮层兴奋性水平、条件反射能力和神经症理论中的某些概念，作为人格的生理心理学基础。他们认为遗传因素造成的人们大脑生理特性差异，是人格差异的重要基础。

1. 皮层兴奋性水平

脑生理的差异首先表现为皮层兴奋性水平，或称之为神经系统唤醒水平（arousal level）。皮层兴奋性水平制约于脑干网状结构上行激活系统的功能特性，这种功能特性又是遗传因素所决定的。他认为皮层兴奋性水平低者，表现为外向型人格特质，主动活跃地寻求刺激，以提高皮层的唤醒水平弥补先天之不足。相反，皮层兴奋性水平较高的人表现为内向性个性特征，沉静稳重，与外界接触少，以避免过多刺激而导致更高的皮层兴奋性水平。简言之，艾森克认为皮层兴奋性水平是内—外向人格维度的生理基础。

2. 条件反射能力

条件反射能力是艾森克人格理论的另一个重要概念。他认为在形成条件反射的速度、强度和维持时间等方面存在着先天的个体差异，这种生理上的差异是人格差异的重要基础。艾森克赋予条件反射能力概念以较强的社会因素。他认为，人们的道德观念、良心、法制观念等都是通过社会化条件反射机制形成的。条件反射能力强的人，形成较强的法制观念和社会道德感；而条件反射能力弱的人，则表现出相反的个性特点。为了克服先天决定论的后果，他还对条件反射能力概念附加了两个条件：条件刺激与非条件刺激结合的次数和社会化刺激的具体内容。对于一个先天条件反射能力低的人，可以由增多条件刺激与非条件刺激结合次数加以弥补，也可以由良好社会教养加以弥补。条件反射能力也是个性差异的生理基础。条件反射能力强者多为内向型人格，其神经质人格维度较低；条件反射能力弱者多为外向型人格，其神经质人格维度较高。

3. 驱力

艾森克人格理论中，第三个重要概念是驱力，或称为情绪性，它制约于交感神经系统和副交感神经系统的功能平衡。大多数人交感神经和副交感神经系统的功能是平衡的。交感神经系统功能占优势者，其个性特征具有神经质的特点，表现为焦虑、过敏、易激动。这种过敏的情绪反应类似一种驱力，促使人们产生过多的行为反应。因此，情绪性或驱力概念不仅与神经质人格维度有关，也与内—外向人格维度有关。

皮层兴奋性水平、条件反射能力和驱力等三个概念是艾森克从生理心理学中借用的，但又赋予它们以人格心理学和社会化含义。他认为这正是生理现象、心理现象和社会存在的统一。艾森克的犯罪人格理论绝对不像精神分析学派那种思辨的人格动力学理论，他的上述概念可以通过客观的实验室检查和人格测验加以验证。从神经生理学中，应用脑电描记技术、皮肤电记录、条件反射训练等方法；从心理学中，应用反应时、闪光融合频率、图形视觉后效、螺旋后效、知觉恒常性和感觉剥夺等实验方法，可以对人们的上述三个基本特性加以分析。此外，他还设计了艾森克人格问卷（Eysenck personality questionnaire，EPQ）。用于正常人或变态人格的测验。

（二）变态人格的生物遗传学基础

变态人格是一种介于正常人和精神病人之间的人格类型。这是在生物遗传因素、环境因素作用下，自幼形成的人格障碍，是一种持久适应不良的行为模式，影响正常人际关系，使自己和社会蒙受损失。《中国医学会精神疾病分类》（1984）将人格障碍分为偏执型、情感型、分裂型、暴发型、强迫型、癔症型、悖德型和未定型等八种类型。此外，还有一些人以异常行为作为满足性冲动的主要形式，从而取代了正常性生活。这些人并不表现其他行为异常，故称之为性心理障碍。无论是变态人格，还是性心理障碍都属于异常的人格类型。它们的形成原因比较复杂，我们仅从生理心理学角度对有关的生物遗传因素和脑功能不足的证据加以介绍。从生物—医学方面，已经积累了一些科学事实，表明变态人格可能是由于遗传和环境因素的不利，从而导致人格形成和发展中的迟缓。这种人格发育不全，如同智能发育不全一样，是终生难以弥补的。

1．脑唤醒水平低下

人格发育不全，制约于脑的唤醒水平低下、边缘脑功能低下和外周自主神经系统的机能不足。一项研究表明，给 15 名变态人格患者注射 50 毫克肾上腺素后，其中 13 名血压的收缩压上升；而对照的 15 名神经症病人中，只有 5 名血压上升；对照的 85 名精神病患者中，只有 19 名血压升高。15 名男性变态人格患者注射肾上腺素后，心率比 15 名正常对照组成员增加得更显著。对比 21 名变态人格少年与 21 名正常少年的皮肤电反应，结果表明，变态人格的少年在安静状态下的皮肤电低于对照组；让两组被试进行某项操作活动时，变态人格组皮肤电活动增加得不明显；操作活动结束后，变态人格组的皮肤电活动下降得比安静时的水平还低；重复刺激时，变态人格组的皮肤电反应适应得较快。

2．朝向反射低下

进一步研究发现变态人格者的皮肤电反应、心血管反应和对刺激的朝向反射均明显低于对照组。上述这些事实均可说明变态人格的自主神经系统功能低下。黑尔（R. D. Hare）在 1970 年概括性地总结了反社会人格的生物医学发现：

（1）某些变态人格的脑电图类似于儿童期的脑电，有较多的慢波成分，是脑电唤醒水平较低的脑电类型。可能说明这些变态人格大脑皮层神经细胞成熟得不完全，发育迟缓。值得注意的是这些人的双亲也有类似的异常脑电活动。

（2）这种脑电异常的慢波活动，似乎还表明变态人格者大脑边缘系统功能低下。

（3）变态人格皮层兴奋性低下，感觉传入减弱。

(4) 变态人格者不仅表现为低的唤醒水平，并且有像感觉剥夺者一样的改变。例如，感觉剥夺的被试在使用巴比妥类药物、抗精神病药物、酒精类物质时，均可促使感觉剥夺状态的恶化，促进被动性的增强。变态人格者应用这些药物后，也会出现攻击性和情感活动的发作性增强。

(5) 某些变态人格者对刺激表现出病理性的需要，说明其唤醒水平较低的特点。这些反社会变态人格者尽量避免服用抗精神病药，可能是其唤醒水平较低的缘故。

(6) 某些变态人格表现出刻板行为，表明其时间—空间聚合能力贫乏，在刻板行为中，也涉及大脑基底神经节的功能紊乱。

(7) 罗宾斯研究发现了反社会变态人格的男、女两性差异。男孩在 7 岁时就可发现其行为紊乱；女孩则一般在 13 岁以后才发现其行为紊乱，而且不如男孩那样严重。这种两性的差异可能不只是社会文化因素所决定的，而是由生物学因素与之共同作用的结果。

(8) 某种变态人格者的行为随年龄增加而逐渐有所改善，有力地支持了成熟延缓的观点。然而，只有部分变态人格者才会改善，其他人则终生不会改善。

50 多年来，对于性心理障碍的人格类型，许多学者从两个方面研究其形成中的生物遗传因素，即遗传学和神经内分泌学。首先，遗传学研究发现，同卵双生儿成年后，同性恋行为发生的一致率显著大于异卵双生儿。虽然这类研究表明遗传因素是不可忽视的，但遗传因素怎样发挥作用，通过什么方式发生作用却很不明确。神经内分泌学家们发现，胎儿期性腺和肾上腺分泌的性激素随血液作用于脑组织，刺激脑发育中的性别形成机制，从而决定其出生后的行为类型。有人发现胎儿期性激素分泌不足的雄鼠，出生后可能会出现雌性行为。人类的性行为比较复杂，这种胎儿期决定论的神经内分泌理论，无法解释一部分性心理障碍的个体，这些人并不是从青少年起就有异常性行为，而是在成年或中年时才表现出明显的性心理障碍。综上所述，无论是对变态人格还是对性心理障碍，当代神经科学都没有令人信服的理论解释。这里引证一些科学事实只能说明人格类型的异常有着复杂的生理心理学因素，需要生理心理学家们去努力研究。

三、男、女两性人格差异的 E－S 理论

性别差异是个体间生理差异中最显著的表现。随着两性生理的差异，心理活动也有许多不同的特点。从个体发生上，受精卵基因的组合已决定了胎儿的性别，在这种基因作用下，胚胎分泌激素在前半期已影响外周性器官和性腺发育中的差别。在胚胎后期，性激素通过血液作用于脑，又引起了大脑两半球的分化。前面我们曾经指出，性激素对某种行为或心理活动的影响有两种作用机制：一种是组织化作用，另一种是激活作用。性激素对大脑两半球功能一侧化的影响，是

一种重要的组织化作用，它为个体许多心理特征的发展提供了脑结构基础。近年关于两性人格差异的研究形成了 E－S 理论，现介绍这一理论及其科学证据。

E－S 理论，是指由男、女两性脑解剖学和生理功能的差异而引起“共情—系统化”维度上的人格差异。共情（empathizing，E）是指人们对他人心态的理解和对他人行为的预测，以便用适当的情感和行为对他人进行反应的心理品格。与共情相反，系统化（systemizing，S）是指一些支配该系统的规则所形成的系统，它只是为达到为本系统未来行为而服务。E－S 理论认为男、女两性的人格差异主要体现在 E－S 维度上，女性有较强的共情品格，处在 E－S 维度的 E 端，而男性有较强的系统化品格，处于 E－S 维度的 S 端。除了一些心理测验项目统计出来的两性差异作为这个理论的证据之外，近年也从脑的解剖和生理学研究中取得一些坚实的科学支持。

现代磁共振成像技术提供了测量脑结构中白质和灰质的比例方法，结果表明，男人脑的白质（主要是胼胝体）和灰质的比率明显小于女人。人类以外的其他动物的两性比较也发现雄性动物脑体积大于雌性，但白质体积小于雌性。男性脑神经元数量较多（灰质），神经元排列致密，细胞间短距离纤维联系较多，两半球间长距离纤维（胼胝体）较少。生理功能研究发现，女性脑在执行语言作业中是两半球双侧激活。在脑磁图研究中发现女性额叶和顶叶间，在执行认知作业中发生锁相性变化，证明两个脑叶间发生长距离的功能联系。

这种理论对儿童自闭症的解释具有较强的代表性，提出自闭症的脑是极端男性化的脑（extreme male brain，EMB）。EMB 理论认为自闭症的脑在 E－S 人格维度上处于极端的 S 端，而 E 端发育不良。成年以后的人格心理测验，得到较高的系统化商（SQ），情感再认测验所得的情商（EQ）值很低。通过磁共振成像技术，可以测量脑内短距离纤维和长距离纤维的比值，发现自闭症儿童短距离纤维较多。由于长距离纤维发育不足，难以从多个大脑区之间聚合神经信息，导致“移情”品格发育不好。自闭症儿童的头颅及颅脑内的脑比同龄儿童的大，但其内囊和胼胝体的比例较小，18 月龄—35 月龄的自闭症儿童脑内杏仁核的体积异常大，直到少年期之前杏仁核才不再增大。胚胎期和新生儿早期雄性激素，包括前列腺素对脑的发育占主导作用。这些脂肪性结构的雄激素分子可以透过血脑屏障和脑细胞膜，在细胞质内与受体结合，然后进入细胞核促进脱氧核糖核酸转录，并中介脑内的神经营养因子，使神经元树突生长较多的嵴突，有利于短距离纤维联系的形成。两性差异在许多疾病发生率和症状上也很显著。例如，男性精神分裂症具有较多的幻听，而女性神经厌食症发生率高出男性 10 倍，抑郁症发病率高出 4 倍—5 倍。

【建议参考资料】

1. 沈政，林庶芝. 生理心理学［M］. 北京：北京大学出版社，2007：178－186.

2. 沈政，方方，杨炯炯，等. 认知神经科学导论［M］. 北京：北京大学出版社，2010：137 – 145.

3. DEARY I J，PENKE L ，JOHNSON W. The neuroscience of human intelligence differences［J］. Nature Rev. Neurodcience，2010，11：201.

4. LEWISM D，TODD R M. The self-regulating brain：cortical-subcortical feedback and the development of intelligent action［J］. Cognitive Development，2007，22（4）：406 – 430.

5. RIZZOLATTI，FABBRI-DESTRO M. The mirror system and its role in social cognition［J］. Current Opinion in Neurobiology，2008，18：179 – 184.

【问题与思考】

1. 何谓一般智力因子 g？根据最新的研究报告，它由哪些域组成，其中哪些是终生不变的？哪些随年龄增长而改变？

2. 根据近些年的研究发现，在智力个体差异中发生关键作用的是哪些脑结构？

3. 何谓心灵理论能力？何谓镜像神经元系统？两者有何关系？

4. 什么是“共情—系统化”人格维度，它对于男、女学生的教育工作有何意义？

5. 在教育工作中，如何吸收生理心理学中关于一般智力、智力情商、特殊能力、心灵理论能力、共情性和系统性人格维度等方面的研究发现，全面培养学生？

图书在版编目(CIP)数据

生理心理学/沈政，林庶芝编著. －北京：开明出版社，2012.10
（新世纪心理与心理健康教育文库）
ISBN 978－7－5131－0220－9
Ⅰ.①生… Ⅱ.①沈… ②林… Ⅲ.①生理心理学 Ⅳ.①B845

中国版本图书馆CIP数据核字(2011)第119675号

责任编辑：吴晨紫　何妍　刘智娜　范英

书　名：生理心理学
出品人：焦向英
出　版：开明出版社
（北京海淀区西三环北路25号 邮编100089）
经　销：全国新华书店
印　刷：保定市中画美凯印刷有限公司
开　本：700×1000　1/16
印　张：16.25
字　数：272千字
版　次：2012年10月 北京第1版
印　次：2018年6月 北京第3次印刷
定　价：42.00元

印刷、装订质量问题，出版社负责调换货　联系电话：(010)88817647